高职应用电子技术专业系列教材
国家骨干高职院校建设项目成果

基于工作过程的网页设计与制作

王 权 郭秀花 编

西北工業大學出版社

【内容简介】 本书以“基于工作过程”的课改思想为指导，完全按照工学结合、能力本位、校企合作的要求构建教材体系，彻底改变传统教材按照理论体系构建教材内容的方法，以“项目导向、任务驱动、学做合一”的编写思路，按照工作过程和认识规律的设置，有效地将能力目标和知识目标分散到各项目中。

本书内容丰富、结构清晰、实用性强，可作为高职高专计算机网络工程、软件技术、计算机维护、计算机应用技术、信息管理、电子商务等专业的“网页设计与制作”课程的教材，也可作为网站设计爱好者自学的参考书和其他培训用书。

图书在版编目(CIP)数据

基于工作过程的网页设计与制作 / 王权，郭秀花主编. —西安：西北工业大学出版社，2015.2
ISBN 978-7-5612-4353-4

Ⅰ. ①基… Ⅱ. ①王… ②郭… Ⅲ. ①网页制作工具 Ⅳ. ①TP393.092

中国版本图书馆CIP数据核字(2015)第049281号

出版发行：西北工业大学出版社
通信地址：西安市友谊西路127号　　邮编：710072
电　　话：(029) 88493844　88491757
网　　址：www.nwpup.com
印 刷 者：兴平市博闻印务有限公司
开　　本：787 mm×1 092 mm　1/16
印　　张：17
字　　数：314千字
版　　次：2015年4月第1版　　2015年4月第1次印刷
定　　价：32.00元

前言

网站是因特网上最基本的信息发布平台，无论是公司、企业、政府还是个人都可以建立自己的网站来发布和收集信息。不仅如此，越来越多的公司和企业还将自己的商务活动放到网站上，政府也将越来越多政务活动放到网站上，从而使得网站又成为信息处理的新平台。因此，明确网站的建设目标，掌握网站的规划和设计、网页设计与制作的具体技术是十分必要的。

本书以培养职业能力为核心，以工作实践为主线，以项目为导向，建立以工作过程为框架的现代职业教育课程结构，面向网页设计师岗位设置课程内容。

为了提高课堂教学的有效性，强化读者的网页制作技能，本书精心组织教材内容，大胆创新教学方法，主要有以下特色：

(1)课程的学习目标定位准确，致力于使读者成为合格的网页设计师。主要读者群为高职高专在校学生、自学网页设计与制作的爱好者。

(2)本书设计了7个学习情境，除了第1个学习情境外，每个学习情境都按照8个教学环节来组织：项目效果图的展示、项目目标、项目资讯、项目计划与决策、项目实施、项目检查与评价、强化拓展实训和习题。每个学习情境侧重的教学重点不同，内容的组织突出模块化特点，以网页制作知识和操作技能为依据构建模块。通过项目实训的系统训练，将能够胜任网页设计师的岗位。

(3)本书基于工作过程的教学思想，所有教学情境都经过了精挑细选，具有非常好的代表性，同时这些项目又包含了当前流利的创意与技术。

(4)本书在文字介绍内容的同时加入了大量的插图，使读者能够对每一步操作都有直观的认识。

本书主要以DreamweaverCS3为网页编辑工具和PhotoshopCS4为网页图像制作工具，较为详细地介绍了网页设计与制作知识和技能。全书共分7个学习情境，主要包括以下内容：

学习情境一　认识网页和网站：介绍网页制作的基础知识和网站建设步骤。

学习情境二 校园十佳歌手评选活动网站建设:主要介绍网站的需求分析、网页效果图的设计与切图、Dreamweaver 工具的使用、网站的测试与发布。

学习情境三 网页制作教程学习网站项目建设:介绍 HTML 语言和 CSS 样式表。

学习情境四 武威职业学院信息技术公司主页制作:主要介绍 Web 标准布局 DIV + CSS、JavaScript 脚本代码、行为、模版、库和网站的优化。

学习情境五 图形图像专题学习网站主页设计:介绍框架结构布局。

学习情境六 陇上江南旅游网站建设:主要介绍网站内容管理系统 CMS 的应用、网页动画的快速设计与制作。

学习情境七 网站留言板的制作:介绍 ASP 动态网站编程和表格布局。

本书由王权、郭秀花编写。具体编写分工:王权编写学习情境二、三、七,郭秀花编写学习情境一、四、五、六。

本书适合作为高职高专计算机网络工程、软件技术、计算机维护、计算机应用技术、信息管理、电子商务等专业的"网页设计与制作"课程的教材,也可作为网站设计爱好者自学的参考书和其他培训用书。

本书配套的光盘中包含教材项目素材、项目案例与源代码。

由于时间仓促和计算机技术的发展十分迅速,鉴于水平有限,书中难免存在不妥之处,敬请使用本书的师生与读者批评指正。

编 者

目 录

学习情境一　认识网页和网站

任务1.1　网页和网站的基础知识

1.1.1　网页的相关概念

1. 互联网

互联网(Internet),是一个全球性的、巨大的计算机网络体系,它把各个国家、地区和机构的相对独立的计算机网络和主机通过一定的通信协议连接起来,把各类公司、科研机构、政府等组织和个人用户的资源汇集在网上,通过信息传递来实现资源共享,是世界上规模最大的计算机网络。

多台计算机相互连接即组成网络,互联网是一个网络的网络。如图1－1所示。

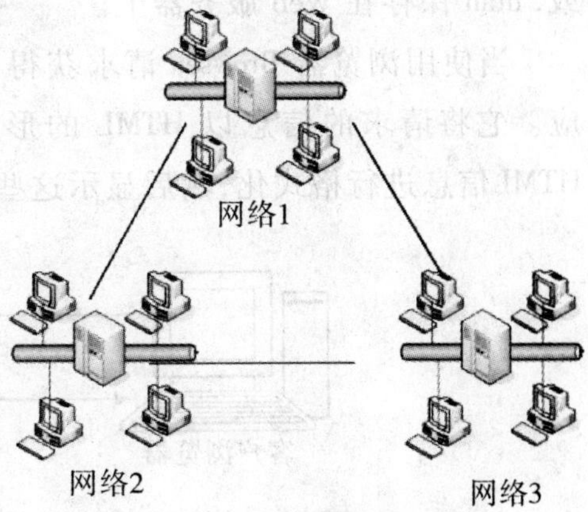

图1－1　互联网网络结构图

世界各地的人可以通过互联网通信和共享信息资源;可以通过发送或接收电子邮件通信;可以与别人建立联系并互相索取信息;可以参加各种专题小组讨论;可以免费共享大量的信息资源等。

互联网提供的服务:电子邮件(E-mail)、远程登录(Telnet)、文件传输(FTP)、浏览、搜索、网上聊天、BBS和论坛、博客和播客、网络游戏、电子商务等。

2. WWW(World Wide Web 万维网)

WWW是World Wide Web(环球信息网)的缩写,也可以简称为Web,中文名字为"万维网"。通过万维网,人们只要使用简单的方法,就可以很迅速方便地取得丰富的信息资料。由于用户在通过 Web 浏览器访问信息资源的过程中,无需再关心一些技术性的细节,而且界面非常友好,因而 Web 在互联网上一推出就受到了热烈的欢迎,走红全球,并得到了爆炸性的发展。

万维网常被当成互联网的同义词,但万维网与互联网有着本质的差别。互联网指的是一个硬件的网络,全球的所有电脑通过网络连接后便形成了互联网。而万维网更倾向于一种浏览网页的功能。

万维网是互联网的一部分,它基于三个机制向用户提供资源,这三个机制是:

(1)协议。协议是一组标准的规则,用于实现通过通信信道发送信息所需的数据表示、信息发送、身份验证及错误检测,访问 Web 上的资源都需要遵循这些规则。万维网使用的是 HTTP 协议(Hyper Text Transfer Protocol,超文本传输协议)。

(2)地址。万维网采用统一的命名方案来访问 Web 上的资源。URL(统一资源定位符,即网址)用于标识 Web 上的页面和资源。

每个 URL 均由 3 部分组成:用于通信的协议、与之通信的主机(服务器)和服务器上资源的路径(例如文件名)。

例如:http://www.wwoc.cn/index.asp

http 表示 HTTP 协议,www.wwoc.cn 代表主机,index.asp 表示路径。

(3)HTML(Hyper Text Markup Language,超文本标记语言)。HTML 用于创建网页文档。HTML 文档是使用 HTML 标记和元素创建的,此文件通常以扩展名.htm 或.html 保存在 Web 服务器上。

当使用浏览器 Browser 请求获得某些信息时,Web 服务器将对该请求做出响应。它将请求的信息以 HTML 的形式发送至浏览器。浏览器对服务器发来的 HTML信息进行格式化,然后显示这些信息,如图 1-2 所示。

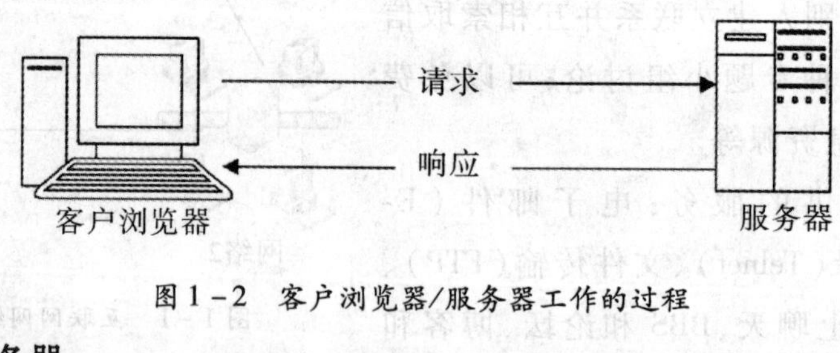

图 1-2　客户浏览器/服务器工作的过程

3. WEB 服务器

WEB 服务器也称为 WWW(WORLD WIDE WEB)服务器,主要功能是提供网上信息浏览服务。Web 服务器是可以向发出请求的浏览器提供文档的程序。

(1)服务器是一种被动程序:只有当互联网上运行在其他计算机中的浏览器发出请求时,服务器才会响应。

(2)最常用的Web服务器是Apache和Microsoft的互联网信息服务器(Internet Information Server,IIS)。

(3)互联网上的服务器也称为Web服务器,是一台在互联网上具有独立IP地址的计算机,可以向互联网上的客户机提供WWW、Email和FTP等各种互联网服务。

4. WEB浏览器

Web浏览器的中文名称是网络浏览器或网页浏览器,简称浏览器;英文名称:WebBrowser。浏览器是用于观看网页的工具,指可以显示网页或者文件系统的HT-ML文件内容,并让用户与这些文件进行互动的一种软件。个人电脑上常见的网页浏览器包括微软的Internet Explorer、Mozilla的Firefox、Opera和Safari。浏览器是最经常使用到的客户端程序。

5. 虚拟主机

一个服务器可以只安排一个网站,但这样做成本非常高,因此虚拟主机技术已被普遍采用。所谓虚拟主机就是在同一个服务器上,通过特殊的技术划分出多个网站,可以使用不同的域名。当一个域名访问请求到达服务器的时候,服务器首先判断这个域名是否在服务器上架设了虚拟主机,如果已经架设了虚拟主机,就将访问请求转向该域名对应网站所在的目录。

1.1.2 网页与网站

网页是互联网展示信息的一种形式。用户在浏览器中输入一个网址后,即可打开一个精美的页面,并从中了解有关这个网址的一些信息和内容,这个页面就是通常所说的网页。网页又称为Web页面,是万维网上的页面,其文件后缀名通常为.htm或.html,网页长度没有限制,一般网页上都会有文本与图像信息,复杂一些的网页上还会有声音、视频、动画等多媒体内容。进入网站后首先看到的是这个网站的主页,主页集成了指向二级页面及其它网站的链接。

网站(Website)是指在万维网上根据一定的规则,使用HTML等工具制作的展示特定内容的相关网页的集合。它由域名(Domain Name俗称网址)、网站源程序和网站空间3部分构成。例如,当浏览者输入网站地址"http://www.wwoc.cn"后按回车键,就打开了武威职业学院的网页,这也是该网站的主页,如图1-3所示。浏览者可以根据主页的导航进入其它页面,了解更多内容。

虽然网页的类型看上去多种多样,但在制作网页时可以按照两种类型来划分:按网页在网站中的位置进行分类,可以分为主页和内页;按网页的表现形式进行分类,可以分为静态网页和动态网页。

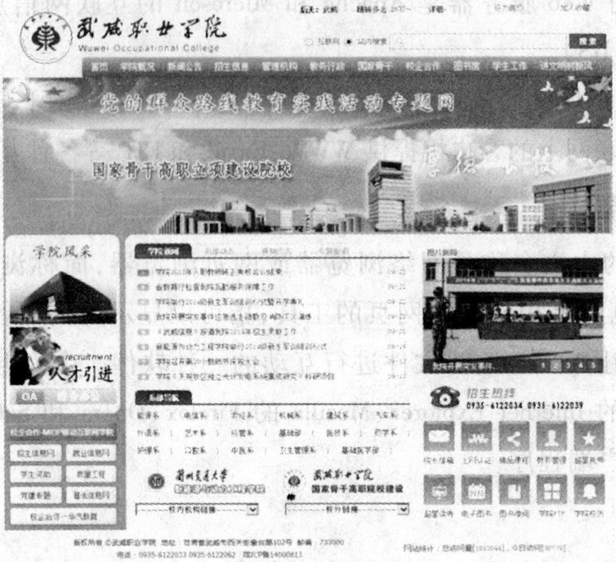

图 1-3　武威职业学院网站主页

下面就来认识这两种按不同分类方法所划分出的网页。

主页:用户进入网站时看到的第一个页面就是主页(homepage),也叫首页,是整个网站最为重要的网页,主页通常命名为 index. html 或者 default. html。

内页:通过主页中的超级链接,打开的网页就是内页。

静态网页:指用 HTML 语言编写的网页,其制作简单易学,但缺乏灵活性,在浏览网页时,浏览者和服务器不发生交互。

动态网页:使用 ASP,ASP. NET,PHP,JSP 等程序生成的网页,可以与浏览者进行交互,也称为交互式网页。

另外,设计者在设计网页时,要根据站点的性质和客户的需求,实现不同的功能和表达不同的主题。从这个任务类别上可以将网站分为以下 3 类:

1. 资讯类网站

如新浪、网易、搜虎等门户网站。这类网站一般会为访问者提供大量的信息,而且访问量较大。因此,应对这些信息进行合理地分类,将页面划分为多个栏目,页面结构要合理、美观,便于浏览者访问。

2. 形象类网站

如一些中小型企业或单位的网站。这类网站一般较小,有的只有几页,需要实现的功能也比较简单,网页设计的主要任务是宣传企业形象。对于这类网站来说,版式、色彩、动画设计等是项目重点,一般对美工的要求较高。

3. 资讯与形象相结合的网站

如大型公司或高校的网站。这类网站在设计上要求较高，既要考虑到资讯类网站的各项功能，同时又要突出企业、单位的形象。

当然，根据功能也可以将网站分为门户类、娱乐类、电子商务类、交易类、企业类、政府类、个人主页等。

1.1.3 构成网页的基本要素

不同类型网站的页面要素是不同的，一般网页的基本要素包括：页面标题、网站标志、页面尺寸、页眉和页脚、导航栏、文本和图片等。

1. 页面标题

网站中的每一个页面都有标题，用来提示该页面的主要内容，标题出现在浏览器的标题栏中，而不是出现在页面布局中。

2. 网站标志

网站作为对外交流的重要窗口和渠道，设计者都会利用它来对自身形象进行宣传。成功的网站标志有着独特的形象标志，在网站的推广和宣传中能够起到事半功倍的效果。在设计制作标志时应该体现网站的特色、内容及内在文化内涵和概念。网站标志一般出现在页面的显要位置，通常在页面的左上角。

3. 页眉和页脚

页眉指的是页面上端的部分。有的页面划分得比较明显，有的页面则没有明确地区分页眉或者干脆没有页眉。页眉的风格一般要求和页面的整体风格保持一致。一个富有个性特色的页眉将和网站标志一样起到标志性作用。由于页眉所处的位置可以吸引浏览者较多的注意力，因此其作用主要是定义页面的主题，如站点的名称多数都显示在页眉里，这样浏览者能很快知道这个站点是什么内容。页眉是整个页面设计的关键，它涉及到后期更多的设计和整体页面的协调性。在页眉中常放置含有站点名字的图片、标志、网站宗旨、宣传口号和广告语等。

页脚和页眉相呼应，处于页面的最底部，页脚一般用来放置联系信息，版权信息等。

4. 导航栏

导航栏既是网页设计中的重要部分，又是整个网站设计中的一个较独立的部分。网站中的导航栏在各个页面出现的位置比较固定，而且风格也比较一致。导航栏一般有 4 种常见的显示位置：页面左侧、右侧、顶部和底部。有的网站在同一个页面中运用了多种方式，如有的在顶部设置了主菜单，而在页面的左侧又设置了折叠式的菜单，同时又在页面的底部设置了多个超链接，这样便增强了网站的可访问性。当然，导航栏在页面中出现的次数并非越多越好，而是要合理地加以运用，使页面达到总体协调一致。

5. 文本和图片

文本是网页传递信息的主要载体，文本不仅传递速度快，而且还可以设置其大小、颜色、段落及层次等属性，风格独特的网页文本会给浏览者带来赏心悦目的感受。

相对于文本来说，图像显得更加生动直观，可以给人较强的视觉冲击，因此使用图像可以使网页更加具有吸引力。图像在页面中充当各种角色，网站标志、网页背景和链接等都能使用图像，而且图像还可以传递一些文字难以表达的信息。网页中常用的图像格式有 JPG、GIF 和 PNG 三种。

6. 多媒体

在网页中可以使用的多媒体对象主要包括 Flash 动画、Flash 按钮、Flash 文本、Java 小程序、音频和视频等，应用媒体对象可以增强浏览者的视觉和听觉感受，使网页的内容显得更加丰富，表达信息的手段也变得更为动态化和立体化。

7. 超链接

超级链接简称超链接，是指从一个网页指向一个目标的连接关系，这个目标可以是网页、图片、视频、电子邮件地址、文件或者应用程序等。而在一个网页中用来做超链接的对象，可以是一段文本或者是一个图片等。在网页中，当移动鼠标指针到超链接对象上时，鼠标指针会变成一只手的形状，这时候用鼠标左键单击就可以直接跳转。

按照链接路径的不同，网页上的超链接一般可以分为三种：第一种是外部链接，通过 URL 链接到其他网站，如 http://www.wwoc.cn/；第二种是内部链接，将自己网页上的某一段文字或某标题链接到同一网站的其他网页上；第三种超链接是锚点链接，使用锚点在同一网页内部跳转。

如果按照使用链接对象的不同，网页中的链接又可分为文本超链接、图像超链接、E-mail 链接、锚点链接、多媒体文件链接和空链接等。

8. 表单

表单是为了实现网页交互性功能而设计的一种基本界面，可以通过表单处理程序获取浏览者的反馈信息。

1.1.4　网页制作工具

在设计和制作网页时，选用什么软件作为开发工具，是开发者首先需要考虑的。目前用于制作 Web 页面的工具软件也越来越多，从最基本的 HTML 到现在非常流行的 Flash 互动网页制作工具。下面是几款常见的网页编辑和素材处理软件。

1. FrontPage

FrontPage 是由 Microsoft 公司推出的新一代 Web 网页制作工具。它具有如 Word 一样的操作界面，熟知 Word 功能的操作者，只要稍加培训就能轻松编制网页。FrontPage 还能解析网页的 HTML 源代码，并提供预览支持，所以 FrontPage 是一款非常适合初、中级网页制作人员使用的工具软件。

2. Dreamweaver

Dreamweaver 是由 Macromedia 公司（已被 Adobe 公司收购）推出的一款网页制作软件，它具有可视化编辑界面，用户不必编写复杂的 HTML 源代码就可以生成跨平台、跨浏览器的网页，不仅适合于专业网页编辑人员的需要，同时也容易被业余网友们所掌握。Dreamweaver 对于 DHTML 的支持很好，可以轻而易举地做出很多炫目的页面特效，插件式的程序设计使得其功能可以无限扩展。Dreamweaver 与 Flash、Fireworks 并称为 Macromedia 的网页制作三剑客，由于是同一个公司的产品，因而它们在功能上有着非常紧密的联系。

3. Photoshop

Photoshop 是由 Adobe 公司开发的图形处理软件。它是目前公认的 PC 机上最好的通用平面美术设计软件，它功能完整、性能稳定、使用方便，所以对于几乎所有的广告、出版、软件公司，Photoshop 都是首选的平面软件制作工具。

4. Fireworks

Fireworks 是由 Macromedia 公司开发的图形处理工具，它的出现使 Web 作图发生了革命性的变化。因为 Fireworks 是第一套专门为制作网页图形而设计的软件，同时也是专业的网页图形设计及制作的解决方案。

作为一款为网络设计而开发的图像处理软件，Fireworks 还能够自动切割图像、生成光标动态感应的 JavaScript 程序等，而且 Fireworks 具有强大的动画功能和一个相当完美的网络图像生成器。

5. Flash

Flash 是由 Macromedia 公司开发的用于矢量图形编辑和动画创作的专业软件，

它是一种交互式动画设计工具，用它可以将音乐、声效、动画以及富有新意的界面融合在一起，以制作出高品质的网页动态效果。它主要应用于网页设计和多媒体创作等领域，功能十分强大和独特，已成为交互式矢量动画的标准，在网上非常流行。Flash 广泛应用于网页动画制作、教学动画演示、在线游戏等制作中。

任务1.2 优秀网站欣赏

不同的网站可能属于不同的类别，也可能在内容、服务和风格上千变万化、各不相同，但是作为一个完整的功能实体，它们又具有很多相同的特征。那么这些相同的特征都是些什么呢？下面我们就试着通过访问各种不同的网站来寻找这个问题的答案。

1.2.1 网站欣赏

1. 访问门户网站

门户网站是通向互联网世界的大门，它是指通向各类互联网信息资源并提供如电子邮件、网络聊天室、新闻组、个人信息管理、网络游戏等网络服务的网站。几乎所有的网络用户都需要通过门户网站来查找自己所需要的网络资源和享受各种所需的网络服务。新浪网和搜狐、网易，腾讯并成为“中国四大门户”，下面就以新浪网为例来访问门户网站，如图 1-4 所示。

图 1-4 新浪网站主页

新浪网（www. sina. com. cn）是我国目前最具有竞争力的门户网站之一，也是全球最大规模的中文网站。它是一家为中国及全球华人提供全面互联网（Internet)信息服务的国际性公司。目标通过提供全面、及时的中文信息内容,以及高效、方便的网络工具,建立功能多元化、使用简单快捷的中文网络空间,提供轻松、自由地与世界交流的先进手段,成为世界各地中国人的全功能网上生活社区。

一打开新浪网站主页,首先跃入眼帘的就是它那个非常醒目的网站标志。Sina一词源于拉丁文的中国 sino,在拉丁语系中,Sino 是“中国”之意,而在古印度语中,Cina 也是中国的意思,与英语 China 合拼,取名 sina,意为"中国",这个域名很好的表达了新浪网希望自己成为中国华人社区最大门户的决心。

A. 版面结构 - 首页

上、左中右、下结构,确切地说是左中右结构。整个网站的主要内容集中在中和右的信息内容上。

B. 色彩

新浪网站以深蓝、黑色系为主要色调,辅助色为灰色,点睛色为橙黄色。整体看来,新浪网站不仅对色相把握得很好,而且对色彩的纯度主次的把握也值得称赞。

C. 文字颜色

使用了低纯度的普蓝和黑色,其中普蓝的文字是网站的超级链接形式,鼠标放上去后会有微妙的明度变化以及下划线的出现。

2. 访问政府网站

政府网站是政府部门对外发布信息、实现电子政务的基本平台。随着政府对电子政务的日益重视,对信息化建设投人的不断增加,各级政府都纷纷建立起自己的政府网站,以便向全社会提供高效、优质、规范、透明和全方位的管理与服务。

政府网站是一类特殊的网站,因为它代表着政府的形象。但是作为网站本身,它又少不了所有网站都应具有的各种特征。下面就以北京市政府网站(www. beijing. gov. cn)首都之窗(见图 1 - 5)为例来访问一下政府网站。

如同雅虎中国网站一样,首都之窗也有一个非常有特色的网站标志。这个标志取形于中国的印章文化,非常好地体现了北京这座古都所具有的丰厚的文化底蕴,就好像盖了印似的让人印象深刻。顺着红色的网站标志,整个网页采用红色作为主色调,很好地展现了首都北京的风貌。在网站标志的右边有一个两层的栏目导航栏,非常清楚地罗列出了这个网站所开设的主要栏目,如政务信息、办事服务、社情民意、公共信息服务等。

导航栏以上的部分我们称为网页的头部(页眉),那么在头部以下便是这个网页的主体内容部分。可以看到,网页上的内容相当丰富,大到政策法规、小到百姓琐事,真是包罗万象、无所不能,从这一点就非常好地体现了“政府就是百姓的衣食父母”这一主题。把滚动条拉到网页的最底端(页脚),可以找到反映网站建设本身的内容链接“关于我们”和与用户进行双向交流的“评价首都之窗”。

图1-5　首都之窗网站首页

单击导航栏上的栏目链接可以打开栏目的首页,也就是首都之窗网站的第二层网页。如图1-6所示的就是政务信息栏目的首页。从这个图可以看出,包括网站标志和导航栏在内的整个头部仍旧出现在网页之中。这种统一的头部不仅很好地统一了整个网站的风格,而且能让用户在网站中四处浏览的时候不至于迷失方

图1-6　首都之窗网站政务信息栏目首页

向，通过导航栏即可快速地切换到自己想要访问的网页。政务栏目的信息也非常丰富，所以首都之窗又将这些信息分为更细的子栏目来进行组织。不仅是政务栏目，当打开其他栏目的网页或者更细子栏目的网页时，都会发现它们和政务信息栏目的首页一样具有上面所提到的这些特征。

3. 访问个人网站

个人网站是人们为了满足个人兴趣爱好，将自己收集的或者创作的东西放到网上与别人分享，以期待交到更多与自己兴趣相同的朋友而建立的网站。相比商业网站或者政府网站，个人网站更随意，更为个性化。下面就来访问“蕾子”的个人网站(http://www.leizi.net/)，如图1-7、图1-8所示。

图1-7　蕾子个人网站引导页

图1-8　蕾子个人网站主页

如图1-7所示的是蕾子个人网站引导页，这个引导页面整体是一幅图，简洁大方，效果美观，突出个性；图1-8所示的就是蕾子个人网站主页，可以看到这个网页做的相当漂亮，看起来就像一幅平面广告。在网页的左上角，蕾子为自己的网站设计了一个非常活泼的网站标志“真实”二字。相比前面所看到的雅虎中国和首都之窗大型网站，个人网站的规模要小得多。但正所谓“麻雀虽小，五脏俱全”，除了同样具有网站标志、分层栏目之外，这个网站也具有介绍网站建设动态的部分，也具有用于和用户进行双向交流的栏目：“留言本子”。

1.2.2　网站特征

通过以上浏览分析可以看到：一个网站整体和谐地成功塑造，来源于对该网站每个元素细节的斟酌、推敲。访问了以上大的、小的、企业的、政府的、个人的、门户的、非门户的网站，虽然它们看起来具有很大的差异，但实际上作为网站本身它们又具有许多共同的特征，这些特征主要表现在以下几方面：

(1)众多的网页。网站是由众多网页组成的，所以从某种角度上讲，建设网站就是制作网页。

(2)有特色的网站标志。任何一个网站都有自己的网站标志，而且都力求使自己的网站标志标新立异、与众不同。一个好的网站标志通常具有朗朗上口的名字和令人印象深刻的图片造型。

(3)统一的风格。网站虽然有很多网页，但是作为一个整体来讲，它必须有一个统一的风格。主页是网站最为重要的网页，所以它的风格往往决定了整个网站的风格。

(4)便捷的导航系统。导航是一个网站非常重要的组成部分，也是衡量一个网站是否优秀的重要标准。便捷的导航能够帮助用户以最快的速度找到自己所需要的网页。导航系统最常用的实现方法就是导航条，例如首都之窗。

(5)分层的栏目组织。将网站的内容分成若干个栏目，将大栏目分成若干个小栏目，再将小栏目分成若干个更小的栏目，这就是网站所用的最简单也是最清晰的层次型组织方法。

(6)切合主题的内容。任何一个网站都应有一个主题，然后所有的内容都围绕这个主题展开，不切合主题的内容不应出现在网站上。

(7)用户指南和网站动态信息。就好像一个完整的产品，除了能完成相应的功能之外，还应该具有相应的产品说明书，指导用户如何使用这个产品。网站也一样，也需要通过提供帮助、关于网站等信息来帮助用户了解这个网站和指导用户访问这个网站。另外，网站还应该动态发布网站建设的最新信息，以便让人们了解网站的最新变化。

(8)能与用户进行双向交流的栏目。

(9)域名。

1.2.3 网站的体系结构

从网络技术的角度上讲，所有的网站具有相同的体系结构，即 WWW 客户机/服务器体系结构。在这种体系结构中，WWW 客户机通常比较简单，它仅仅是已接入 Internet 并具有网页浏览器的计算机。而 WWW 服务器相对复杂得多，它除了负责接收所有来自客户机的访问请求并进行相应的请求处理之外，还需要对自身的资源进行合理的配置、管理和优化。WWW 客户机和 WWW 服务器可以位于因特网上的任何一个位置，它们之间通过标准的 HTTP 协议进行通信，这种体系结构如图 1-9 所示。

从图 1-9 中可以看出，WWW 客户机和 WWW 服务器之间的通信通常分为 4 个步骤：

(1)客户机通过浏览器向服务器发送 HTTP 请求，请求一个特定的网页；

(2)这个请求通过 Internet 传送到服务器；

(3)服务器接收这个请求，找到所请求的网页，然后利用 HTTP 协议再将这个网页通过 Internet 发送给客户机；

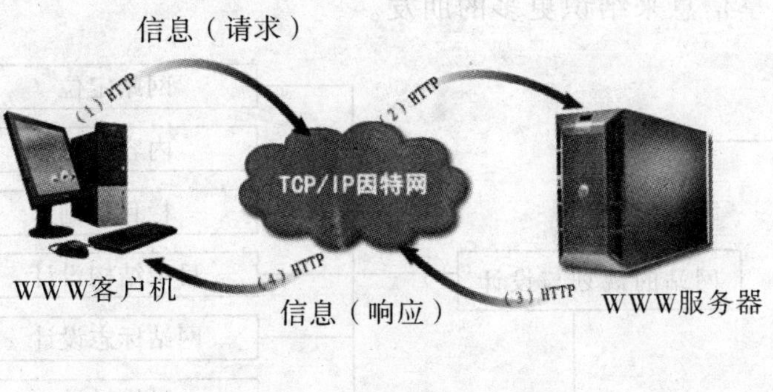

图 1－9 网站的体系结构图

(4)客户机接收这个网页,并将其显示在浏览器中。

在上面的体系结构中,WWW 服务器指的就是网站,它是整个体系结构的核心。

任务 1.3 网站的建设步骤

如图 1－10 所示,网站的建设步骤要经历 4 个步骤,分别是网站的规划与设计、站点建设、网站发布和网站的管理与维护。

1.3.1 网站的规划与设计

在网站建设之前,需要对网站进行一系列的分析和估计,然后根据分析的结果提出合理的建设方案,这就是网站的规划与设计。网站规划与设计非常重要,它不仅仅是后续建设步骤的指导纲领,也是直接影响网站发布后是否成功运行的主要因素。从图 1－10 可以看到,网站的规划与设计需要完成很多任务,可分为网站定位、内容收集、栏目规划、目录结构设计、网站标志设计、风格设计、导航系统设计 7 个环节。

1. 网站定位

网站定位就是确定网站的建设目标,它通常需要确定三个方面:网站的建设目的、网站的访问对象和网站的内容与服务。用更通俗的话来说,就是回答“为什么要建立这个网站？这个网站为谁服务？网站提供哪些方面的内容和服务？”这三个问题。

不同性质的网站有不同的建设目的,比如电子商务站点主要是为了在企业与企业、企业与消费者之间建立更为直接和高效的商务通道;电子政务网站代表的是政府部门,主要是通过它来宣传政府的形象、实现政务公开、向社会提供有价值的公益信息和导向信息以及实现网上政务；而个人站点则主要是为了介绍个人的兴趣爱好，通过共享信息来结识更多的朋友。

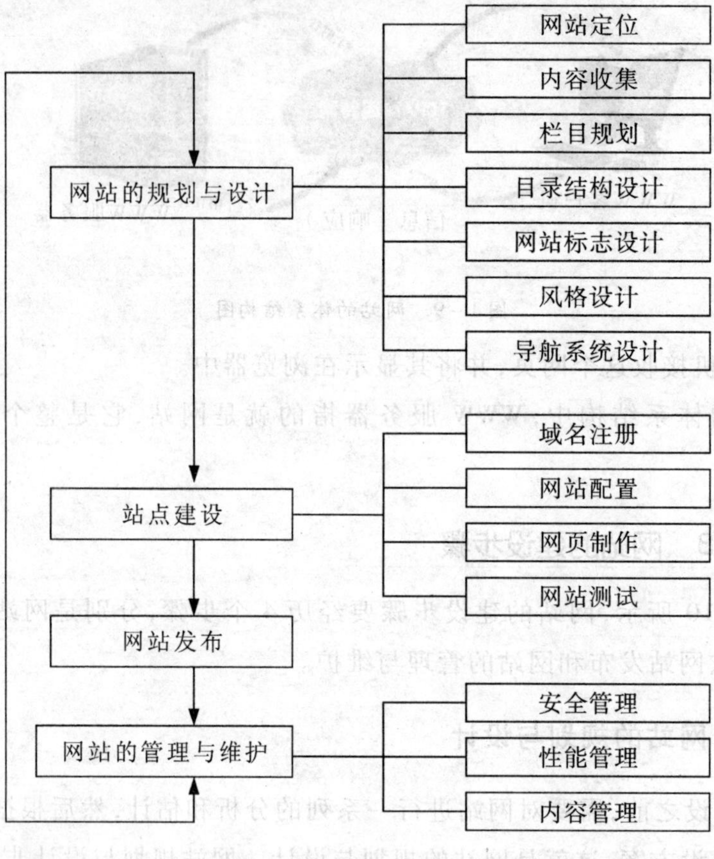

图 1－10　网站的建设步骤

网站的访问对象指的是这个网站主要面向哪些社会群体？是企业、消费者、社会大众、兄弟部门还是所有志趣相投的朋友？比如你是一个非常喜欢 Beyond 乐队的人，那么你可能就非常希望通过你的网站来结交更多同样喜欢 Beyond 乐队的朋友。

网站的内容与服务指的是你计划在自己的网站上放置哪些内容来让别人访问。接着上面的例子，你可能就会在自己的网站上放置很多有关 Beyond 乐队的内容，比如 Beyond 乐队的经典乐曲、Beyond 乐队的图片、Beyond 乐队的最新动态等。网站是提供了一个与外界进行交流的窗口，而真正赋予网站生命的是网站的内容。具有能吸引人的内容才能留住访问过的人，才能吸引更多的人来访问。

2. 内容收集

确定好需要在网站上放置什么内容后，接着要做的就是大量收集相关的内容并对其进行整理。内容收集的渠道很多，一方面来自于自己平时的一些积累，另一方面来自于从朋友、杂志或者因特网上的搜索和下载，同时自己还可以创作一些内容。

3. 栏目规划

栏目规划的主要任务是对所收集的大量内容进行有效的筛选，并将它们组织成一个合理的便于理解的逻辑结构。成功的栏目规划不仅能给用户的访问带来极大的便利，帮助用户准确地了解网站所提供的内容和服务以及快速地找到自己所感兴趣的网页，而且能帮助网站管理员对网站进行更为高效的管理。在介绍如何进行栏目规划之前，我们先简单介绍一下逻辑结构的基本知识。

(1) 逻辑结构介绍。不同网页之间通常具有一定的逻辑关系、包含关系、并列关系等，多个网页按照它们之间的逻辑关系组织在一起就形成了各种逻辑结构。在现在的网站中，最常见的逻辑结构就是层次型结构，其次是线型结构和网络型结构。

1) 线型结构。线型结构是最为简单的逻辑结构，如图 1－11 所示，它将多个网页按照一定的先后顺序链接起来，使得用户在没有完成上一个网页的访问之前就无法进入下一个网页。

图 1－11　线型结构

线性结构最常用于需要按步骤进行的栏目上，比如用户注册、建立订单、教程等。如图 1－12 所示的就是一个典型的用户注册的例子，从这个图可以看出，一个新用户完成注册需要经历四个步骤，而且必须按顺序进行，否则就不能完成注册。

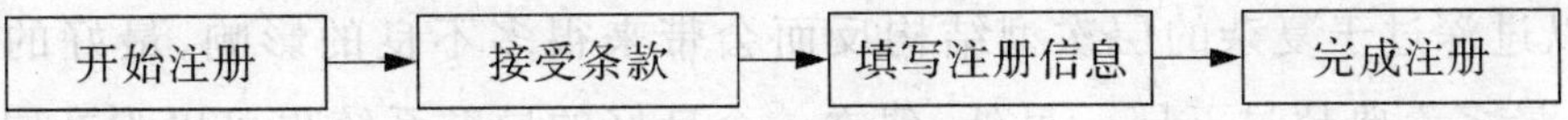

图 1－12　用户注册流程

上面只是最简单的线性结构，在这个基础上进行扩展可以演变出更具灵活性的线性结构，以满足各种不同的需求。如图 1－13 所示的是带抉择的线性结构，可以根据用户不同的抉择来访问不同的下一个网页。又比如图 1－14 所示的带选项的线性结构，可以让用户直接跳转到后面的步骤以加快任务的完成。

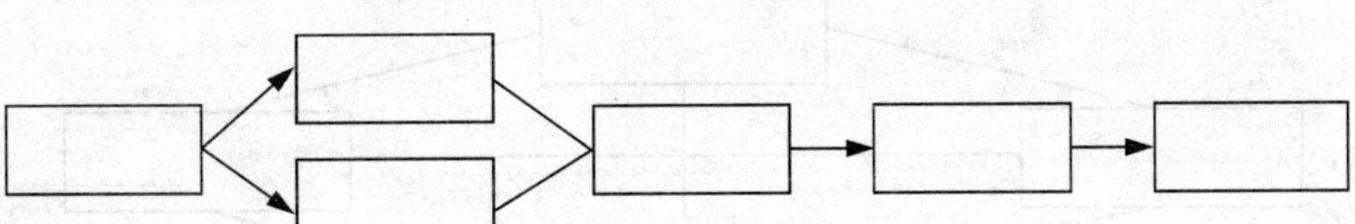

图 1－13　带抉择的线性结构

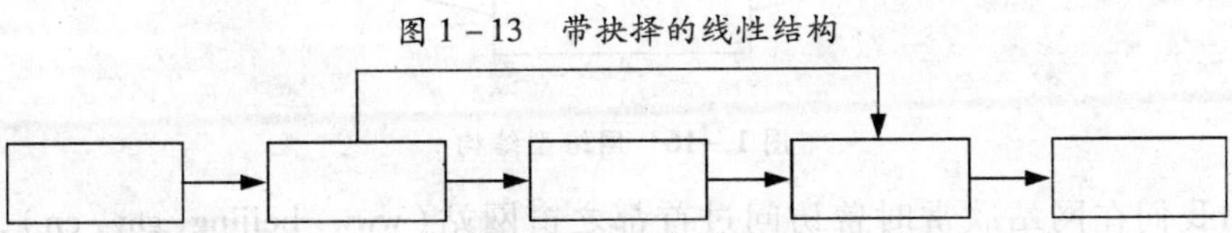

图 1－14　带选项的线性结构

2)层次型结构。相对于按先后顺序组织而成的线性结构,层次性结构是按照网页之间的包含关系组织而成。图 1 – 15 所示的就是一个典型的层次结构,它很像一颗倒置的树。

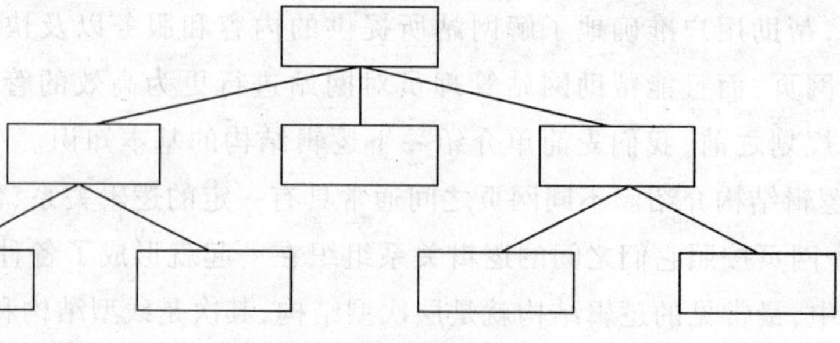

图 1 – 15　层次型结构

层次型结构简单而且直观,能将所有内容划分的非常清晰且便于理解,所以几乎所有的网站都采用这种结构来进行总体的栏目规划。将所有的内容先分成若干个大栏目,然后再将每个大栏目细分成若干小栏目,以此类推,直到不用再细分为止。

层次型结构也有不好的地方,就是用户如果要访问最底层的网页,就不得不按照层次从上一级到下一级地访问,最终到达想要访问的网页。如果层次型结构的层次很深,比如有五层或者六层,那么所带来的麻烦就大大降低了层次型网络所具有的优点。

所以过深过于复杂的层次型结构反而会带来很多不良的影响,最好的深度就是三层,最多不要超过五层。另外,建立一个良好的导航系统也可以弥补层次型结构这方面的缺点。

3)网络型结构。如图 1 – 16 所示,网络型结构是指多个网页相互之间都超链接的一种结构,这些网页可以是层次结构上的任意网页,但是因为导航的需要或者内容上相关性而链接在一起。

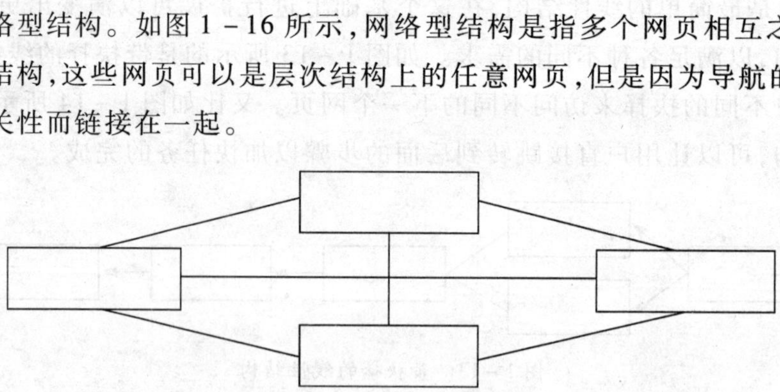

图 1 – 16　网络型结构

比如我们在网站欣赏时曾访问过首都之窗网站(www. beijing. gov. cn),它的导航就出现在主页和所有栏目的首页当中,它们之间就形成了一个网络型结构,这样，用户在任何一个网页上进行访问的时候，都可以通过这个结构一步切换到其他栏目的网页之上。

网络型结构的实现在于所有相关网页保留到其他网页上的超链接。这种结构使用户能更方便地在网上冲浪，但同时也带来了一个庞大的超链接数的问题。我们可以简单地计算一下，总的超链接数应该等于网页数乘以网页数减一，所以四个网页的网络型结构的超链接总数为 $4\times3=12$，10 个网页的网络型结构的超链接总数就到达 $10\times9=99$。这么庞大数量的超链接维护起来相当麻烦，某个网页的改动（如改名、删除、增加）就可能同时需要对所有的网页进行相应的修改，这是谁都不愿意做的事情，所以在网站中需要谨慎使用网络型结构。

（2）栏目规划的任务。栏目规划最基本的任务就是要建立网站的逻辑结构，不仅需要为整个网站建立层次型结构，还需要为每一个栏目或者子栏目设计合理的逻辑结构。除此之外，栏目规划还需要确定哪些是必需栏目、哪些是重点栏目、哪些是需要实时更新的栏目、哪些是需要提供哪些功能性栏目等。

1）确定必需的栏目。栏目规划的第一步就是确定哪些栏目是必需的栏目，这通常取决于网站的性质。比如对于一个企业网站来说，公司简介、产品介绍、服务内容、联系方式、技术支持等栏目是必需的，而对于政府网站来说政务、政策法规、地方经济、百姓生活、观光旅游等栏目都是必需的。个人网站相对来说比较随意，往往取决于所收集的内容，但个人简介、个人收藏等栏目通常不能缺少。

除了内容栏目之外，网站还应该包含另外两类栏目，分别是用户指南类栏目和交互性栏目。用户指南类栏目是为了帮助用户了解这个网站的背景、性质、目的、功能及发展程度，了解如何更好地对网站进行访问，了解网站建设的最新动态。这类栏目通常以“帮助”“关于网站”“网站地图”“最新动态”等名称出现。

交互性栏目是能与用户进行双向交流的栏目，通过它不仅可以解答用户的疑问、了解用户的需求，而且还可以获得用户对网站的建设和看法，让用户与网站、用户与用户之间建立良好的沟通，以便更好地帮助网站建设与发展。交互性栏目最常见的方式就是留言板。

2）确定重点栏目。在确定完需要设置哪些栏目后，接着需要做的是从这些栏目中挑选出最为重要的几个栏目，然后对它们进行更为详细的规划，这种选择往往取决于网站的目的和功能。比如企业网站，其目的可能是为了更好地推销自己的产品，所以产品介绍便是它的重点栏目。因此为了更好地介绍产品，它除了基本的产品介绍之外，可能还需要设立价格信息、网上订购、产品动态等相关栏目。又比如个人网站，它的目的通常是为了让别人分享他收集到的信息，更想向别人介绍他的原创作品，所以它的重点栏目往往是个人作品和个人收藏展示。

3）建立层次型结构。建立层次型结构是一个递进的过程，即从上到下一级一级地确定每一层的栏目。首先是确定第一层，即网站所必需的栏目，然后对其中的重点栏目进行进一步的规划，确定它们所必需的子栏目，以此类推直至不需要再细分为止。将所有的栏目及其子栏目连在一起就形成了网站的层次型结构。

4）设计每一个栏目。层次型结构的建立只是对网站的栏目进行了总体的规划，接下来要做的是对每一个栏目或者子栏目进行更为细致的设计。设计一个栏目通常需要做三件事情，首先是描述这个栏目，描述这个栏目的目的、服务对象、内容、资料来源等。描述能让别人对这个栏目有整体的了解和把握，也能让网站建设者对这个栏目有一个准确、清晰的认识。

其次是设计这个栏目的实现方法，即设计这个栏目的网页构成、各个网页之间的逻辑关系、各个网页的内容、内容的显示方式、数据库结构等各个方面的问题。比如很多网站都有的用户注册栏目，如图 1－17 所示，这个栏目通常需要五个网页，采用线型结构来进行组织。第一个网页“开始注册”是用户注册的入口，它的内容通常只是一个指向第二个网页的超链接。第二个网页“介绍条款”，除了列出相应的条款之外，还需要设置一个用于选择是否接受条款的表单。第三个网页“填写注册信息”采用表单来实现，所需注册的信息根据网站的需求而定，通常包括用户名、密码、性别、国籍、省份、E-mail 等内容。第四个网页“信息检验”是为了检验用户信息的合法性，即检查所填的用户名是否已经存在、所填写的出生年月是否在正常范围之内、所填写内容是否包含非法脚本和不文明的词汇等内容。这个网页可能不会显示给用户，只是根据其检查的结果跳转到相应的网页，比如检查通过就跳转到“完成注册”网页，检查不通过就跳转到“填写注册信息”网页要求重新填写或者修改不合法的部分。最后一个网页是“完成注册”，它需要将用户的注册信息保存到数据库中并将成功注册的信息显示给用户。

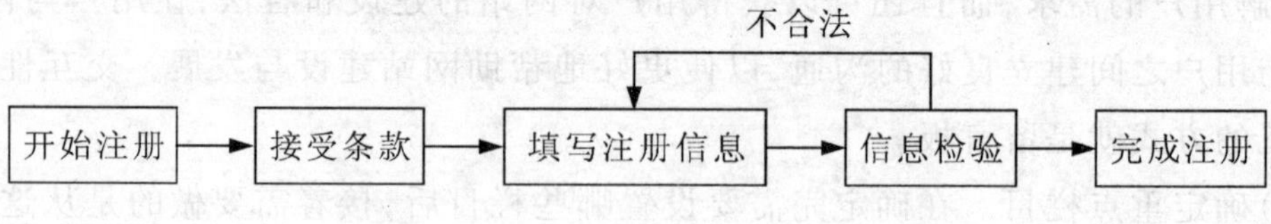

图 1－17 用户注册栏目

最后是设计这个栏目和其他栏目之间的关系。虽然分为不同的栏目，但很多情况下，栏目与栏目之间存在着从数据、内容到布局等各个层次上的关联。比如企业站点的产品介绍、价格信息和在线订单等栏目之间通常使用统一的数据库，这样在任何一个栏目中打开同一个产品时都能看到相同的信息介绍，保证了信息的一致性，而且统一的数据库也便于管理和维护。又比如门户网站通常将娱乐资讯分为电影、音乐、短信、游戏等多个子栏目，它们之间有很多关联的内容，比如电影都有电影主题曲和插曲，很多歌曲又被编辑成手机铃声和短信提示音，很多电影被制作成游戏，同时又有很多游戏被拍成电影，比如《古墓丽影》相关的内容将这些不同栏目之间可以共享相关的内容，并确定采用什么样的方式将它们串联起来。

(3)栏目规划举例。栏目规划最便捷的方法就是参考同类型网站的栏目规划，吸收共同的栏目，去掉不合适的栏目，然后添加有自己特色的栏目。

下面我们就参考可乐猫个人网站对自己将来要建立的个人网站进行栏目规划。比如你是一个非常喜欢图片设计和制作的人，已经收集了很多各种各样的图片，同时也自己创作了很多图片并积累了创作的经验。现在你要为自己建立一个名为“小陶制图”的个人网站，目的是和所有的图片爱好者分享你的收集、你的作品和你的经验。现在我们就根据这个目的来看看如何规划这个网站的栏目。

根据前面所介绍的知识，首先需要做的是确定网站所必需的栏目。因为已经收集了很多图片，所以第一个必需的栏目就是用来展示所有图片的栏目，我们将其取名为“图片欣赏”。除了收集的图片之外，还有很多个人的作品和经验之谈，所以第二个必需的栏目是“我的作品”。另外，为了让别人更好地了解自己，还需要设置“我的简介”栏目；为了能听到用户对网站的评价和建议，需要建立一个“留言板”；为了让用户全面地了解网站的性质和目的，及时地了解网站的建设动态，还可分别设置“关于网站”和“最新动态”栏目。最后，为了能和同类型的网站进行相互推荐，建立良好的合作关系，需要设置“网站链接”栏目。

“图片欣赏”和“我的作品”是所有栏目中最为重要的栏目，所以需要对它们进行更细的规划。图片展示最好的方式就是按照图片的分类进行，所以“图片欣赏”又被分成“广告”“动物”“卡通”“趣味”“电影”等子栏目。个人作品既有个人创作的图片，也有在创作过程中得到的很多经验，所以“我的作品”分成两个子栏目，分别为“我的图片”和“经验之谈”。

将所有的栏目及其子栏目连在一起，这个网站的层次型结构便跃然纸上了，如图 1－18 所示。

4. 目录结构设计

目录结构又称为物理结构，它的设计解决的是如何在硬盘上更好地存放包括网页、图片、Flash 动画、数据库等各种资源在内的所有网站资源。

目录结构设计是否合理，对网站的创建效率会产生较大的影响，更主要的是会对未来网站的性能、网站的维护及扩展产生很大的影响。举一个例子来说明，比如极端情况下，将所有的网页文件和资源文件都放在同一个目录下，那么当文件较多时，WWW 服务器的性能就会急剧下降，因为查找一个网页文件需要很长的时间，而且网站管理员在区分不同性质的文件和查找某一个特定的文件时也会变得非常麻烦。

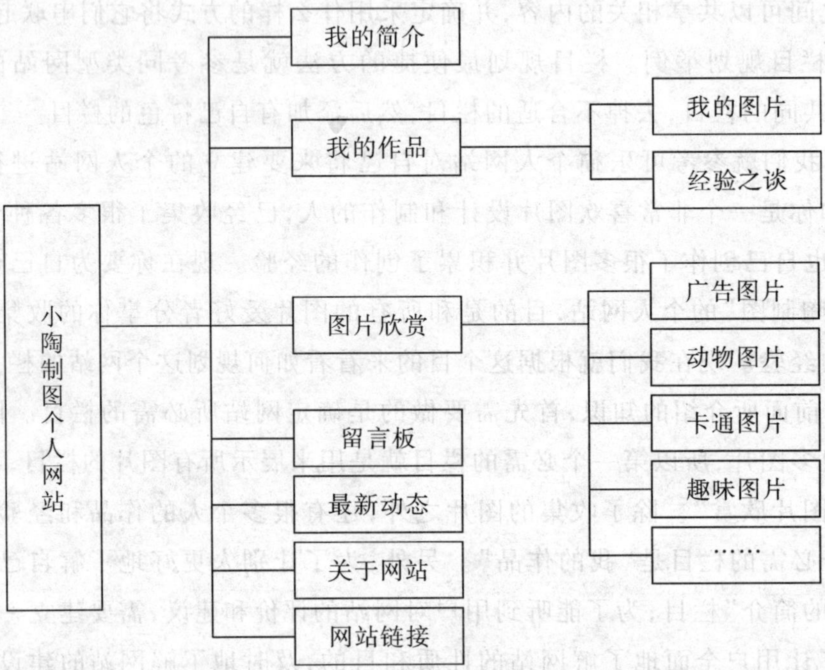

图 1－18　小陶制图个人网站层次结构图

目录结构对用户来说是不可见的，它只针对网站管理员，所以它的设计是为了网站管理员能从文件的角度更好地管理网站的所有资源。目录结构的设计通常需要遵循以下原则：

（1）不要将所有文件都放在根目录下。有的管理员为了方便，将所有的文件都放在根目录下。正如前面刚提到的，这么做很容易造成文件管理混乱。而且当文件很多时，会非常影响 WWW 服务器的索引速度。因为服务器通常需要为根目录建立一个索引，而且每增加一个文件都要重新建立索引，所以很明显，文件越多，建立索引的时间越长。

（2）根据栏目规划来设计目录结构。一般情况下，可以按照网站的栏目规划来设计目录结构，使两者一一对应。但是这么做，也会导致一个安全问题，就是访问者很容易猜测出网站的目录结构，也就容易对网站实施攻击。所以在设计目录结构的时候，尽量避免目录名和栏目名相一致，可以采用数字、字母、下划线等组合的方式来提高目录名的猜测难度。

（3）每个目录下都建立独立的 Images 子目录。将图片及资源文件都放在一个独立的 Images 目录下,可以使目录结构更加清晰。如果很多网页都需要用到同一图片,比如网站标志图片,那么将这个图片放到所有这些网页共有的最高层目录的 Images 子目录下。

(4)目录的层次不要太深。

(5)不要使用中文目录名。因为站点是对 Internet 所有用户开放的,所以得考虑到使用非中文操作系统的客户也能正常访问站点。对于目录名,最好都使用英文。

(6)可执行文件和不可执行文件分开放置。将可执行的动态服务器网页文件和不可执行的静态网页文件分别放在两个目录下,然后将存放可执行网页文件的目录设为不可读和执行。这么做的好处就是可以避免动态服务器网页文件被读取。

(7)数据库文件单独放置。数据库文件因为安全需求很高,所以最好放置在 HTTP 所不能访问的目录底下。这样就可以避免恶意的用户通过 HTTP 方式取到数据库文件。

5. 网站标志设计

网站标志是网站对外宣传的形象,无疑是非常重要的。正如我们前面所提到的那样,一个好的网站标志通常既要具有朗朗上口的名字,又要具有令人印象深刻的图片造型。

网站标志的设计并不是漂亮就行,它需要考虑很多因素。比如政府网站不仅需要考虑严肃认真的政府形象,还需要考虑政府所在地的历史文化。又比如门户网站在设计时就必须考虑门户站点的性质。新浪网在设计其网站标志时就非常成功,它那只大眼睛无时不向人们传达"新浪就是你的眼睛,能帮助你快速地找到你想要的东西"这一信息。

6. 风格设计

相对于网站的栏目规划和目录结构设计,网站的风格设计是最抽象,也是让人最头疼的一个问题。许多网站的建设者都是从事计算机和网络技术的,他们非常熟悉网页制作技术,但是却少有想法创作一个即美观又有独特风格的主页。另一方面,专业的美工师通常从事的都是传统的美工技术。所以,网站的风格设计并不简单,它是一项综合的技术。

风格是抽象的,它往往无法用一个具体的物体来描述,它是指用户对网站整体形象的一种感觉。这个整体形象包括网站标志、色彩、版面布局、交互方式、文字编排、图片、动画等诸多因素。

风格又是独特的，是网站最不同于其他网站的地方。统一的风格使用户无论处在网站的哪一个网页，都明确知道自己访问的是同一个网站。比如微软公司的网站，任何一个网页都有微软特有的蓝色和“Microsoft”网站标志。

风格设计通常包括色彩搭配、字体设计、版面布局设计、动画设计、图标设计、交互方法设计等多方面的内容。风格设计之前通常可以先考虑网站要带给人的印象是什么，比如鲜花网站需要给人温馨、充满生命力的感觉，介绍安全的网站需要给人安全或者危机感等。明确给人的印象之后，就可以通过各个细节来不断体现和加强这种印象，比如选取合适的颜色、字体、动画等。下面就色彩搭配和版面布局设计两个最为重要的方面来介绍一下网站的风格设计。

(1)色彩搭配基础。网站的色彩是最影响网站整体风格的因素，也是站点美工设计中最令人头疼的问题。许多网页设计者都缺乏色彩搭配的基础知识，所以在制作网页之前往往有一个很好的想法，但是却不知道如何搭配网页的颜色来表达预想的效果。因此，在介绍色彩搭配之前，先看看色彩的基本知识。

1)色彩的基本知识。在物理学中，颜色是因为光的折射而产生的。颜色不同，光的波长也就不同。红、绿、蓝是自然界的三原色，它们不同程度的组合可以形成各种颜色。所以在网页中，也就用它们的不同颜色值来表示各种颜色。

网页中的颜色通常采用6位十六进制的数值来表示，每两位代表一种颜色，从左到右依次表示红色、绿色、蓝色。颜色值越高表示这种颜色越深。比如红色，其数值为“#FF0000”，白色为“#FFFFFF”，黑色为“#000000”。也可以采用三个以“,”相隔的十进制数来表示某一颜色，比如红色，其十进制表示为 color(255,0,0)。

在传统的色彩理论中，颜色一般分为彩色和非彩色(或称为灰色)两大色系。非彩色是指黑、白和所有灰色，彩色是指除了非彩色外所有的颜色。在网页中，如果三种颜色的数值相等，就显示为灰色。

颜色的三要素包括色相、纯度和明度。

色相：即是颜色的相貌称谓，如红色、橙色、黄色、绿色等。

纯度：也称饱和度。纯度是指颜色的鲜艳程度，即颜色的色素含量。如果纯度高，则色彩艳丽，否则颜色淡灰。正红色、正黄色、正蓝色等都是纯度极高的颜色，而灰色则是纯度最低的颜色。

明度：也称亮度，是颜色的明暗程度，是各色相中白色的含量。白色是明度最高的色调，白色的明度为100%，黑色的明度为0%。

太阳光是彩色的，按颜色的色调通常将其划分为七种颜色：红、橙、黄、绿、青、蓝、紫。如果将这七种颜色按这个顺序渐变为一条色带的话，越靠近红色，给人的感觉越温暖，越靠近蓝色和紫色，给人的感觉越冷。所以红、橙、黄的组合又称为暖色调，青、蓝、紫的组合又称为冷色调。

除了冷暖的差别外，不同的单个颜色也会给人带来不同的感觉，通常：

红色是一种对视觉器官产生强烈刺激的颜色，在视觉上容易引起注意，在心理上容易引起情绪高昂，能使人产生冲动、愤怒、热情、活力的感觉。

红色的具体表现是：火、血、心、苹果、夕阳、婚礼、春节等。

红色的抽象表现是：给人以热烈、喜庆、危险、革命、女性、冲动、愤怒、热情和活力的感觉等。

橙色也是一种对视觉器官产生强烈刺激的一种颜色，由红色褐黄色组成，比红色多些明亮的感觉，容易引起注意。

橙色的具体表现是：橙子、柿子、桔子、橘子、秋叶、砖头、面包等。

橙色的抽象表现是：具有轻快、温情、积极、活力、欢欣、热烈、温馨、时尚、食欲等的效果。

黄色也是一种对视觉产生明显刺激的颜色，容易引起注意。

黄色的具体表现是：香蕉、柠檬、黄金、蛋黄、帝王等。

黄色的抽象表现是：充满轻快、希望、智慧、光明、快乐、豪华、注意、活力、快乐，希望和智慧等，它也是最亮的一种颜色。

绿色是对视觉器官温和，所以一般人都知道眼睛疲劳的时候，看着绿色有调节和恢复的作用，介于冷暖两种色彩的中间，显得和睦，宁静，健康，安全的感觉。它和金黄，淡白搭配，可以产生优雅、舒适的气氛。

绿色的具体表现是：草、植物、竹子、森林、公园、地球、安全信号等。

绿色的抽象表现是：新鲜、春天、有生命力、和平、安全、年轻、清爽、环保等。

蓝色是对视觉器官的刺激较弱，在光线不足的情况下不易辨认，具有缓和情绪的作用。所以情绪波动时，看着蓝天和海洋，可以让人心情平静，它和白色混合，能体现柔顺、淡雅、浪漫的气氛。

蓝色的具体表现是：水、海洋、天空、游泳等。

蓝色的抽象表现是：清爽、清晰、专业、稳重、理智、高科技、凉快、自由等。

紫色由蓝色和红色组成，对视觉器官的刺激正好综合强弱，形成中性色彩。

紫色的具体表现是：葡萄、茄子、紫菜、紫罗兰、紫丁香等。

紫色的抽象表现是：神秘、优雅、女性化、浪漫、忧郁等。

褐色是橙色中加入了一定比例的蓝色或黑色所形成的暗色，对视觉器官刺激较弱。

褐色的具体表现是：麻布、树干、木材、皮革、咖啡、茶叶等。

褐色的抽象表现是：原始、古老、古典、稳重、男性化等。

白色的自然日光是由多种有色光组成的,白色是光明的颜色。

白色的具体表现是:光、白天、白云、雪、兔子、棉花、护士、新娘等。

白色的抽象表现是:给人以纯洁、明快、纯净、干净、善良、空白、光明、寒冷等。

灰色是由白色和黑色组成,对视觉器官刺激微弱。

灰色的具体表现是:金属、水泥、砂石、阴天、乌云、老鼠等。

灰色的抽象表现是:柔和、科技、年老、沉闷、暗淡、空虚、中性、缺乏生命力、中庸、平凡、温和、谦让、中立和高雅的感觉。它可以和任何一种颜色进行搭配。

黑色对视觉器官的刺激最弱。

黑色的具体表现是:夜晚、头发、木炭、墨、煤等。

黑色的抽象表现是:通常是深沉、神秘、肃静、悲哀、压抑、罪恶、污点、黑暗、恐怖、神秘、稳重、科技、高贵、不安全、深沉、神秘、寂静、悲哀等。

2)网站的色彩搭配。网站的色彩搭配通常分为两个步骤,第一步就是为整个网站选取一种主色调,然后再为主色调搭配多种适合的颜色。主色调指的是整个网站给人印象最深的颜色,或者说除白色之外用的最多的颜色。

正如前面所述,不同的颜色给人的感觉不同,所以主色调选取的一个最基本的原则就是保证所选的颜色与网站的主题或者形象符合,进一步地说,能够通过这种颜色加深用户对网站的印象。

比如蓝色是一种让人感觉非常专业的颜色,所以许多高科技公司都喜欢使用蓝色作为公司的颜色。最典型的应当数 IBM 公司(www. ibm. com)和微软公司(www. microsoft. com),蓝色极大地加强了人们对他们产品的信任感。

又比如红色是热情和活力的象征,北京市政府网站首都之窗(www. beijing. gov. cn)正是通过红色向人民传达了北京作为中国首都的气质:大气和热情。

易趣(www. eachnet. com)是全球最大的提供中文网上交易平台的网站,它致力于为所有的网络用户建立一个诚信、平等、高效、舒适的网上交易环境,而对于这一点,没有比绿色更适合的颜色。

企业或者政府部门在选取主色调的时候需要考虑是否符合自身的形象,而个人网站则要随意的多,往往选择的是自己喜欢的颜色。选好主色调之后,接下来要考虑的就是在什么地方使用主色调。主色调最常表现在三个位置,首先是头部,也就是网页最上面的部分,通常包含导航条。头部是最能体现主色调的地方,所以所有的网站都会在头部表现主色调。其次是栏目索引条上,栏目索引条虽然面积小,但是出现在网页的各个部位,所以能非常有效的渲染主色调。最后是网页上的文字,文字笔画虽细,但大面积的文字也能很好地突出主色调。

接着要考虑地是别的地方使用什么颜色去搭配这种主色调,比如背景色、文字颜色、导航条颜色、插图颜色等都使用什么颜色。色彩搭配是一项非常精致的工作,因为往往一个细节就会影响整个网页的色彩搭配。下面我们就来看看几个主要方面。

①选取背景色。大多数的网站都会选取白色作为背景色。白色使得狭小的屏幕空间显得很大,在白色的背景下,再多的信息其排放也可以显得很整齐,其页面也可以显得非常干净和整洁。

②导航栏的颜色。导航栏是对网站栏目的一个索引,它通常以一个水平长条的形式出现在网页头部的下边。导航条作为头部的一部分,经常采用主色调,比如首都之窗主页和易趣网主页就属于这种情况。另一方面,导航条因为介于网页头部和内容部分的中间,所以也经常作为头部的过渡,这种情况下通常采用灰色系,比如 IBM 公司主页就采用了灰色导航条。

③栏目索引条的颜色。栏目索引条分布在网页的各个部位,所以经常采用主色调中不同深度的颜色来烘托整体的效果。比如 IBM 公司主页采用不同的蓝色,首都之窗主页则采用不同的红色。栏目索引条也经常使用与主色调非常协调的颜色,比如易趣网页右上角的栏目索引条就使用了黄色。另外,为了颜色的过渡,位于网页中间的栏目索引条也经常采用浅灰色。

④文字的颜色。文字在一个网页上是无处不在的,但是文字的笔画比较单薄,所以文字通常用来进一步突出主色调,或者用来过渡和缓解页面的颜色。文字的颜色主要根据文字的背景色进行搭配,它与背景色应有较大的反差,如白底黑字、蓝底白字,以便能清楚的显示文字。其次文字的颜色搭配还得兼顾文字周围物体的颜色。

⑤插图的颜色。网页插图通常尺寸都比较小,所以它的颜色可以丰富一些,这样一来可以使页面变得活泼,二来可以点缀整个页面。但是在选择有背景的图片时要特别小心,不要和网页的背景色及图所在插区的背景色相冲突。解决这个问题一般有两种方法,一种是采用可透明的 GIF 图,另一种是将图片的背景色做成和网页背景色一样的颜色。

(2)网页版面布局设计。报纸、杂志通常分为不同的版面,不同的版面需要不同的布局,比如报纸的头版最为重要,它的布局通常都围绕醒目的大标题展开以吸引人们的注意,而其它版面以内容为主,所以他们的布局相对简单,通常都根据内容文字的多少而自然分割。同报纸、杂志一样,网站也分为很多不同的网页,比如主页、栏目页、内容页等,不同的网页也需要不同的版面布局。

但是与报纸、杂志不同的是,网站的所有网页组成的是层次越高,网页中的内容就越丰富,网页的布局就越复杂。通常情况下,网站主页上的内容非常丰富,所以它的版面布局就非常复杂，而下面一层的栏目页因为内容比较集中，所以它的布局比主页就简单了一些，打开一个具体的内容网页，可以看到内容网页的布局更加简单。

如图 1－19 所示就非常清晰地显示了上面例子中三层网页的版面布局，从这幅图可以总结出网站在版面布局上的一个特点，那就是从网站层次结构的顶层主页到最底层的内容网页，版面布局不断简化。如果将这个特点反过来，便得到了网站在进行版面布局设计时应采用的原则，那就是首先对主页进行排版布局，然后在主页布局的基础上对栏目页进行版面布局，接着往下，最后对内容网页进行版面布局。

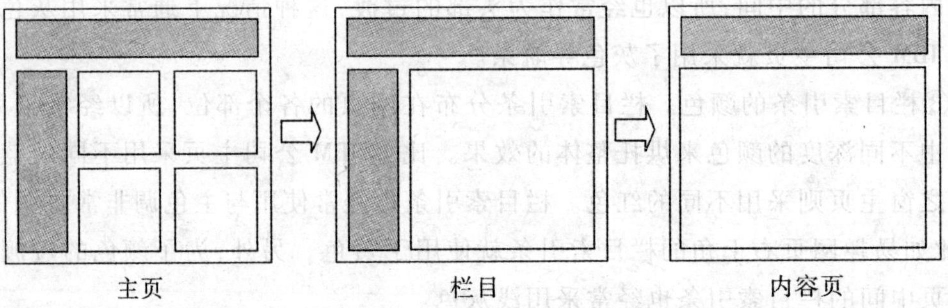

图 1－19　网站版面布局的变化

无论是主页、栏目页还是内容页，作为网页本身，在进行单个网页的版面布局时所采用的步骤和方法都是一样的，下面我们就具体介绍一下有关版面布局的一些基本知识。

1）版面布局的步骤。第一步是确定网页显示的分辨率。因为不同的用户可能使用不同的显示器和网页浏览器，所以同一个网页在不同用户的计算机上显示很可能是不一样的。比如 Windows XP 操作系统下的 IE 浏览器在 800 × 600 分辨率的显示器下看微软公司的主页和在 1 024 × 768 分辨率的显示器下看到的微软主页很不一样。所以在设计版面布局之前，首先要做的就是确定这个网页主要面向哪种配置，即主要在哪种分辨率下进行显示，是面向 800 × 600 还是面向 1 024 × 768，或者更大。说到分辨率，可能很多人不大明白，它在这里专门指的是计算机显示器屏幕的分辨率，通常可以设置为 640 × 480、800 × 600、1 024 × 768、1 280 × 800 和 1 440 × 900 甚至更高。分辨率越大，显示面积就越大，所以能显示的内容就越多。1 024 × 768 是目前大多数显示器设置的分辨率，所以很多网站在设计时都针对 1 024 × 768 进行设计。但是 1 280 × 800 却是未来的发展趋势，将日益成为主流的分辨率模式，所以在设计时最好能兼顾这种分辨率。

第二步是确定网页的框架。框架指的是怎么样从整体上把页面划分开来，比如上下分或者左右分。框架有很多种，最简单的是图 1－20 所示的左右型框架和上下型框架。这种框架一般有大小两块区域，其中一块较大的区域放置网页的主体内容，它通常占据整个屏幕的五分之四。而另一块较小的区域通常放置的是网站标志和导航条。

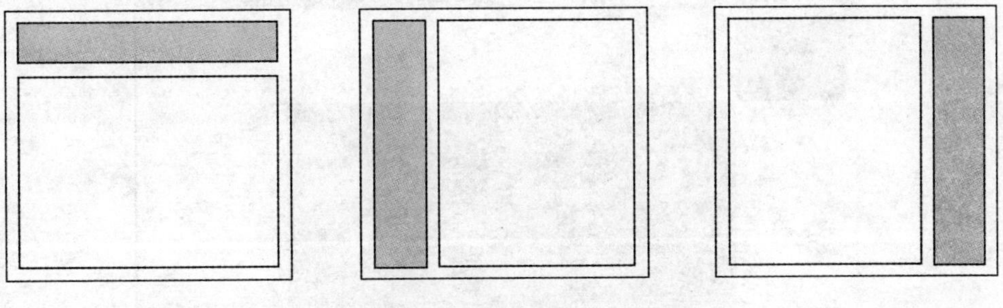

图 1－20　*左右型框架和上下型框架*

将上下型框架和左右型框架结合起来可以形成复合型框架，如图 1－21 显示的就是几种比较常见的复合型框架。复合型框架非常适合于布局大量的内容，所以经常用于网站主页的版面布局。

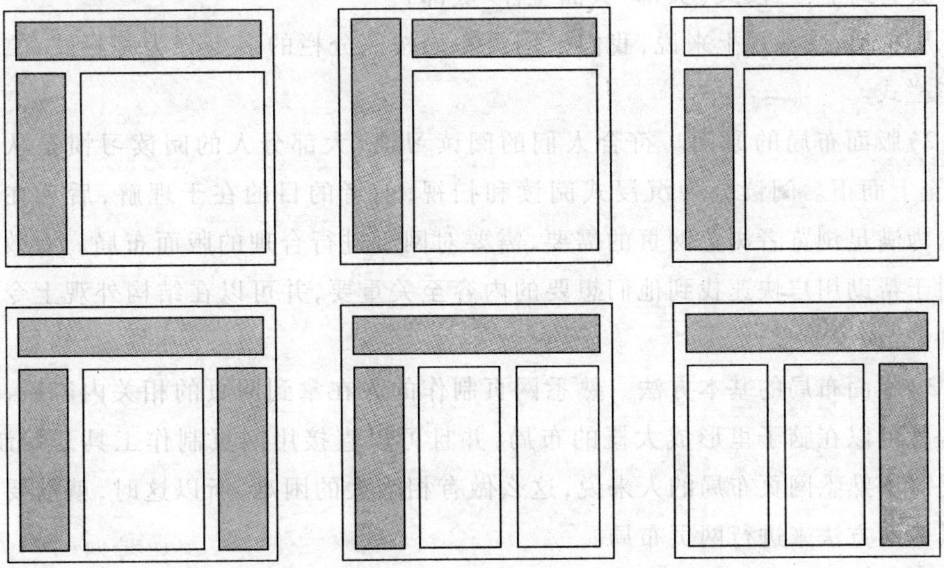

图 1－21　复合型框架

当然，并不是所有的网页都是有框架的，往往这时的网页都具有相当鲜明的个性。它将网页的内容很好地融入到图片或者 Flash 动画当中，给人一种与众不同的感觉。这种无框架的设计通常很难，需要很高的美术功底才行。很多个人站点或者艺术站点都会采用无框架结构，如图 1－7 所示蕾子个人网站。

第三步就是在框架的不同区域上编排不同的内容。不同的网页内容自然是不一样的，在这里只是向大家介绍内容编排上的一个基本知识，那就是人们在浏览一个网页的时候，通常会把第一眼停留在网页的左上角或中间的地方，如图1－22所示，然后才会浏览其他部分。这个部分通常称为焦点，所以在布局内容的时候，应该把最能传达信息、最能吸引人的内容放在这些地方，比如网站标志和最新新闻。

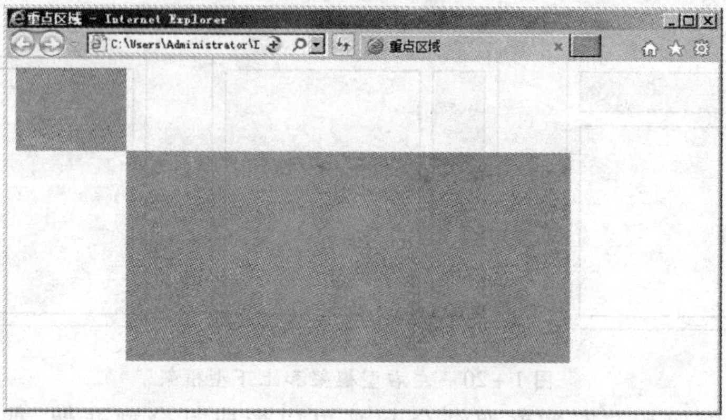

图1－22　重点区域

一般网页版面布局的基本结构可以概括为：

从上到下：三段式（头部/页面主体/底部）。

从左到右：常规上来说，我们把网页布局按照分栏的多少分为一栏式，二栏式和三栏式。

2）版面布局的原则。符合人们的阅读习惯，大部分人的阅读习惯是从左向右，至上而下。阅读分为沉浸式阅读和扫视，前者的目的在于理解，后者在于定位。为满足浏览者浏览网页的需要，需要对网页进行合理的版面布局。有效的布局对于帮助用户快速找到他们想要的内容至关重要，并可以在结构外观上令用户感到舒服。

3）版面布局的基本方法。熟悉网页制作的人在拿到网页的相关内容后，也许很快就可以在脑子里形成大概的布局，并且可以直接用网页制作工具开始制作。但是对不熟悉网页布局的人来说，这么做有相当大的困难，所以这时，就需要借助于其他的方法来进行网页布局。

第一种方法就是用手工的方式在纸上画草图，这种方法可以大概描绘出网页的框架，但是也只能到此为止，不能再进行更细的工作，如配色、摆放文字和图片等。

第二种方法是用专业制图软件进行布局，建议使用 Photoshop。用它可以像设计一幅图片、一副招贴画、一幅广告一样去设计一个网页的界面，然后再考虑如何用网页制作工具去实现这个网页。

选用 Photoshop 一是因为它对图片的超强处理功能，可以制作非常精美的图片；二是因为 Photoshop 中层的概念，可以将网页中的各个部分放置在不同的层中，很方便的进行页面布局。

7. 导航系统设计

导航是一个网站非常重要的组成部分，也是衡量一个网站是否优秀的重要标志。导航的目的就是为了帮助用户方便快捷地在网站中找到自己所需的信息。导航系统最常用的实现方法就是导航条和路径导航。

在现实生活中，我们经常需要从一个地方到另一个地方，比如到一个购物中心去购物或者去某一个地方旅游。这时，我们总是希望走最短、最舒适、最安全的路线到达目的地，这就需要导航，导航就是帮助我们能最快到达目的地的路。

在访问网站的时候也一样，用户也希望在任何一个网页上都能清楚地知道目前所处的位置，并且能快速从这个网页切换到另一个网页。但与现实不同，在访问网站的时候，你无法向别人询问"我现在在哪里？""我还有多久才能到达那里？"之类的问题，所以经常会因为单击过多的网页而迷失方向。因此网站导航对于一个网站来说非常的必要和重要，它是衡量一个网站是否优秀的重要标准。

（1）导航的实现方法。导航最常用的实现方法就是导航条。在导航条中，所有超链接所对应的网页在网站的层次型结构中是并列的，所以通过它可以快速地切换到并列的其他网页。比如当当网图书栏目首页中就有很多导航条。首先是网站第一层分类栏目的导航条，这个导航条几乎出现在当当网站的所有网页中，所以在任何一个网页通过它都可以立即跳转到图书、VCD、DVD 等各个栏目的首页。因为是图书栏目的首页，所以又有一个图书分类的导航条，这个导航条在图书栏目的各个网页中，所以在任何一个介绍图书信息的网页中，都可以通过它快速地跳转到图书栏目的不同分类网页。

几乎在所有的网站上都可以找到类似的导航条，不同之处可能只在表现形式上。比如当当网的导航条采用类似图片按钮的形式，而首都之窗网站、微软公司网站、新浪网等的导航条则直接采用文字超链接的形式。

除了普通的导航条之外，导航另一种非常重要的实现方法是路径导航，即在网页上显示这个网页在网站层次型结构上的位置。通过路径导航，用户不仅可以了解当前所处的位置，还可以快速地返回到当前网页以上的任何一层网页。

除了上述两种最为重要的实现方法之外，还有一些扩展的实现方法，如重点导航、相关导航等，这些导航可以让用户用更多更灵活的方式找到自己所感兴趣的网页。

（2）导航的设计策略。虽然导航有很多不同的实现方式，但是并不是所有的

网站都需要使用这些方式,这通常取决于网站的规模。下面就是在设计网站导航时,可以采用的一些基本策略:

首先,至少要使用一个一层栏目的导航条,如果栏目底下也有很多内容,需要分为很多子类的话,就可以进一步设计栏目下的导航条。

其次,如果网站的层次很深,比如三层以上(主页作为第一层),最好使用路径导航。路径导航可以从第三层以下的网页开始出现。如果网站的层次只有两层或者三层,那么不是特别需要路径导航。

第三,其他导航方式作为铺助的导航手段,视实际需要而定。

1.3.2 站点建设

在网站的规划与设计完成后,就可以着手进行站点的建设工作了。正如图1-10所示的,站点建设又分为四个部分,分别为域名注册、网站配置、网页制作和网站测试。域名注册是指给这个网站注册一个合法的域名,以便让用户通过它来访问这个网站。这就跟给一个小孩取一个名字好让别人叫他一样,但不同的是不同孩子的名字可以一样,而域名在因特网上必须是唯一的。网站配置指的是选择合适的网站发布平台并对其进行相关配置。网页制作指的是按照先前的设计使用网页制作工具将所有的内容制作成网页。网站测试是为了保证用户能正常访问这个网站,网站测试的内容有很多,比如检查是否有错误超链接、检查网页内容是否有错、测试是否满足既定的并行用户数等。

1. 域名注册

域名注册是将网站的域名合法化以便用户能通过这个域名访问你的网站。注册完之后别人就不能再次使用相同的域名来注册。域名的详细知识将在"任务2.6.1"中给大家进行讲解。

2. 网站配置

网站配置首先要做的就是为网站选择合适的发布平台,即选择适合网站规模的各种软硬件资源,包括硬件服务器及其他需要的硬件(如防火墙、路由器、接入线路等)、操作系统、WWW 服务器软件、动态网页服务器软件、数据库服务器软件等,然后根据需求进行相应的配置。

3. 网页制作

网页制作指的就是使用网页制作工具来制作每一个网页。网页文件是一种特殊的文本文件,所以它的制作工具非常广泛,比如记事本、Ultaedit、Word 等都可以用来制作一个网页。但是最为主要的还是使用专业的网页制作工具,其中最为主流的是 Macromedia 公司开发的 Dreamweaver 系列和微软公司开发的 FrontPage。

网页制作通常需要用到很多网页制作技术，总的来说分为三类：静态网页技术、动态网页技术和动态服务器网页技术。

静态网页技术指的是 HTML（Hyper Text Markup Language）技术，即超文本标记语言技术。HTML 是网页的基本语言，也是其他网页制作技术的基础，所以如果要学习如何做网页，那么首先就必须从 HTML 开始学起。HTML 是一种结构化的语言，它使用类似于“<tag>…</tag>”的结构来描述头部信息、段落、列表、超链接、图片、表格等所有内容。

动态网页技术就是我们常说的 DHTML，是一种在网页下载到浏览器以后仍然能够控制网页中各个 HLML 元素，使其随时变换的 HTML。通过这种变换能使网页产生各种特殊的效果，比如当鼠标移动至某段文字上时能弹出一个快捷菜单，一个图片能慢慢显现出来等。DHTML 在实现时并不是独立的，它通常需要和脚本语言（JavaScript、VBScript 和 JScript）、层叠样式表（CSS）及层技术组合在一起使用。

动态服务器网页技术指的是作用于 WWW 服务器端的动态网页技术，而上面所说的动态网页技术作用于客户端，即浏览器。动态服务器网页技术不是一种产生变形、消失、变色等动画效果的技术，而是一种动态生成网页的技术。在这种技术的支持下，静态的 HTML 网页由动态网页所替代，网页的数据存放在数据库中。当用户访问某个网页时，动态服务器网页才从数据库中取出相应的数据放在指定的位置，并形成一个新的 HTML 网页。动态服务器网页技术也有很多不同的实现方法，较早的是 CGI，现在非常流行的则是 ASP、ASP. NET、JSP 和 PHP。

4. 网站测试

在所有网页都制作完成之后，在正式对外发布网站之前，还有一项非常重要的工作就是网站测试。网站测试的目的就是为了保证在网站发布之后所有的用户都能正常地浏览网页和使用提供的服务。

网站测试通常包括五个方面：功能测试、性能测试、可用性测试、客户端兼容性和安全性测试。

（1）功能测试。功能测试的任务是测试网站能否正常运行，其测试的对象包括超链接、表单、Cookies、网页编程语言及数据库。超链接的测试可以分为三个方面，首先是测试所有的超链接是否都按指示的那样确实链接到了该链接的网页；其次是测试每一个超链接所链接的网页是否存在；最后是测试网站上是否有孤立的网页，即没有其他网页的超链接指向这个网页。很多工具都能对超链接进行自动的测试，比如 Macromedia 公司的 Dreamweaver。

表单测试需要测试的是表单提交的内容的正确性和提交过程操作的完整性。比如用户在表单上填写了1800年的出生年份显然就不正确,用户在正确填写完所有信息,在提交之后仍得到错误提示,这很可能是表单在提交过程中出现了问题。

Cookies也是现在很多网站用来在客户端存储信息的手段,但是用户可以对Cookies使用进行限制,比如禁止使用,所以需要进行Cookies测试,测试Cookies是否起作用,是否按预定的时间保存信息,刷新对Cookies有什么影响等。

数据库也是经常导致网页出错的重要因素,比如所提交的数据与数据库所要求的数据不符而导致发生数据一致性错误,又比如动态网页要求读取数据库中根本不存在的表或者表中的某个字段,从而导致网页输出错误。所以需要对数据库进行系统的测试,保证对数据库的各项操作无误。

(2)性能测试。性能测试是为了让用户能更好地访问网站。它通常分为链接速度测试、稳定性测试、负载测试和压力测试几个方面。因为不同的用户会使用不同的接入方式,比如有的拨号上网,有的使用ADSL宽带上网,不同的接入方式就有不同的接入宽带,所以链接速度测试就是要保证各种接入方式都能流畅地访问网站。

稳定性测试是网站在运行中整个系统是否能正常运行,能否保持长时间的稳定运行等。因为各种实际情况无法预测,所以稳定性测试最好的方法就是让服务器保持一段时间的运行。

负载测试是为了测试网站在特定的负载级别上的运行性能,它需要解决的问题通常包括网站能容纳多少客户同时访问?如果超过这个数量会出现什么情况?如何处理多个用户同时访问一个网页或使用同一功能产生的问题?

相对于负载测试,压力测试更像是恶意测试,也就是说站在破坏者的角度测试系统的限制和故障恢复能力。具体地说,就是测试系统会不会崩溃?在什么情况下崩溃?崩溃后能不能自动恢复等。

(3)可用性测试。可用性测试也称为易用性测试,是从用户的角度测试网站是否便于访问、操作起来是否方便、网上的内容与文字是否正确、视觉感觉是否舒适等。可用性测试通常分为导航测试、内容测试和界面测试三个方面。

导航测试是为了让用户能以最快的速度找到自己所感兴趣的网页,所以导航测试就是看网站的导航是否达到了这个目的。导航测试最好的方式是让用户来帮助进行测试。

内容测试是检验网页上内容的正确性、准确性和相关性,因为所收集到的信息很可能有很多错别字或者有误导民众的错误信息。由于误操作也很可能把不相关的信息放到了同一网页上。内容测试就是要找出这些错误并对其进行纠正。

界面测试主要是从视觉、听觉及交互的角度来测试网站给人的整体感觉是否舒适。比如测试整体的风格看起来是否统一、背景音乐是否舒适、按钮等控件操作起来是否简单等。

(4)客户端兼容性测试。不同的用户可能具有不同的客户端配置,如使用不同的浏览器,使用不同的屏幕分辨率,使用不同的操作系统等。不同的客户端对网页的支持程度不同,所以客户端兼容性测试要做的就是测试网站在各种不同的客户端下是否被正常访问。

(5)安全性测试。网络安全问题日益严重,针对网站的攻击也越来越多,为了防止恶意的或者恶作剧的攻击给网站造成严重影响,必须非常严格地进行安全性测试。

安全性测试通常需要对数据、数据的传输、接口及系统的安全性进行测试。网站总会有很多敏感的信息,比如用户账号和密码、网站的日志文件、机密信息等,这些信息如果暴露在因特网上,被一些不良分子轻易获得并加以利用,将产生非常严重的后果,所以必须从不同的角度来测试这些数据的安全性。

对于某些网站,如电子商务网站,在进行某些商务活动的时候可能需要与用户之间传送非常机密的信息,如银行账号和密码,所以这时就必须考虑信息在传输过程中不会被窃取,或者即使被窃取了也无法被破译出真实的信息。数据传输的安全性测试就是为了测试这些方面的内容。

1.3.3 网站发布

在网页制作完毕、网站测试基本通过之后,即可发布网站,以便让所有的因特网用户都能通过因特网访问这个网站。网站发布最基本的工作就是将你的网页传送到WWW服务器之上,最常用的方式就是使用FTP。另外有些强大的网页制作工具也具有网页发布的功能,比如微软公司的FrontPage和Macromedia公司的Dreamweaver。

1.3.4 网站的管理与维护

网站的管理和维护,其目的只有一个,就是为了保证网站的正常运行。管理和维护的内容主要分为三个方面:安全管理、性能管理和内容管理。安全管理是基础也是关键,它贯穿整个网站,从最低层的硬件到最高层的网页,每一个环节都离不开安全管理。性能管理是内容管理的前提,只有整个网站系统稳定高效的前提下才能更好地对内容进行管理和维护。

1. 安全管理

安全问题存在于从硬件到软件的各个环节,所以它的管理非常困难。在这里,我们简单介绍其中的四个方面:操作系统的安全管理、WWW 服务器软件的安全管理、数据库的安全管理和人员的安全管理。

首先是操作系统的安全管理。任何操作系统都不是十全十美的,总是存在很多安全漏洞,不断被暴露出来。解决操作系统安全问题的重要手段就是定期扫描操作系统可能存在的安全漏洞并及时安装相应的补丁程序。

WWW 服务器软件是用来响应 HTTP 请求进行网页传输的。虽然 WWW 服务器软件本身并没有内在的高风险性,但其主要设计目标是更好的支持 WWW 服务器和满足其他方面的需求,所以除了基本的 WWW 服务器功能外,它还具有很多其他的功能,比如支持不同权限级别的访问等。但是另一方面,软件越复杂,所具备的功能越多,包含错误代码的概率就越高,安全漏洞出现的概率也就很高。那么对于 WWW 服务器软件的安全管理,主要工作在于分析软件可能引发的安全问题,谨慎使用软件所提供的其他功能。

动态服务器网页技术使得大部分网站的数据都存储在数据库中,如用户名和密码,所以数据库的安全也不容忽视。数据库的安全问题主要都是由不合理地使用数据库访问权限而引起的,所以解决这个问题的关键也就在此。

除了从技术考虑网站的安全问题外,还有一个很重要的安全因素就是人。据统计资料显示,相当大的一部分信息泄露和服务器损坏是由直接接触服务器的人造成的。因此加强人员管理就是最好的解决方法。

2. 性能管理

性能管理的主要任务就是保证操作系统和 WWW 服务器的正常运行,在正常运行的基础上最大程度的优化系统的性能。当系统的负荷满足不了日益增长的用户访问需求时,需要制订合理的方案及时升级系统的配置。

性能管理也需要考虑很多方面,如网络、操作系统、WWW 服务器、动态网页服务器和数据库服务器的管理等。网络的管理主要是因特网的接入带宽是否满足多个用户并行访问的需求。

3. 内容管理

内容管理的主要任务是确保网页内容、数据和超链接的正确,以及数据的及时更新。

习题

一、选择题

1. 下面哪一个网站不属于门户网站?(　　)

A. 首都之窗　　B. 新浪网　　C. 搜狐网　　D. 雅虎中国

2. 从网络技术的角度上讲，网站的体系结构是 WWW 客户机/服务机体系结构。在这个结构中，最为核心的部分是（　　）。

A. WWW 客户机　　B. 因特网

C. WWW 服务器　　D. 应用程序服务器

3. 网站建设通常需要经历四个步骤，那么首先要进行的是（　　）

A. 网站的规划与设计　　B. 站点建设

C. 网站发布　　D. 网站的管理与维护

4.（　　）的任务就是让所有的因特网用户都能通过因特网访问这个网站。

A. 网站的规划与设计　　B. 网站建设

C. 网站发布　　D. 网站的管理与维护

5. 下面哪一种是正确的红色表示方法？（　　）

A. #FF0000　　B. &FF0000

C. #FFFFFF　　D. #0000FF

6. 色彩搭配的第一步就是确定（　　）

A. 确定网站标志的颜色　　B. 确定主色调

C. 确定导航条颜色　　D. 确定主页的背景色

7. 下面有关导航不正确的一项是（　　）

A. 导航可以帮助用户最快的找到自己所需的信息

B. 导航能让用户清楚地知道目前所处的位置

C. 导航是衡量一个网站是否优秀的重要标准

D. 导航网站的规模很小，可以不用导航

8. 导航最常用的实现方法是（　　）

A. 导航条　　B. 路径导航

C. 重点导航　　D. 相关导航

二、简答题

1. 几乎所有的门户网站都采用按主题分类的方式将因特网的网站进行分类。访问新浪网（www. sina. com. cn），然后简述新浪网都有哪些主要的主题分类？

2. 如果你要给自己建立一个网站，那么在开始建设之前，你需要从哪些方面对你的网站进行规划和设计？

三、项目实战题

浏览两个不同类型的网站，完成一份分析报告，报告格式如下：

网站名称：____

网址：________________

主题：________________

色彩：________________

首页布局特点：________________

文字设计特点：________________

网站特色：________________

综合评价：________________

学习情境二　校园十佳歌手评选活动网站建设

任务2.1　项目展示与项目目标

2.1.1　项目效果图展示

项目完成的最终效果如图 2－1 所示。

图 2－1　武职院第九届校园十佳歌手评选活动网站效果

2.1.2　项目目标

- 了解网站项目规划与制作流程
- 了解图形图像的基础知识
- 认识 PhotoshopCS4 界面
- 掌握 PhotoshopCS4 的基本操作
- 掌握 PhotoshopCS4 基本工具的使用

- 熟练掌握快捷键与鼠标操作
- 掌握 DreamweaverCS3 基本知识
- 认识 DreamweaverCS3 界面
- 掌握 DreamweaverCS3 插入文本、图像、表格、动画、视频、超链接等元素的方法与技巧
- 熟练运用 DreamweaverCS3 编辑网页
- 掌握网站的测试和发布方法

任务2.2 项目资讯

网页设计需要设计者综合多方面的知识,把设计的多元素进行有机组合。它与网络艺术、经济心理学以及美学等领域都有密切的联系。网页设计的中心是信息的传达,“美”和“功能”都是为了更好的表达主题。关键知识点如下:

1.了解分析客户的需求

网页设计是一个感性思考与理性分析结合的复杂过程。它的方向取决于设计的任务,它的实现依赖于网页的制作。

网站设计是展示企业形象、介绍产品和服务、体现企业发展战略的重要途径,因此必须明确设计站点的目的和用户的需要,以消费者为中心,根据市场的状况、企业自身的情况等进行综合分析,从而做出切实可行的设计计划。

总体设计要主题鲜明。在目标明确的基础上,完成网站的构思创意。对网站的整体风格和特色做出定位,做出网站的组织结构。一件完美的网站设计作品是设计者与客户不断进行沟通而设计出的结果。

网站开始构思的时候需要充分了解客户的需求,要达到什么目的和效果。因此前期的投入是有必要的,可以准确地满足客户的预期要求。

2.网站的项目规划

一个成功的网站设计作品是艺术与技术的统一,以主题鲜明、形象与主题保持一致、把握整体风格为设计原则。艺术是设计手段,而不是最终目的。

规范的网页策划包括网站的目标、主题、内容、风格和标志。

网站的性质不同,设计要求也不同。例如,门户网站注重网站的分割、信息结构的合理、页面与图片的优化、界面的亲和等;企业网站注重突出企业的形象、产品热点、对设计样式、图片质量要求相对较高。

网站的主题要求小而精,有针对性,尽量向专业靠拢;题材尽量新,不要随处可见,这样才能吸引客户多次浏览;网站名称要有特色,方便记忆,要考虑到为以后

网站的形象和宣传推广。

以下 8 条为目前网站规划中应该体现的主要内容，根据不同的需要和建站目的，内容也会增加或减少。在建设网站之初，一定要进行规划，这样才能达到预期的目的效果。

(1)建设网站的市场分析。相关行业的市场是怎样的，有什么特点，是否能够在互联网上开展企业的业务。

从市场主要竞争分析，竞争对手上网情况以及网站规划、功能作用。

公司自身条件分析、公司概况、市场优势，可以利用网站提升哪些竞争力，建设网站的费用、技术、人力等。

(2)建设网站的目的及功能定位。建设网站，是为了宣传产品，进行电子商务，还是建立行业型网站。

整合公司资源，确定网站功能。根据公司的需要和计划，确定网站的功能是产品宣传型、网上营销型、客户服务型或电子商务型等。

根据网站功能，确定网站应达到的目的和作用。

了解企业内部网的建设情况和网站的可扩展性。

(3)网站技术解决方案。根据网站的功能确定网站技术的解决方案。

采用自建服务器，还是租用虚拟主机。

选择操作系统用 UNIX，LINUX 还是 Windows2000/2003，分析投入成本、功能、开发、稳定性和安全性等。

相关程序开发，如网页动态程序 ASP，ASP. NET，JSP 或 PHP，使用数据库是采用 Access，还是 SQL Server 2000，MySQL 等。

在新技术的采用上要考虑目标访问群体的分布地域、年龄阶层、网络速度、阅读习惯等。

(4)网站的内容规划。根据网站的目的和功能规划内容，一般企业网站应包括：公司简介、产品介绍、服务内容、价格信息、售后服务、联系方式、网上订单等基本内容。

(5)网站界面设计。网站界面设计一般要与企业整体形象一致，要符合 CI 规范。要注意网页色彩、图片的应用以及版面规划，保持网页整体一致性。

通过了解网站的类型去确定网站的风格趋向，比如经济类简捷、娱乐类活泼、医药类健康等，不同类型的网站风格肯定不同，营造的氛围也不相同，所以需要大家对各种行业有敏感的洞察力。如果大家还不熟悉某个行业，不知什么的风格是适合它的，大致该用什么样的色调和笔触来表现，那么需要花一定时间先做一些调查和学习。

(6)网站维护。对服务器及相关软件进行维护,对可能出现的问题进行评估,制定响应时间。数据库维护,有效地利用数据是网站维护的重要内容,因此数据库的维护要受到重视。

1)注重内容的更新和调整。

2)制定相关网站维护的规定,将网站维护制度化、规范化。

3)制作网站改版计划,如半年或一年的时间进行较大规模的改版等,或根据网站的版式内容做扩容调整。

(7)网站测试。网站发布前要进行细致周密的测试,以保证正常浏览和使用。主要测试内容有:

1)服务器的稳定性、安全性。

2)程序及数据库测试。

3)网页兼容性测试,如浏览器、显示器等。

4)网页的链接测试、压力测试等。

(8)网站发布与推广。

1)网站测试后进行发布的公关、广告活动。

2)搜索引擎登记等。

2.2.1　校园十佳歌手评选活动网站项目规划

请你担任网页设计师为武威职业学院第九届校园十佳歌手大赛设计并制作一个宣传专题网站。

通过与院团委的详细沟通,确定了网站项目的设计方案。

1.建设网站的目的及需求

为了丰富学院校园文化生活,陶冶学生艺术情操,搭建学生展示自我的平台,营造健康和谐的校园文化氛围,促进学生全面、和谐、健康发展。学院团委决定举办第九届"校园十佳歌手"大奖赛,需要通过网络广泛宣传和报道本次活动,动员广大师生积极参与本次活动。

2.网站主题及内容

网站主题确定为武威职业学院第九届校园十佳歌手评选活动宣传网站,网站提供的内容主要围绕本届校园十佳歌手大赛,包括文字报道、活动图片、大赛视频等,网站建站初期为了营造大赛氛围,可以添加一些历届大赛活动资料。

3.网站风格

校园十佳歌手评选活动宣传网站项目主要是通过校园网为广大师生提供本届

大赛活动信息。网站要反映出大赛的文化艺术气息以及校园文化,界面要求简洁、大气、富有号召力,突出激情、喜庆、欢快的整体风格。因此,网站标志采用学院校徽,以淡黄色为背景色,橙黄色为主色,局部使用红色。要求网站各级页面的设计和制作上保持网站风格的统一。

4. 网站技术解决方案及维护

网站项目主要采用静态网站的建设。

该网站项目建成后,将部署在学院自己的校园网服务器上,在学院校园网主页上设置一个关于本届大赛网站的图片链接,方便广大师生访问。在保证网站稳定性和安全性的同时,提升了网站推广的力度。

武威职业学院现代教育技术中心负责该网站的维护工作。

2.2.2 校园十佳歌手评选活动网站项目制作流程

常规的网站建设的基本流程一般是首先进行网站前期策划与内容组织,然后进行效果图设计、网页编辑、动画设计,接下来是技术实现,最后是站点的发布测试与维护。这几个阶段完整地结合在一起,直到完成整个站点的制作,如图 2-2 所示。

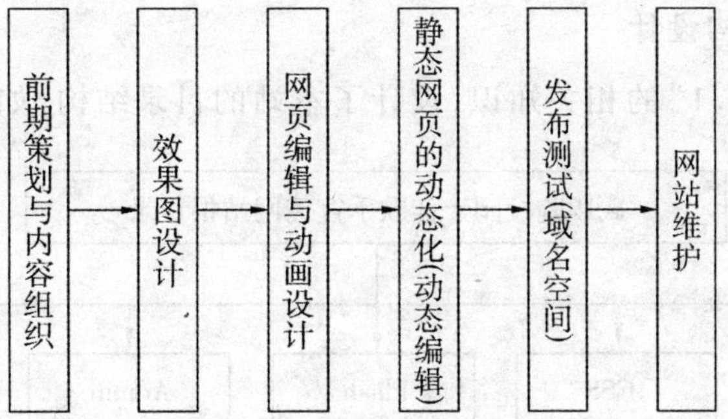

图 2-2 网站的制作流程

1. 网站栏目模块设计

通过对"武职院校园十佳歌手评选活动网站"需求分析,为网站安排了 5 个功能模块,网站的功能模块结构如图 2-3 所示。

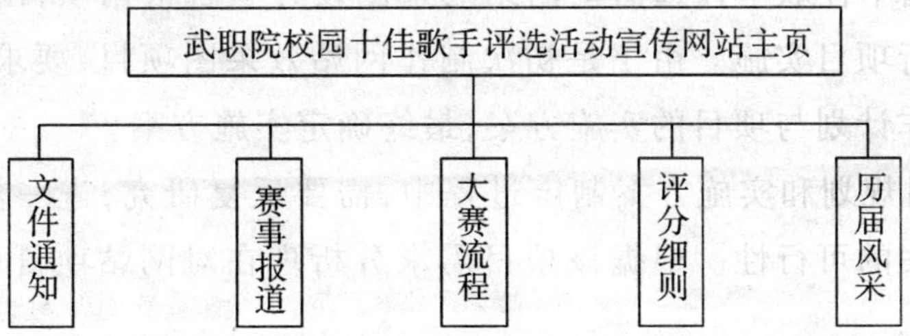

图 2-3 网站功能模块结构图

2. 草图设计

对于一般的商业网站来说，一个项目往往从一个简单的界面开始，但要把所有的东西组织到一起并不是件容易的事情。首先，要先画一个站点的草图，勾画出所有客户想要看到的东西。然后，将它的详细描述交给网站美工人员，让他们知道在每个页面都要显示哪些内容。美工根据草图设计网页效果图，本站首页的草图如图 2 - 4 所示。

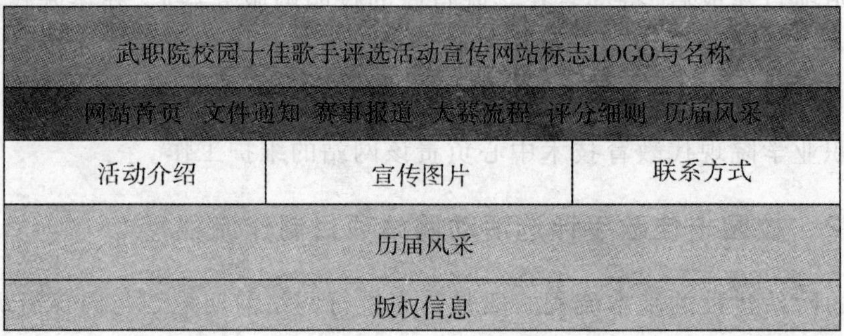

图 2 - 4 校园十佳歌手评选活动宣传网站首页草图

3. 网站目录结构设计

根据“任务 1.3.1”的相关知识，设计了本站的目录结构，如图 2 - 5 所示。

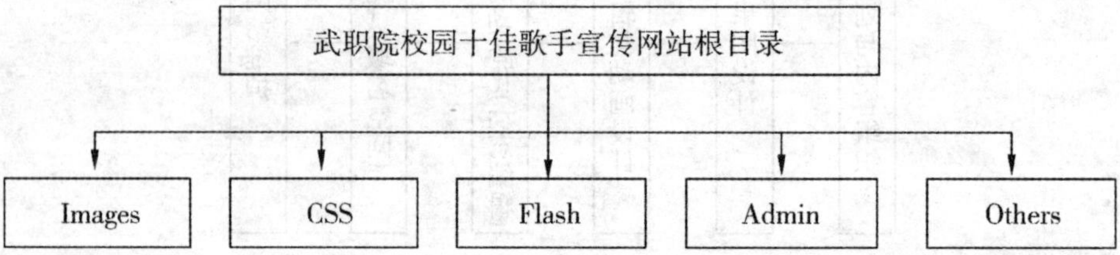

图 2 - 5 校园十佳歌手评选活动网站目录结构图

任务2.3 项目计划与决策

武职院校园十佳歌手评选活动网站效果图设计项目根据项目背景分析，以一个人为小组进行项目实施。由于是初次制作网站效果图项目，要求在教师的指导下进行审核工作计划与项目的实施方案，最终确定实施方案。

在网站项目规划和实施方案制定过程中，需要反复研究，进一步优化方案，保证项目实施方案的可行性。根据该项目需求分析现在对网站项目草图进行细化，如图 2 - 6 所示。

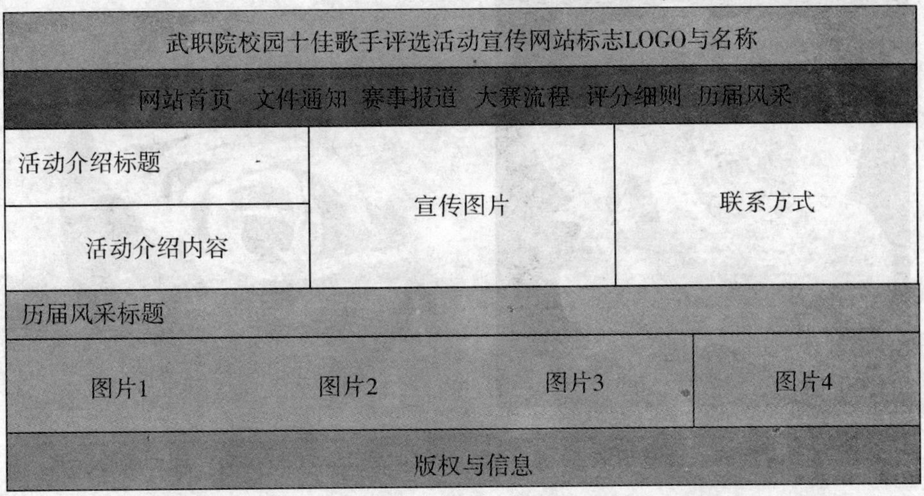

图 2-6 校园十佳歌手评选活动网站细化后页面草图

任务2.4 校园十佳歌手评选活动网站效果图设计与切图

2.4.1 任务解析

通过前面的学习,完成了“武职院校园十佳歌手评选活动网站”的功能模块分析、网站风格定位及草图设计,任务 2.4 将使用 PhotoshopCS4 软件进行网站效果图的设计,然后完成网站效果图的切片并生成网页。

2.4.2 核心技能与概念

1. 基本概念:位图与失量图

在计算机中,图像是以数字方式来记录、处理和保存的,所以说图像是一个数字化的图像。这种图像大致可以分为两类,一类是位图,一类是矢量图像。

矢量图:以数学式矢量方式来记录的图像被称为矢量图。通常在 Photoshop 中主要使用路径来绘制矢量图形,矢量图形在放大与缩小后都不会受到影响,不会变形,如图 2-7(a)(b)所示。

位图:由像素组成的图像被称为位图。像素是用来计算数码影像的一种单位,是构成影像的最小单位。

通常拍摄的照片都是位图,如图 2-8(a)所示,将照片中的局部放大到 600%,可以清楚地看到像素了,如图 2-8(b)所示。

图2-7(a) 矢量图像

图2-7(b) 局部放大后的效果

图2-8(a) 位图图像

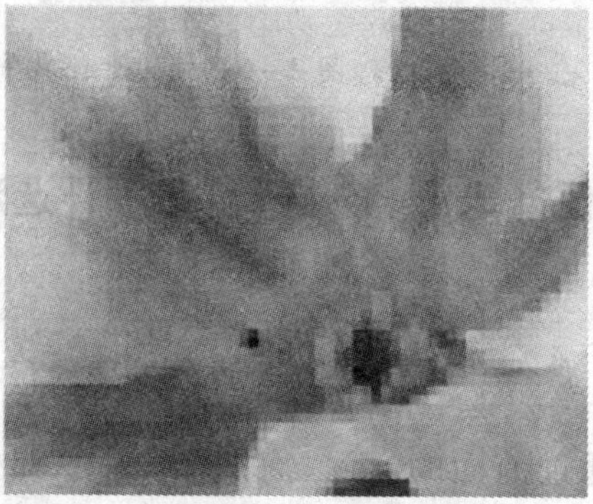

图2-8(b) 局部放大后的效果(600%)

2. **基本概念:色彩模式**

RGB 模式:是由红、绿、蓝三种颜色的光线构成的,主要应用于显示器屏幕的显示,因此也被称为色光模式。

每一种颜色的光线从0到255被分成256阶,0表示这种光线没有,255表示这种光线最饱和的状态,由此就形成了RGB这种色光模式。黑色是由于三种光线都不亮。三种光线两两相加,又形成了青、品红、黄色。光线越强,颜色越亮,最后,RGB三种光线和在一起是白色,所以RGB模式被称为加色模式,如图2-9所示。

CMYK 模式:是由青、品红、黄、黑四种颜色的油墨构成的,主要应用于印刷品,因此也被称为色料模式。

每一种油墨的使用量从0%到100%,由CMY三种油墨混合而产生了更多的颜色,两两相加形成的正好是红、绿、蓝三色。由于CMY三种油墨在印刷中并不能形成纯正的黑色,因此需要单独的黑色油墨K,由此形成CMYK这种色料模式。油墨量越大，颜色越重、越暗；反之，油墨量越少，颜色越亮。没有油墨的时候看到的是什么都没有印上的白纸，所以 CMYK 模式被称为减色模式，如图2－10所示。

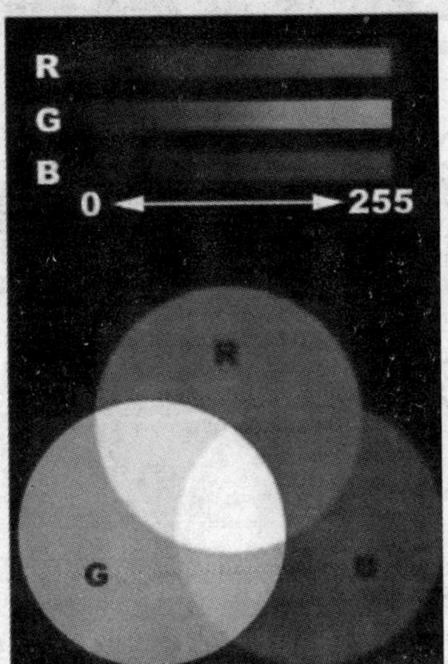

图 2－9　RGB 色彩模式示意图

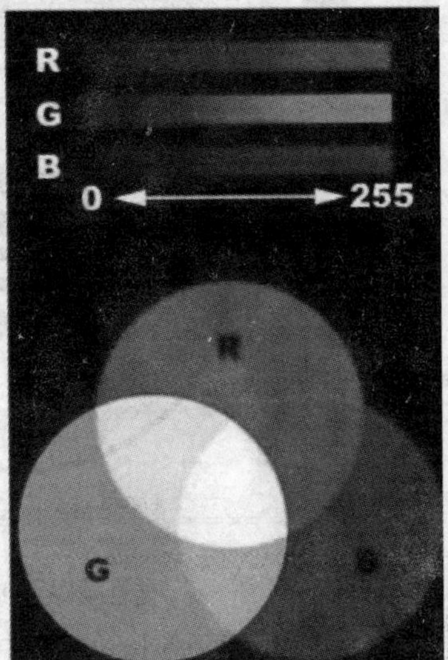

图 2－10　CMYK 色彩模式示意图

3. 核心技能：认识 PhotoshopCS4 界面

由于 PhotoshopCS4 是一个功能强大的图形编辑软件，通过对网站开发流程的学习，可以发现 Photoshop 在网页设计也起着关键的作用。现在一起来认识一下 PhotoshopCS4 这个软件，熟悉各个模块以及功能。

PhotoshopCS4 的工作界面主要由标题栏、菜单栏、工具属性栏、工具箱、面板栏、编辑窗口和状态栏等组成，如图 2－11 所示。下面介绍这些功能项的含义。

标题栏：标题栏用于显示当前 Photoshop 的版本号，其右侧的 、 和 按钮功能分别是最小化、最大化和关闭的工作界面。

菜单栏：菜单栏是软件各种应用命令的集合处，从左至右依次为文件、编辑、图像、图层、选择、滤镜、分析、视窗、窗口、帮助等 10 个菜单，这些菜单下集合了 Photoshop的上百个命令。

工具箱：工具箱中集合了图像处理过程中使用最为频繁的工具，使用它们可以绘制图像、修饰图像、创建选区以及调整图像显示比例等活动。它的默认位置在工作界面左侧，拖动其顶部可以将它拖放到工作界面的任意位置。工具箱顶部有个折叠按钮 ，单击该按钮可以将工具箱中的工具排列紧凑。

工具属性栏：在工具箱中选择某个工具后，菜单栏下方的属性栏就会显示当前工具对应的属性和参数，用户可以通过这些设置参数来调整工具的属性。

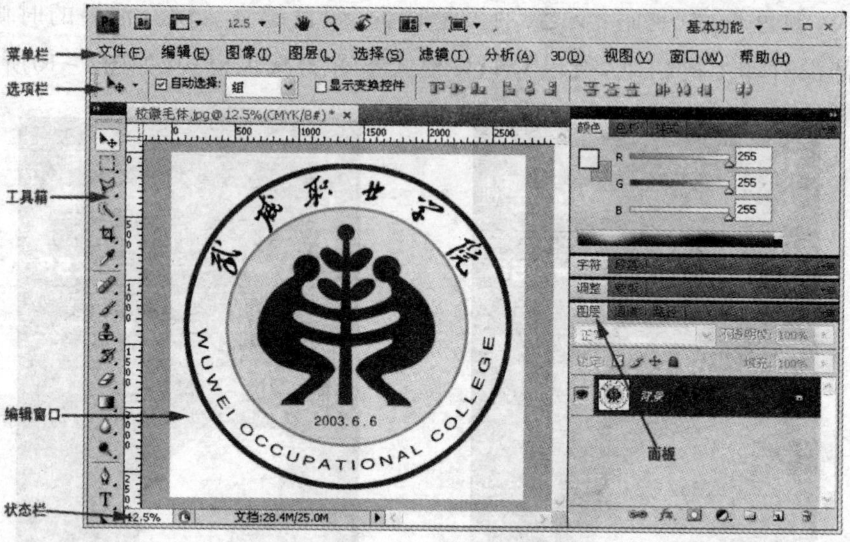

图 2－11　PhotoshopCS4 软件界面

面板栏：面板栏是 PhotoshopCS4 中进行颜色选择、图层编辑、路径编辑等主要功能面板，单击控制面板区域左上角的扩展按钮，可打开隐藏的控制面板组。如果想尽可能显示工具区，单击控制面板区右上角的折叠按钮可以最简洁的方式显示控制面板。

编辑窗口：编辑窗口是对图像进行浏览和编辑的主要场所，图像窗口标题栏主要显示当前图像文件的文件名及文件格式、显示比例及图像色彩模式等信息。

状态栏：状态栏位于窗口的底部，最左端显示当前图像窗口的显示比例，在其中输入数值后按回车键可以改变图像的显示比例；中间显示当前图像文件的大小；右端显示当前所选工具及正在进行操作的功能与作用。

4. 核心技能：PhotoshopCS4 的基本操作

（1）图像文件的创建、保存、关闭。执行“文件”→“新建”命令，打开“新建”对话框，如图 2－12 所示，点击“确定”按钮即可完成图像文件的创建。

名称：设置图像的文件名。

预设：指定新图像的预定义设置，可以直接从下拉框中选择预定义好的参数。

宽度和高度：用于指定图像的宽度和高度的数值，在其后的下拉列表框中可以设置计量单位（“像素”“厘米”“英寸”等），对于网页的界面设计一般用“像素”作为单位。

分辨率：主要指图像分辨率，就是每英寸图像含有多少点或者像素。分辨率的单位为 ppi。只有位图才有分辨率，矢量图不存在分辨率问题。网页效果图的设计通常为 72ppi。

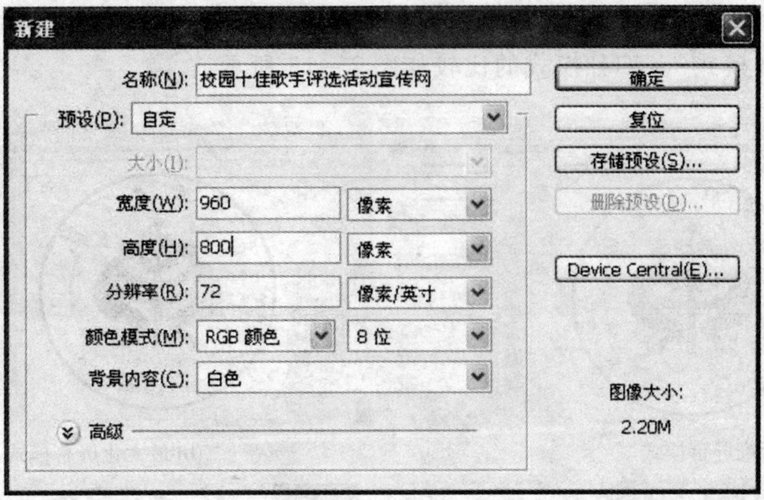

图 2－12 “新建”对话框

颜色模式：网页界面设计主要用 RGB（主要用于显示器显示）。

背景内容：该项有“白色”、“背景色”、“透明”三种选项。

（2）图像文件的保存与关闭。执行“文件”→“存储为”命令，打开“存储为”对话框，选择合适的路径，并输入合适的文件名即可保存图像（默认格式为 psd）。

文件的格式有很多种，网页设计中主要使用 PSD，GIF，JPEG，PNG 格式。

PSD 为 Photoshop 软件默认保存的文件格式，相当于文件处理的源文件。

GIF 格式是 CompnServer 提供的一种图像格式，在通讯传输时较为经济，它广泛应用于 Internet 的网页文档中，同时能够用来制作动画或者完成背景的透明效果。

JPEG 格式的图像通常用于图像的浏览和超文本文档中。JPEG 格式最大的特点是文件比较小，都经过了高倍压缩，它是目前所有格式中压缩率最高的，但是这种格式有一个很大的缺点，就是在压缩时会丢失一些数据。

PNG 格式是 Netscape 公司开发出来的格式，可以用于网络图像的传输，它可以保存 24bit 真彩图像，并且支持透明背景和消除锯齿的功能，可以在不失真的情况下压缩图像。

执行“文件”→“关闭”命令即可关闭图像，当然直接单击窗口的右上角的关闭按钮也能完成同样的功能。

（3）文件的打开与屏幕模式。图像的打开：执行“文件”→“打开”命令，调出“打开”窗口，选择图片的路径图像即可打开图像。

在 Photoshop 中有四种不同的显示模式，这四种显示模式可以通过单击工具箱上最下方的屏幕模式按钮来切换，或执行“视图”→“屏幕模式”下的其它命令也可以完成切换。

屏幕模式分为四种:“标准屏幕模式”“最大化屏幕模式”“带有菜单的全屏模式”和“全屏模式”。四种模式的比较如图 2-13 所示。

(a) 标准屏幕模式　　(b) 最大化屏幕模式

(c)带有菜单的全屏模式　　(d) 全屏模式

图 2-13　屏幕模式

四种模式的切换也可以通过快捷键 < F > 来实现,连续按快捷键 < F > 可以在这四种模式间快速切换。为了更好的显示图像的效果还可以按快捷键 < Tab > 来隐藏“工具箱”和“面板栏”。

5. 核心技能:图像与画布大小的操作方法

通过前面的学习,大家知道像素作为图像的一种尺寸或者单位,只存在于计算机中,如同 RGB 色彩模式一样只存在于计算机中。像素是一种虚拟的单位,现实生活中并没有这个单位。打开一幅图片“武威职业学院校徽. psd”(见图 2-13),执行“图像”→“图像大小”命令,可以看到图像的基本信息,如图 2-14 所示。

可以看到这张图片的图像大小为 572 像素 ×343 像素,文档大小为 20.18 厘米 ×12.1 厘米,分辨率为 72 像素/英寸(1 英寸 =2.54 厘米)。通过修改图像大小可以完成图像的放大与缩小。

修改画布大小的方法是执行“图像”→“画布大小”命令,即可显示如图 2-15 所示的“画布大小”对话框,它可用于添加现有的图像周围的工作区域,或减小画布区域来裁切图像。

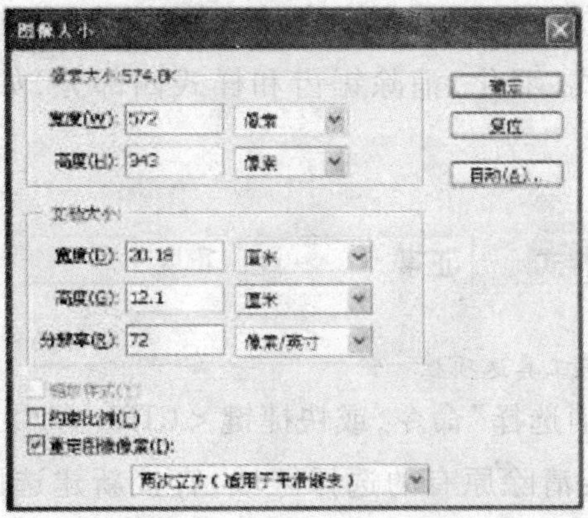

图 2－14 “图像大小”面板

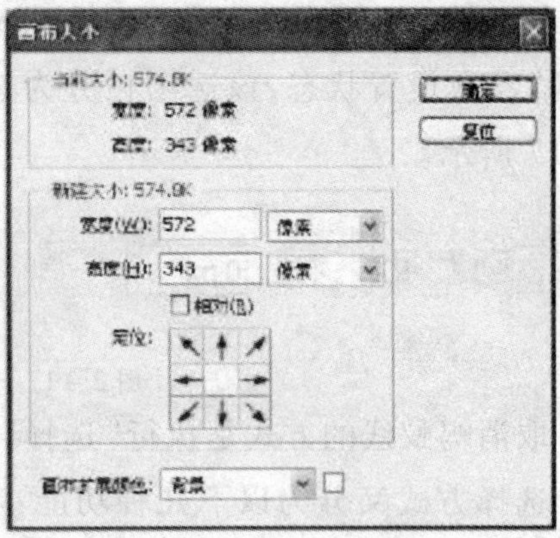

图 2－15 “画布大小”面板

在“宽度”和“高度”框中输入所需的画布尺寸(从“宽度”和“高度”框旁边的下拉菜单中可以选择度量单位)。

如果选择“相对”复选框,在输入数值时,则画布的大小相对于原尺寸进行相应的增加与减少。输入的数值如果为负数表示减少画布的大小。对于“定位”命令,选择某个定位按钮方块以指示现有图像在新画布上的位置。从“画布扩展颜色”下拉列表中可以选择画布的颜色。

在“画布大小”窗口中设置好参数后,单击“确定”按钮,修改就完成了。

6. 核心技能:选区工具的使用

选择区域就是用来编辑的区域,所有的命令只对选择区域的部分有效,对区域外无效。选择区域是黑白相间的“蚂蚁线”表示,其中用于选择区域操作的工具包括选框工具、套索工具、魔棒工具等。

(1)矩形选框工具。使用“矩形选框工具”可以方便地在图像中制作出长宽随意的矩形选区。操作时,只要在图像窗口中拖动鼠标即可建立一个简单的矩形选区(可以复制、粘贴),如图 2－16 所示。

图 2－16 建立矩形选区

在选择了“矩形选区工具”后 Photoshop 的工具选项栏会自动变换为“矩形选框工具”参数设置状态，该选项栏分为选择方式、羽化、消除锯齿和样式四部分，如图 2 – 17 所示。

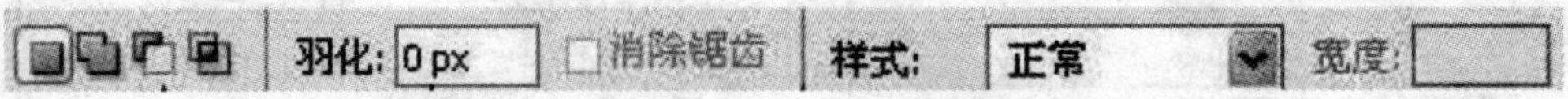

图 2 – 17　矩形选框工具选项栏

取消蚂蚁线的方式是执行“选择”→“取消选择”命令，或快捷键 < CTRL + D >。

选择方式又分为以下几种功能：新选区：清除原有的选择区域，直接新建选区。这是 Photoshop 中默认的选择方式，使用起来非常简单。

添加到选区：在原有的选区的基础上，添加新的选择区域。

从选区减去：在原来选区中，减去与新的选择区域交叉的部分。

与选区交叉：使原有选区和新建选区相交的部分成为最终的选择范围。

羽化：设置羽化参数可以有效地消除选择区域中的硬边界并将他们柔化，使选择区域的边界产生朦胧的渐隐效果。对图 2 – 18 (a) 中的选取内容进行羽化前后的对比效果如图 2 – 18 (b) 所示。

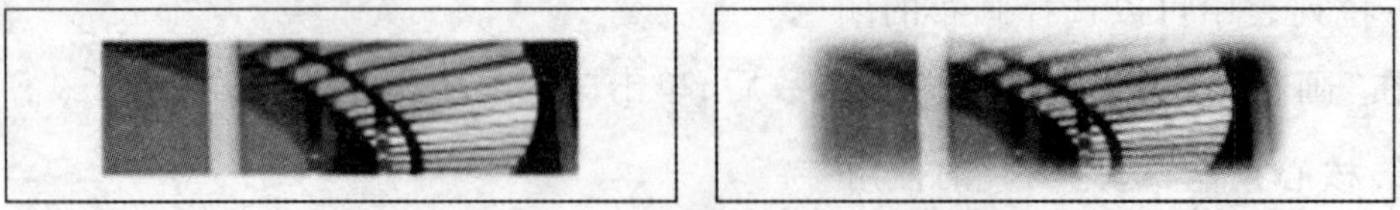

(a) 未进行羽化　　(b) 羽化后的效果

图 2 – 18　矩形选取工具的“羽化”选择方式

样式：当需要得到精确的选区的长宽特性时，可通过选区的“样式”选项来完成。样式分为三种：正常、固定长宽比、固定大小，大家可以自行测试选区的样式。

(2) 单行和单列选框工具。选区工具中还包括两个工具，一个是“单行选框工具” ，另一个是“单列选框工具” 。使用“单行选框工具”可以在图像上建立一个只有一像素高的水平选区，而使用“单列选框工具”可以在图像上建立一个只有一个像素宽的垂直选区。

实际上，在网页界面设计时经常用到，用它来分割大的图像，或者来创建网页背景图。

(3) 椭圆形选框工具。使用“椭圆形选框工具”可以在图像中制作半径随意的椭圆或圆形选区。它的使用方法和“矩形选框工具”大致相同。

(4) 套索工具。“套索工具”可以创建手绘的选择边框，只要沿着图像拖动鼠标即可建立需要的选区。使用该命令时要注意几点：

• 如果选择时曲线的起点与终点未重合，则 Photoshop 会自动将曲线封闭。

• 如果要绘制直边选区，可按住 < Alt > 键，并在合适的位置单击鼠标即可，此时可以在套索工具和多边形套索工具之间切换。

• 按住 < Delete > 键，可以删除最近所画的所有的线条，直到剩下想要保留的部分，松开 < Delete > 键即可。

(5)多边形套索工具。“多边形套索工具”可以制作折线轮廓的多边形选区，使用时，先将鼠标移到图像中单击以确定折线的起点，然后再陆续单击其它折点来确定每一条折线的位置。最终当折线回到起点时，光标会出现一个小圆圈，表示选择区域已经封闭，这时再单击鼠标即可完成操作。

“多边形套索工具”使用的过程中如果图像超出窗口时，可以按住键盘上的空格键切换到“抓手工具”对图像进行移动，松开空格键后回至“多边形套索工具”继续操作。

(6)魔棒工具。“魔棒工具”能够把图像中颜色相近的区域作为选区的范围，以选择颜色相同或相近的色块。“魔棒工具”使用起来很简单，只要用鼠标在图像上点击一下即可完成操作。“魔棒工具”主要用在颜色反差相对较大的图像中，“魔棒工具”完成的选区如图 2 - 19 所示。

图 2 - 19　魔棒工具的选择结果

“魔棒工具”的选项栏中包括选择方式、容差、消除锯齿、连续和用于所有图层等，如图 2 - 20 所示。

图 2 - 20　魔棒工具选项栏

在此介绍一下容差，容差是用来控制“魔棒工具”在识别各像素色值差异时的容差范围。可以输入0～255之间的数值，输入较小的值可选择与所选择的像素非常相似的较少的颜色，或输入较高的值可选择更宽的色彩范围，如图2－21(a)(b)所示设置为10和60的效果比较。

(a) 容差设置为10的效果

(b) 容差设置为60的效果

图2－21　容差设置选区效果对比

(7)修改选区。选区的修改可以执行“选择”→“修改”命令，然后执行想要的选区控制方式：“扩展”、“收缩”、“平滑”、“边界”。

(8)变换选区。“变换选区”命令可以对选区进行缩放、旋转、斜切、扭曲和透视等操作。先创建一个选区如图1－16所示，然后执行“选择”→“变换选区”命令，则进入选区的“自由变换”状态，在自由变选区换状态下，单击鼠标右键，或者执行“编辑”→“变换”命令，则可以对选取范围进行缩放、斜切、扭曲和透视等操作，如图2－22所示。

图2－22　自由变换工具

7.核心技能：绘图工具的使用

(1)前景色与背景色的设置。Photoshop使用前景色绘图、填充和描边选区，使用背景色进行渐变和填充图像中的被擦除的区域。工具箱的前景色与背景色的设置按钮在工具箱中，如图2－23所示。

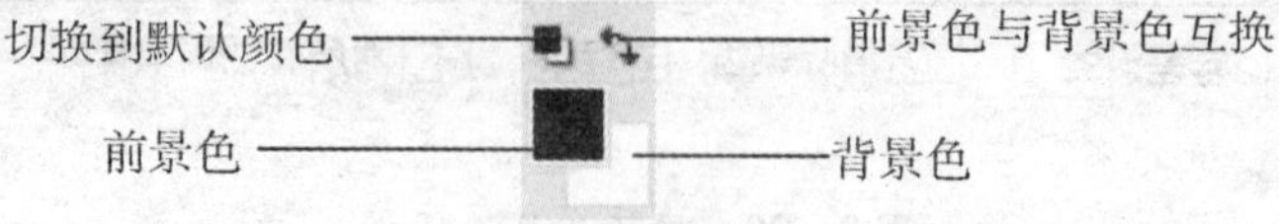

图2－23　设置前景色与背景色

用鼠标单击前景色或背景色颜色框，即可打开“拾色器”对话框，如图 2 – 24 所示。

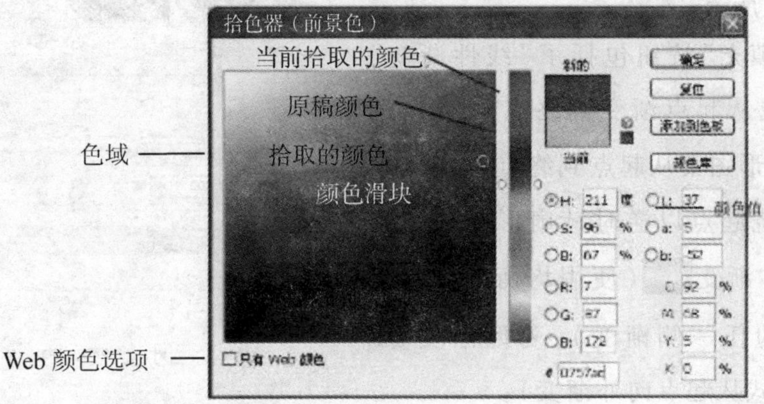

图 2 – 24 “拾色器”对话框

在左侧的颜色色块中任意点击，或者在右侧对话框中输入其中一种颜色模式的数值均可得到所需的颜色。

选择工具箱中的“吸管工具”，然后在需要的颜色上单击即可将该颜色设置为当前的前景色，当拖动吸管工具在图像中取色时，前景色选择框会动态地发生相应的变化。如果单击某种颜色的同时按住 < Alt > 键，则可以将该颜色设置为新的背景色。

(2)渐变工具的使用。“渐变工具”的作用是产生逐渐变化的色彩，在设计中经常使用到色彩渐变。

在图像中选择需要填充渐变的区域，起点（按下鼠标处）和终点（松开鼠标处）会影响外观，具体取决于所使用的渐变的工具。

从工具箱中选择“渐变工具”，接着在选项栏中选取渐变填充，如图 2 – 25 所示。

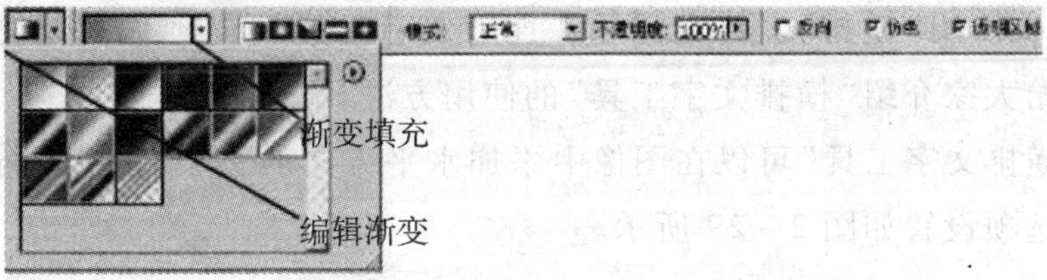

图 2 – 25 “渐变工具”选项栏

单击渐变样本旁边的三角可以挑选预设的渐变填充。如果在这里找不到合适的渐变颜色，可以单击“可编辑渐变”按钮，打开“渐变编辑器”对话框，如图 2－26 所示。

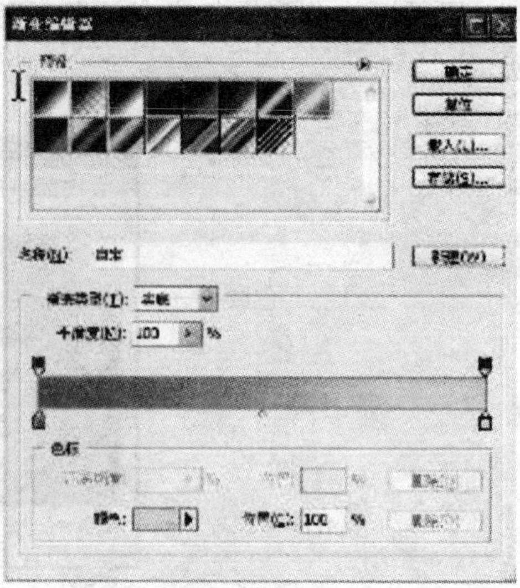

图 2－26　渐变编辑器

“渐变填充”按钮包括了“线性渐变”（以直线从起点渐变到终点），径向渐变（以环形图案从起点到终点），角度渐变（围绕起点以逆时针扇形扫描方式渐变），对称渐变（使用均衡的线性渐变在起点的任一侧渐变），菱形渐变（以菱形方式从起点向外渐变）。

（3）油漆桶工具的使用。“油漆桶工具”的使用是为某一块区域着色，着色的方式为填充前景色和图案。使用的方式很简单，首先选择一种前景色，然后在工具箱中选择“油漆桶工具”，最后在所需的选区中点击即可，如果想填充复杂的效果，可以设置相应的参数，如图 2－27 所示。

图 2－27　油漆桶工具选项栏

（4）文字工具的使用。在网页设计中，文字有很重要的地位，一些重要的信息一般都是通过文字来传达的，如果给文字加上一些特效，网页就会起到画龙点睛的作用，那么在 Photoshop 中，有如图 2－28 所示的 4 个文字工具。文字是以文本图层的形式单独存在的。

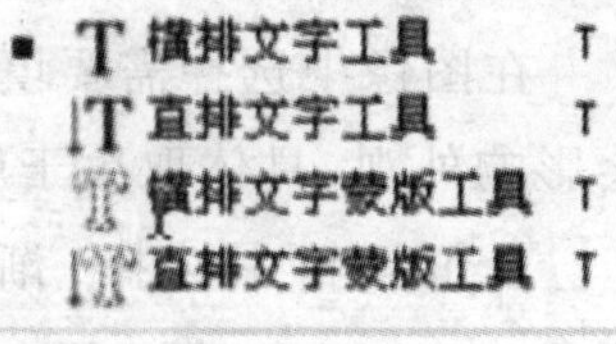

图 2－28　文字工具

通常主要使用“横排文字工具”和“直排文字工具”，但他们只是方向上的不同，在此只给大家介绍“横排文字工具”的使用方法。

利用“横排文字工具”可以在图像中添加水平方向的文字，从工具箱中选择该工具后，其选项设置如图 2－29 所示。

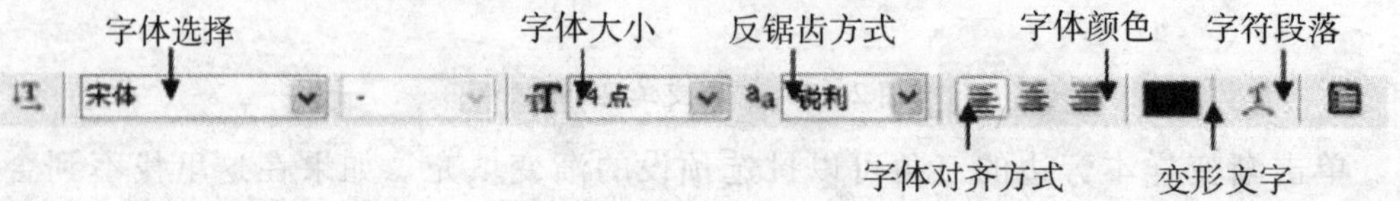

图 2－29　“文字工具”选项

8. **核心技能:快捷键与鼠标操作**

快捷键操作是指通过键盘的按键或按键组合来快速执行或切换软件命令的操作。

(1)指法介绍。网页设计中 Photoshop 软件的快捷键相当丰富,在这里举几个例子来说明快捷键的使用方法与技巧。

1)快捷键 < Ctrl + A > 的功能是选择全部(与 Windows 操作系统一样)。

操作含义:按下 < Ctrl > 键不松手,然后按一下 < A > 键,最后松开所有按键。

操作要点:按下第一个组合键时不可松手,确保在按下它的前提下,去按第二个组合键,同样在按二个组合键时第一个组合键不可松开。

操作指法(以左手操作键盘,右手操作鼠标为例),如图 2 – 30 所示。

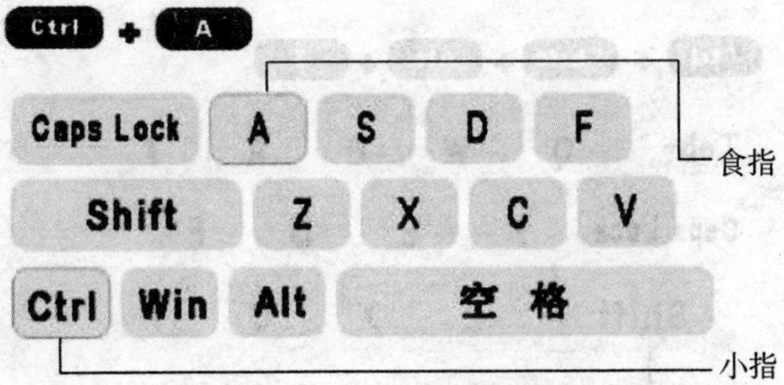

图 2 – 30　< Ctrl + A > 快捷键的指法操作技巧

2)快捷键 < Ctrl + P > 功能意义:打印,操作指法如图 2 – 31 所示。

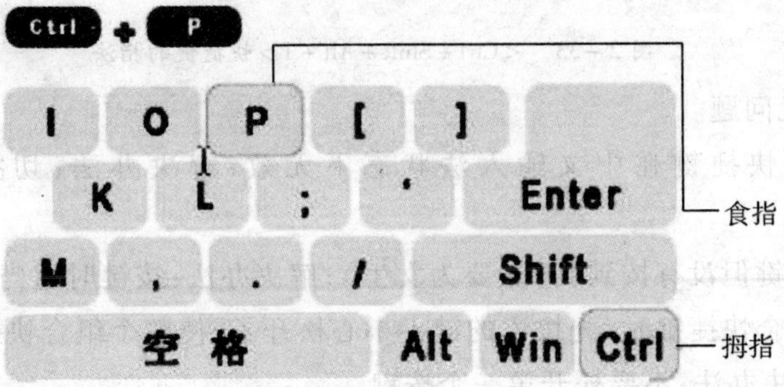

图 2 – 31　< Ctrl + P > 快捷键的指法操作技巧

3) Ctrl + Alt + 空格 > 快捷键功能意义:切换至缩小工具,操作指法如图 2 – 32 所示。

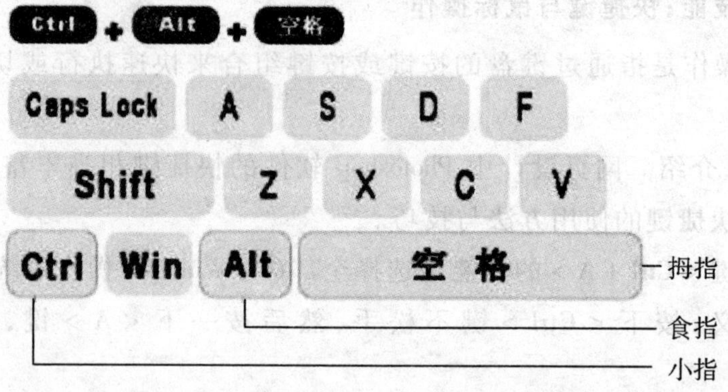

图 2－32　<Ctrl + Alt + 空格>快捷键的指法

4）<Ctrl + Shift + Alt + T>快捷键功能意义：再次变换复制的像素数据并建立一个副本，操作指法如图 2－33 所示。

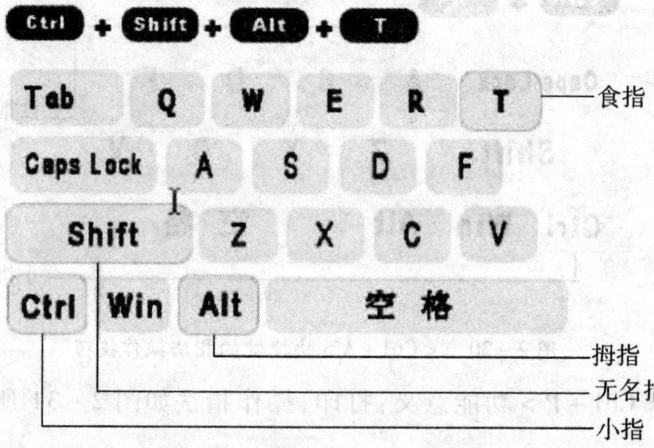

图 2－33　<Ctrl + Shift + Alt + T>快捷键的指法

（2）常见问题。

1）许多快捷键在中文输入法状态下无效；解决办法：切换至英文输入状态。

2）按了键但没有按到底（主要为女生）；解决办法：按键时适当用些力气。

3）按组合快捷键时，先按了的键不小心松开了，使整个组合快捷键无效（初期会出现）；解决办法：不要松开第一个按键。

4）快捷键与鼠标协同操作时，先松开键盘，后松开鼠标导致鼠标操作无效，解决办法：先松开鼠标，再松开键盘。

（3）常用快捷键一览表。

表 3－1　常用快捷键一览表

快捷键	功能与作用	快捷键	功能与作用
<Ctrl + N>	新建图形文件	<Tab>	隐藏所有面板
<Ctrl + O>	打开已有的图像	<Shift + Tab>	隐藏其他面板(除工具栏)
<Ctrl + W>	关闭当前图像	<D>	默认前景色和背景色
<Ctrl + A>	全部选择	<X>	切换前景色和背景色
<Ctrl + D>	取消选区	<F>	四种屏幕模式间切换
<Ctrl + Shift + I>	反向选择	<Ctrl + +>	放大视图
<Ctrl + S>	保存当前图像	<Ctrl + －>	缩小视图
<Ctrl + X>	剪切选区的图像或路径	<Ctrl + O>	满画布显示
<Ctrl + C>	复制选区的图像或路径	<Ctrl + L>	调整色阶
<Ctrl + V>	将剪切板的内容粘到当前图形	<Ctrl + M>	打开曲线调整对话框
<Ctrl + K>	打开“设置”对话框	<Ctrl + U>	打开“色相/饱和度”对话框
<Ctrl + Z>	还原/重做前一步操作	<Ctrl + Shift + U>	去色
<Ctrl + Alt + Z>	还原两部以上操作	<Ctrl + I>	反相
<Ctrl + Shift + Z>	重做两步以上操作	<Ctrl + J>	通过复制建一个图层
<Ctrl + T>	自由变换	<Ctrl + E>	向下合并或合并连接图层
<Ctrl + Shift + Alt + T>	两次变换复制的像素数据并建立一个副本	<Ctrl + [>	将当前层下移一层
<Del>	删除选框中的图案或选取的路径	<Ctrl +] >	将当前层上移一层
<Ctrl + BackSpace>或<Ctrl + Del>	用背景色填充所选区域或整个图层	<Ctrl + Shift + [>	将当前层移到最下面
<Alt + BackSpace>或<Alt + Del>	用前景色填充所选区域或整个图层	<Ctrl + Shift +] >	将当前层移到最上面
<Shift + BackSpace>	弹出“填充”对话框	<Ctrl + Alt + D>	羽化选择

2.4.3　项目实施

1. 项目实施原则

(1)网页界面要求版面清新明亮、简洁爽快、大气,风格统一,信息浏览便捷,突出本次活动的主题。切记:不能将网页效果图设计与制作成活动海报的形式。

(2)根据网站草图制作网页效果图要遵循保证图像的精度,先背景,后前景,先上后下，先左后右的原则。

2. 效果图的制作

项目实施的具体步骤如下所述：

(1)执行“开始”→“程序”→“Adobe Photoshop CS4”命令打开 Photoshop 软件，然后执行“文件”→“新建”命令，打开新建对话框，其中设置标题为“武职院校园十佳歌手评选活动专题网”，宽度：960 像素，高度：800 像素，分辨率：72 像素/英寸，颜色模式：RGB，背景内容：白色，如图 2－34 所示，单击“确定”按钮。

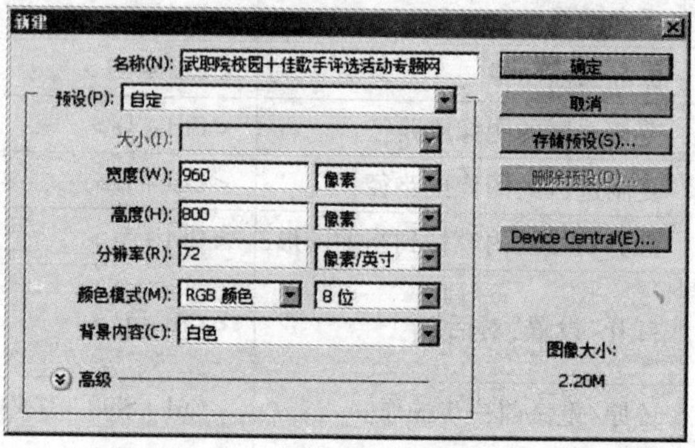

图 2－34 “新建”对话框

(2)在新建文件后，执行“文件”→“存储为”命令将文件保存为“武职院校园十佳歌手评选活动专题网.psd”，在工具栏单击“前景色”图标，打开“拾取器(前景色)”对话框，将 RGB 值设置为#FFF6DF，如图 2－35 所示。

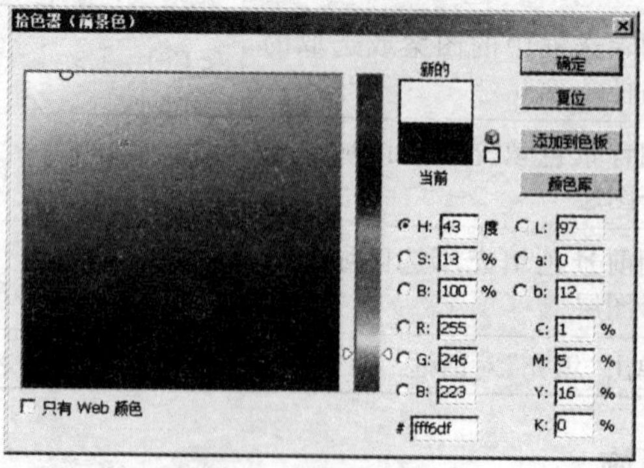

图 2－35 “拾取器(前景色)”对话框

(3)执行“编辑”→“填充”命令(可采用快捷键 <Alt + BackSpace> 来完成)，用刚刚选取的颜色填充图像。

(4)执行“编辑”→“首选项”→“单位与标尺”命令(快捷键 <Ctrl + K>)，打开“首选项”对话框，设置标尺单位为像素，如图 2－36 所示。在“首选项”对话框中也可以设置其它参数，如“参考线、网格和切片”、“性能”等。

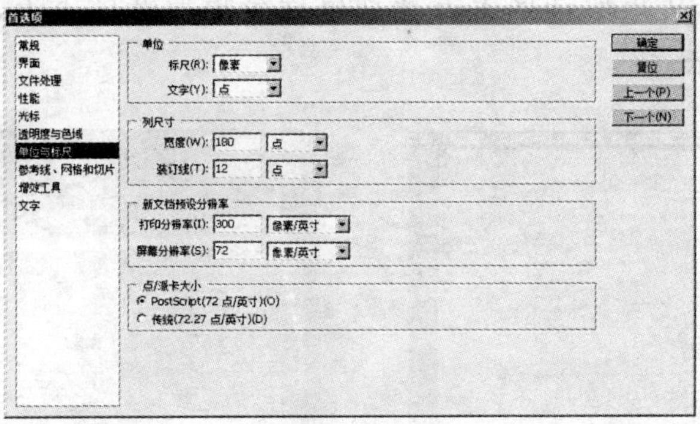

图 2－36 “首选项”对话框

(5)选定工具栏中的“移动工具”，将光标定位到水平标尺上，按住鼠标左键由上向下拖动至距画布顶部 200 像素的位置，松开鼠标左键，创建一条水平参考线。将光标定位到垂直标尺上，按住鼠标左键由左向右拖动至距画布左侧 10 像素的位置，松开鼠标左键，创建一条垂直参考线，如图 2－37 所示。重复上述步骤，根据设计需要创建多条参考线，如图 2－38 所示。

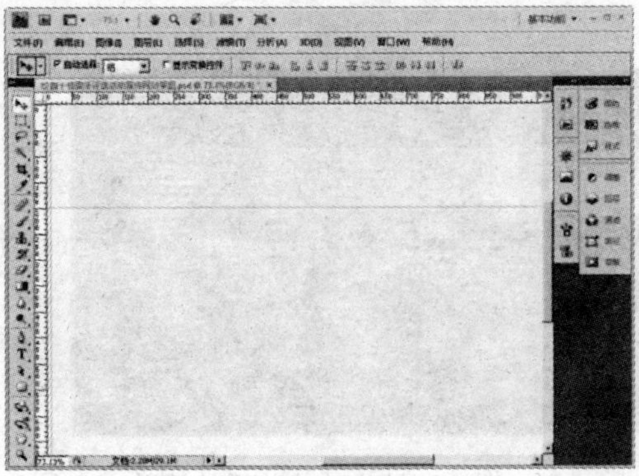

图 2－37 创建两条参考线

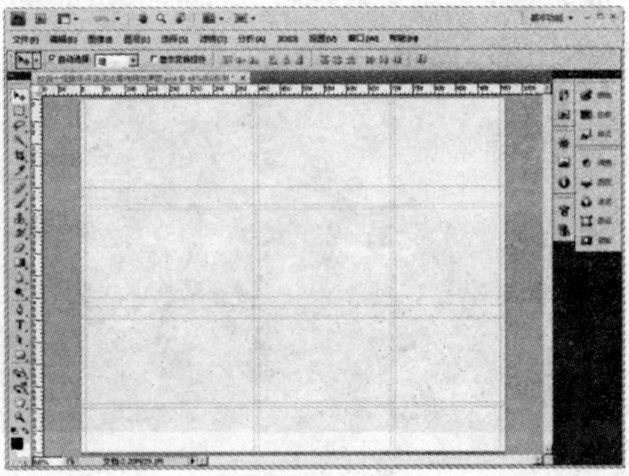

图 2－38 创建多条参考线

(6)选定工具栏中的“矩形选框工具”，设置顶部属性栏中的参数(新选区，羽化为 0，样式为正常)，从左上角开始按住鼠标左键拖动到第一条水参考线的右下角，创建如图 2－39 所示的选区。

(7)单击“图层”面板上的“创建新图层”按钮，创建一个图层，将其命名为“渐变背景”。

(8)在工具栏分别单击“前景色”图标和“背景色”图标，将 RGB 值分别设置为 #ffb700 和#ffdb7f。

(9)选定工具栏中的“渐变工具”，设置顶部属性栏中参数(前景色到背景色渐变，渐变类型为线性渐变，模式为正常），在图层面板中选定刚才创建的“渐变背景”图层，沿图 2－39 矩形选区上方拖动鼠标至矩形选区下方，绘制渐变填充效果，如图 2－40 所示。

图 2－39　创建矩形选区

图 2－40　渐变填充矩形选区效果

（10）执行“选择”→“取消选区”命令（快捷键＜Ctrl＋D＞）取消选区。

（11）执行“文件”→“打开”命令将素材文件中的“学院夜景. jpg”图片打开，选定工具栏中“裁剪工具”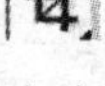，设置属性栏中参数（宽度：960px，高度 200px），在刚打开的“学院夜景”画布中创建裁剪区域，裁剪前后如图 2－41 所示，按回车键完成。

(a) 学院夜景原

(b) 明亮区域为欲裁剪后的效果

图 2－41　利用裁剪工具获取所需图像

（12）利用工具栏中“移动工具”将剪裁后的“学院夜景. jpg”图像拖动到“武职院校园十佳歌手评选活动专题网. psd”画布中，将图层命名为“学院夜景”，置于“渐变背景”图层之上，设置该图层参数（图层混合模式为柔光，不透明度为 50％）。

（13）执行“文件”→“打开”命令将素材文件中的“学院校徽. jpg”图片打开，利用“椭圆选框工具”，按住 Shift 键并配合空格键选取整个校徽。

（14）利用工具栏中“移动工具”将选取后的“学院校徽. jpg”图像拖动到“武职

院校园十佳歌手评选活动专题网.psd”画布中，将图层命名为“校徽”，置于图层最上方。

(15)选定“校徽”图层，执行“编辑”→“自由变换”命令(快捷键<Ctrl + T>)调整其大小，按回车键结束操作，并利用移动工具调整其位置。

(16)利用工具栏中“横排文字工具”[T]在画布中输入“第九届校园十佳歌手评选活动专题”文字，设置字体、字号和文本颜色等参数，使其美观，并调整位置，完成后的网页顶部效果如图 2-42 所示。

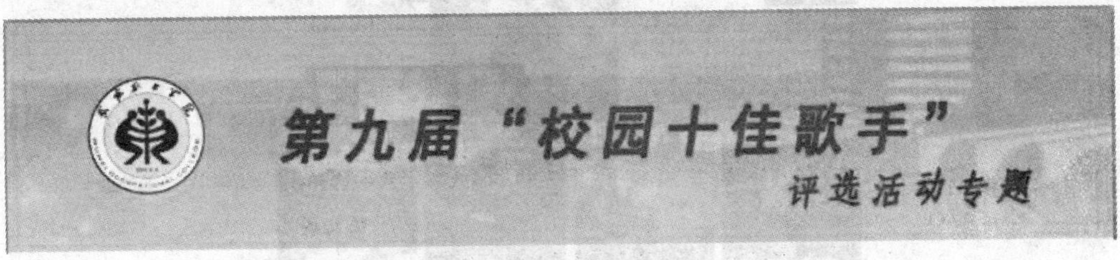

图 2-42　网页顶部效果

(17)利用 Photoshop 相关工具和操作，完成整个网页效果图的制作，最终效果如图 2-43 所示。

提示：将每个对象置于独立的一个图层，便于操作。

图 2-43　校园十佳歌手评选活动网站主页效果图

3. 效果图的切片输出

效果图的切片及输出具体步骤如下所述。

在 Photoshop 中将网页效果图制作完成后，就可以将其切片保存为网页文档了。切片就是将一张完整图像切割成一块块矩形区域，再将其分别保存为图形或直接保存为网页文档，然后将这些图形在 Dreamweaver 中重新组合，这样做能最大限度地减少浏览网页所需的时间。

（1）打开项目效果图。在工具箱中选择“切刀工具”，将鼠标移动到效果图中，点击“基于参考线的切片”按钮，如图 2－44 所示。

图 2－44　基于参考线的切片

（2）使用切刀工具。除了用上述方法“基于参考线的切片”进行切图以外，还可以直接使用切片工具进行切片的划分。

提示：直接拖动切片工具可以完成多个切片的合并，也可以在一个切片中重新进行切片。效果如图 2－45 所示。

切图还可以执行“锁定切片”与“清除切片”命令，大家可自行练习。

切片的选择应用实例演示：

使用“切片选择工具”选择图 2－45 中的切片 3，双击切片 3，就可以打开“切片选项”对话框，如图 2－46 所示。

图 2－45　手工切片图

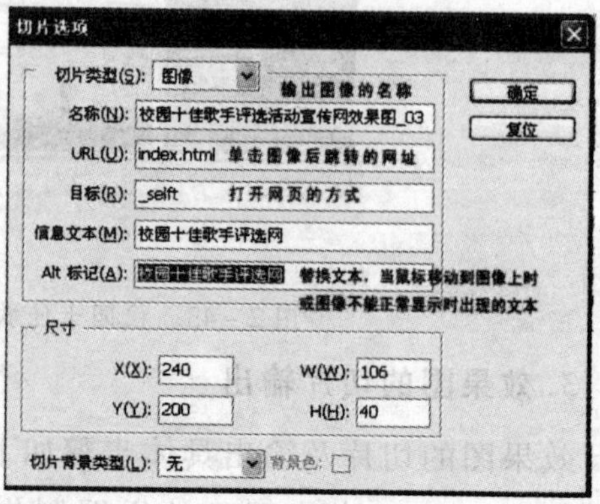

图 2－46　切片选项设置

（3）切片的导出。在确定完成切片后，即可将切片导出。切片导出的方法是：执行“文件”→“存储为 Web 和设备所用格式”命令，在打开的“存储为 Web 和设备所用格式”对话框中，可对导出的切片进行设置，最后选择保存路径（例如保存到“项目一 素材”文件夹中的“切片导出”子文件夹中）点击“保存”按钮即可（保存名为 index，保存类型：HTML 和 images），如图 2－47 所示。

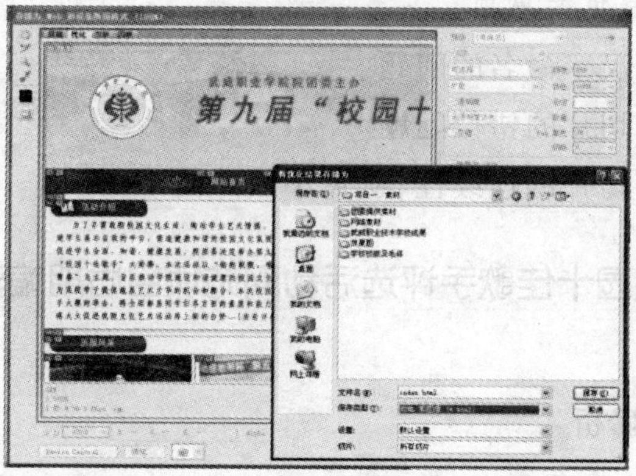

图 2－47　切片设置及存储为对话框

这样效果图的切片与切片的导出就完成了，打开“切片导出”文件夹会发现多了一个“index. html”文件和“images”文件夹。用鼠标双击“index. html”文件，导出的“index. html”浏览如图 2－1 所示。

2.4.4　项目开发策略与技巧

策略 1：网页区域分割的技巧

网页的区域划分主要通过色块与线进行分割，对本例来讲可以新建一个图层（置顶层），然后执行“选择”→“全部”命令完成图层的全选，然后执行“编辑”→“描边”命令，宽度为 1px，颜色为白色，位置居中，最后使用单行选框工具沿着水平辅助线选取并填充为白色，同样的方法使用单列选框工具沿着垂直辅助线选取并填充白色，将多余线条删除，然后再对网站标志制作白边描边效果。

策略 2：多边形套索工具抠图的技巧

为了图像抠取的更加细致，通常需要将图像放大到 4～8 倍，然后进行抠取，同时配合 <Tab> 键将工具箱与面板隐藏，在选取过程中如果图像超出窗口时，可以按住键盘上的 <空格> 键切换到“抓手工具”对图像进行移动图像，松开 <空格> 键后，即可继续使用“多边形套索工具”进行相关操作。

如果选取失误，可以点击 <Delete> 键进行删除，也可以在整个图像选取结束后使用添加选区功能或减少选区功能来修饰。

策略3：图像填充的技巧

< Shift + Backspace >打开填充对话框；

< Alt + Backspace >和< Ctrl + Backspace >组合键分别为填充前景色和背景色；按< Alt + Shift + Backspace >及< Ctrl + Shift + Backspace >组合键在填充前景及背景色的时候只填充已存在的像素（保持透明区域）。

策略4：应注意避免的事项

（1）应避免网页汉字命名的问题。

（2）应避免网页切片的错位问题。

（3）要注意网页切片的连续性，避免小图片的产生。

任务2.5　校园十佳歌手评选活动网站项目后期编辑

2.5.1　任务解析

通过在Photoshop中绘制网页效果图并用切片工具裁切效果图，一直到“存储为Web和设备所用格式”，最后保存为图片和网页类型，这样效果图的切片与切片的导出就完成了，打开“切片导出”文件夹会发现多了一个“index. html”文件和“images”文件夹。用鼠标双击“index. html”文件，在浏览器中打开生成的index. html网页文件，好多同学认为已经将这个网页做好了，其实，这才仅仅是制作网页的开始。接下来的任务，就是利用Dreamweaver网页制作软件完成对效果图导出网页的编辑，并利用Dreamweaver制作其它相关网页（如赛事报道），最终丰富网页内容，并进行链接测试。

2.5.2　核心技能与概念

1. Dreamweaver基本知识

（1）静态网页。静态网页的特点：

1）静态网页的页面不能互动交流，只供客户端浏览，不能即时更改文字及图片资料。不能实现客户端和服务器端的直接信息交流。

2）静态网页内容的维护必须由网站维护人员手动修改。

3）开发静态网站的费用极低，但如果每月或每周需要修改网站的话，维护成本会变高。

（2）动态网页。动态网页的特点：

1）“交互性”，即网页会根据网页用户的要求和选择而动态改变和响应。

2)“自动更新”,即无须手动地更新 HTML 文档,便会自动生成新的页面,可以大大节省维护工作量。

3)“因时因人而变”,即当不同的时间、不同的任务访问同一网址时会产生不同的效果。

使用动态页面,一般后台会连接数据库,每当数据库或其它数据源的数据发生变化时,网站内容就会发生相应的变化。

(3)本地站点。

1)本地站点是指存储 Web 文件和文档的文件夹。定义站点就是在 Dreamweaver 中设计网站的第一步,此时设计人员将指定根文件夹的位置。

2)本地站点包含网站的文件,这些文件存储在本地磁盘上。每当需要更新网站的文件时,就可以编辑本地站点中的相应页面,然后上传到远程服务器上进行更新。

3)必须为每个网站都定义一个本地站点。

(4)远程站点。

1)远程站点也就是网站服务器。

2)在建立远程站点之前,必须先创建一个本地站点(本地站点将与远程站点关联)。

3)建立远程站点之后,可根据需要上传文件和将文件下载到本地站点中。

(5)根文件夹。

1)存储所有网站文件的本地文件夹。

2)站点的本地根文件夹应该是专门为该站点创建的。

2. 核心技能一:认识 DreamweaverCS3 的工作界面

在 DreamweaverCS3 中新建页面,可采取以下三个步骤:

(1)选择“文件”→“新建”命令或按快捷键 < Ctrl + N >,弹出“新建文档”对话框。

(2)从“类别”列表中选择“基本页”,从右侧的列表中选择“HTML”。

(3)再单击“创建”按钮。

新文档在“文档”窗口中打开,DreamweaverCS3 软件界面如图 2 - 48 所示。

1)插入栏。位于屏幕左上方的窗口称为“插入”栏。使用“插入”栏中的按钮可轻松地将对象(如表格、图层、图像和动画)插入到 HTML 页面中。将对象插入页面后,可以使用属性检查器进一步修改每个对象,如图 2 - 49 所示。

“插入栏”中包含以下几个标签:“常用”“布局”“表单”“应用程序”“Spry”和“文本”等。每一个标签都代表了一类插入元素。

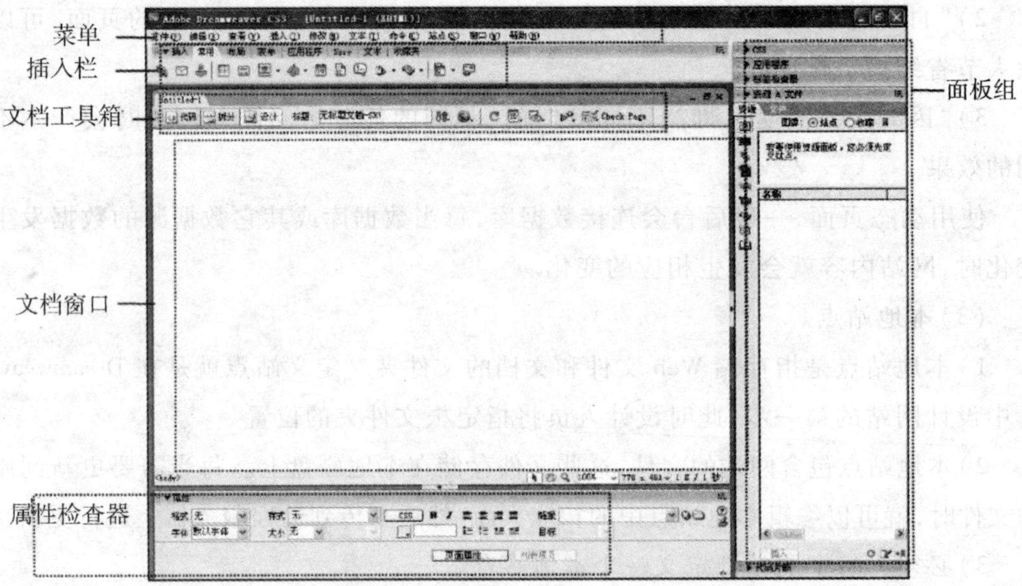

图 2－48　DreamweaverCS3 工作界面

在图 2－49 中以常用标签为例：表示插入“超级链接”，表示插入“电子邮箱链接”，表示插入“命名锚记”，表示插入“表格”，表示插入“DIV 标签”，表示插入“图像”元素，表示插入“媒体”元素，其它的就不做介绍了。

图 2－49　“常用”选项卡中的“插入栏”

在使用过程中，如果“插入”栏隐藏，则执行“窗口”→“插入”命令（见图 2－50），此时将出现“插入”栏。“常用”选项卡包含的按钮可用于插入链接、表格、图像等。

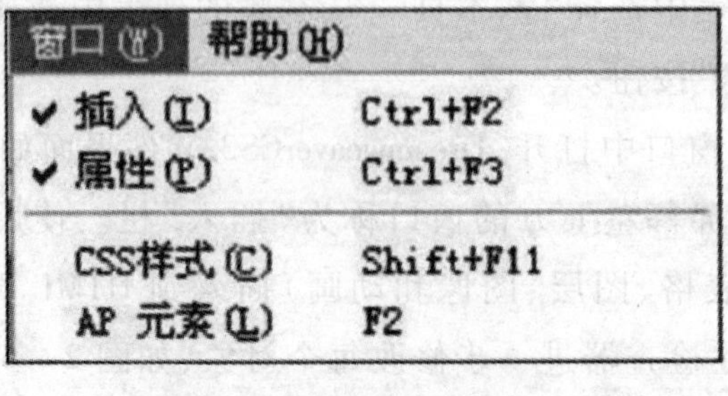

图 2－50　“窗口”菜单中的“插入”命令

2）属性检查器。在图 2－50 中，选择“属性”就可以打开“属性”面板，网页编辑过程中插入到页面的所有对象(文本、图像、表格等)都被视为具有某些属性。位于屏幕左下角的窗口称为属性检查器。属性检查器用于给文本、段落、图像等设置属性,通常属性检查器(见图 2-51)的右下角有个小箭头,单击此箭头,显示更多的选项。

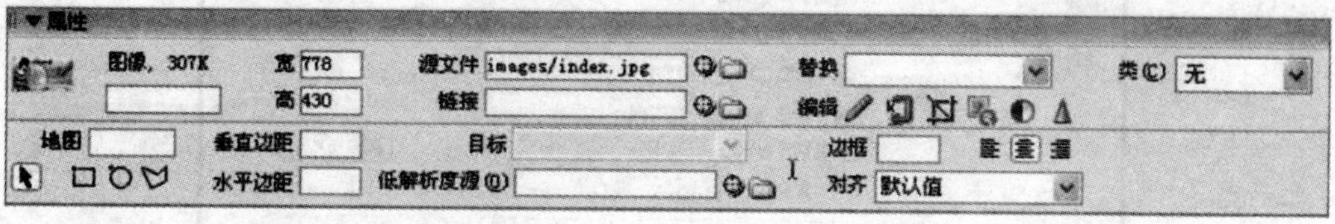

图 2-51 “属性”面板

3)面板组。面板组位于屏幕的右边。面板组是一个选项卡窗口,可以单击任何选项卡面板来应用其效果。这些面板是组合在一个标题下的多组相关面板。要展开面板组,需单击组名称左侧的展开箭头。面板组是为了方便网页编辑而设置的,通常包括的面板组有 CSS 面板、应用程序面板、标签检查器面板、文件面板、框架面板等。例如“文件”面板包含两个组:文件和资源。这两个组又包含不同的面板,如图 2-52 所示。

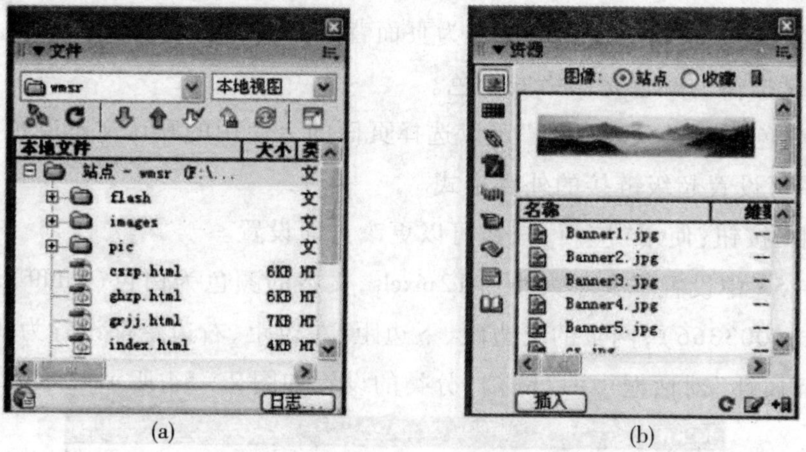

(a)“文件”面板 (b)“资源”面板

图 2-52 文件面板组

4)页面属性。页面属性是用来设置网页的整体效果。可以选择以下 4 种方式访问“页面属性”对话框。

第一,用右键单击空白页面中的任何位置,然后选择“页面属性”。

第二,转到“修改”菜单,选择选项“页面属性”命令。

第三,在键盘上按 < Ctrl + J > 组合键。

第四,在网页“属性”检查器中点击“页面属性”按钮。

“页面属性”对话框包括页面的颜色、页面标题和背景图像等的设置选项，点击如图2－53“分类栏”中的各个选项，可作如下设置（以外观分类为例）。

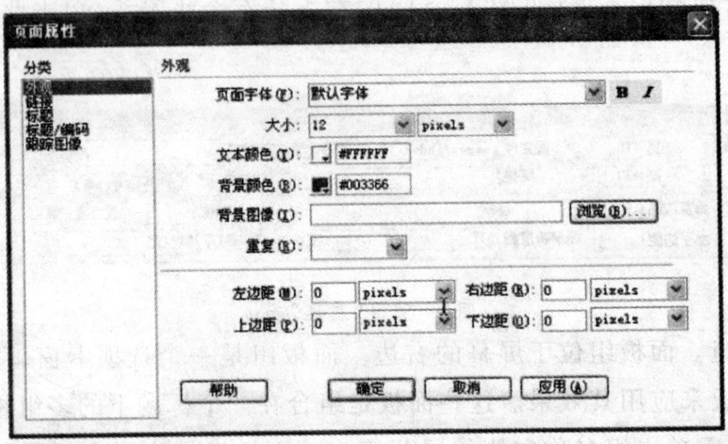

图2－53　“页面属性”对话框“外观”设置

“页面属性”对话框包括页面的颜色、页面标题和背景图像等的设置选项，点击如图2－53“分类栏”中的各个选项，可作如下设置。

背景图像：可以指定一个图像，将其平铺作为页面背景。

背景颜色：如果不想使用图像作为页面背景，则指定一种颜色即可。颜色选择器的优点是提供的颜色是网络安全色。

文本颜色：使用“文本颜色”可以选择页面的上使用的默认文本颜色。

链接：可设置超级链接的外观格式。

“应用”按钮：使用“应用”按钮可以更改页面设置。

图2－53中设置了文字大小为12pixels，文本的颜色为白色（#ffffff），背景颜色为深蓝色（#003366），网页的上边距、下边距、左边距、右边距都设置为0pixels。

“页面属性”对话框中的“链接”分类的设置如图2－54所示。

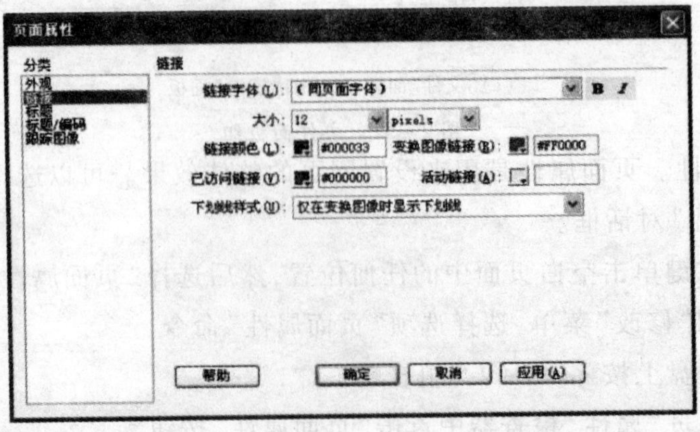

图2－54　“页面属性”对话框“链接”设置

图 2 – 54 中设置了文字大小为 12pixels，超级链接的颜色为黑色（#000033）、已访问链接的颜色设置为黑色（#000000），变换图像链接时的颜色为红色（#FF0000），下划线样式设置为：仅在变换图像时显示下划线。

“页面属性”对话框中的“标题/编码”分类的设置如图 2 – 55 所示。

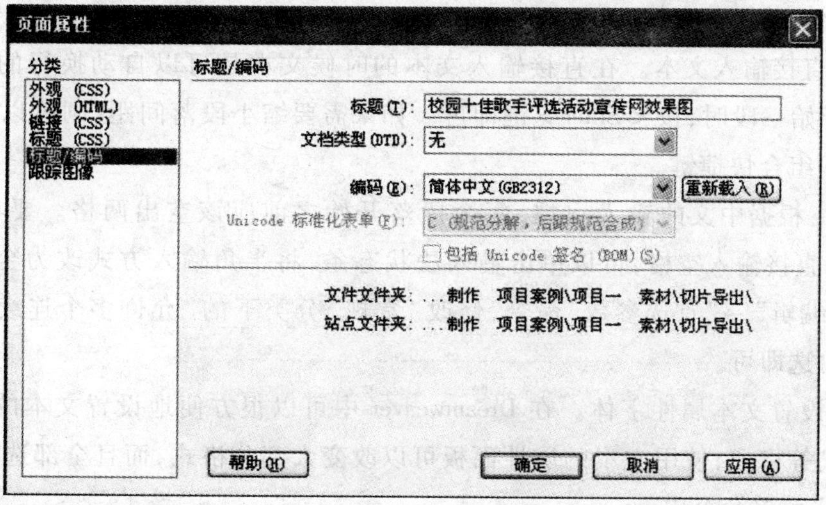

图 2 – 55 “页面属性”对话框“标题/编码”设置

图 2 – 55 中设置了网页的标题为：校园十佳歌手评选活动宣传效果图，编码为简体中文 GB2312。

3. 核心技能二：Dreamweaver 编辑网页文本

编辑文本是最基本的网页制作技能，文字是人类文明的结晶，是网页传递信息的最基本的方式。编辑和设置内容丰富、格式美观的文本，既可以传达网站大量的信息，又可以激发浏览者的阅读兴趣。在 Dreamweaver 中可以输入普通文字，也可以输入特殊字符，设置字体大小，改变文本颜色等。

在网页中添加文本就如同在 Word 文档中输入文本一样简单。在“文档”窗口中单击鼠标左键，将出现一个闪烁的光标，这时便可以输入要添加的文本。还可以从其它应用程序（例如记事本）中复制文本粘贴到该窗口中，以及从 Access 或 Excel 等应用程序中导入文本。下面讨论这两种添加文本的方法。

（1）复制和粘贴文本。可以将 Word 文档中的文本复制并粘贴到 Dreamweaver 文档中，步骤如下：

1）打开要从中复制文本的 Word 文档。

2）从 Word 文档中复制该文本。

3）打开要粘贴已经复制的文本的网页，粘贴到所需位置即可。

（2）从 Word 文档中导入 HTML。当 Word 文档内容较多时，可直接导入到 HT-

ML。要在 Dreamweaver 中导入 Word 文档，首先请切换为“设计”视图，导入步骤如下：

1）执行“文件”→“导入”→“Word 文档”命令。

2）选择要导入的 Word 文档，单击“打开”按钮。

3）导入后保存文件即可。

（3）直接输入文本。在直接输入文本的时候文本是可以自动换行的，如果需要重新开始一段时，按 < Enter > 键即可。如果需要缩小段落间距，则可以按 < Shift + Enter > 组合快捷键。

提示：根据中文的输入习惯，每个段落开始之前应该空出两格。要在 Dreamweaver 中直接输入空格，可以单击输入法状态条，将半角输入方式改为全角，也可以执行“编辑”→“首选参数”命令，修改“常规”分类下的“允许多个连续的空格”复选框勾选即可。

（4）设置文本属性字体。在 Dreamweaver 中可以很方便地设置文本的大小、颜色和样式等格式，使用文本的属性面板可以改变大部分格式，而且全部选项都包含于“文本”菜单命令中。

选择输入文本后，文本的属性如图 2－56 所示。

图 2－56　文本属性

图 2－56 中常规设置主要包括：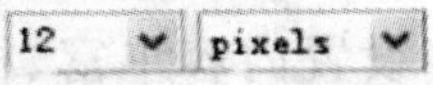用来设置文本的大小、用来表示文本的颜色，用来表示文本的对齐方式。

4. 核心技能三：Dreamweaver 插入网页图像

图像可以提高浏览者的理解能力和学习能力。所以，如果想为网站增添一些具有视觉吸引力的元素，就有必要添加图像。Dreamweaver 中提供了许多在网页中添加图像的选项。无论是添加简单的图像、滚动图像，还是在图像中设置热点，使用 Dreamweaver，一切都变得异常简单。因为在 Dreamweaver 中给网页添加图像，不需要编写任何的代码。只需插入图像，Dreamweaver 会自动生成代码。插入图像的具体步骤为：

（1）将插入点放置在“文档”窗口中要显示图像的位置。

（2）执行“插入”→“图像”命令。此时，出现“选择图像源文件”对话框，可以在此对话框中浏览要插入的网页图像（例如选择 index_01. gif）。该对话框还包含

“图像预览”选项，选择该选项可以在插入图像前，先查看图像的缩略图。

(3)选择要插入的图像，然后单击“确定”按钮。

图像插入后可以进行一些简单的属性设置，常规的设置主要是：图像的宽度、图像的高度、图像的链接、替换文本、热区等。对于刚刚插入的图像 index_01. gif 的属性如图 2－57 所示。

图 2－57　图像属性面板

5. 核心技能四：Dreamweaver 插入超级链接

超级链接是网站的灵魂，从一个网页指向另一个目的端的链接，它可以是文本或图片。创建超级链接的具体操作步骤是：

(1)在“文档”窗口中选择文本或某个图像作为链接。

(2)打开属性检查器(选择“窗口”→“属性”命令)。

(3)单击“链接”字段右边的文件夹(“浏览文件”)图标进行浏览，然后选择一个文件。

(4)此时将显示“选择文件”对话框。在此可以浏览并选择想要链接打开的文件。

(5)在“选择文件”对话框中，到链接文档的路径显示在 URL 字段中；从“相对于”下拉列表框中选择路径是否相对于文档。

(6)单击“确定”按钮应用该链接。

在属性检查器中，从“目标”下拉列表框中选择要打开文件的位置。要使链接的文档显示在除当前窗口以外的位置，请从“目标”下拉列表框中选择一个选项。

_blank：在新的浏览器窗口中打开链接的文档，同时保持当前窗口不变。

_parent：在显示链接的框架的父框架集中打开链接的文档，同时替换整个框架集。

_self：在当前窗口中打开链接，同时替换该框架中的内容。

_top：在当前浏览器窗口中打开链接的文档，同时替换所有框架。

6. 核心技能五：Dreamweaver 插入表格

表格是网页排版的灵魂。通过表格可以精确地控制网页各元素在网页中的位置。表格并非指网页中直观意义的表格,范围要更广一些。表格是 HTML 语言中的一种元素,主要用于网页内容的排列组织整个网页的外观,通过在表格中放置相应的图片或其它内容,即可有效地组合成符合设计效果的页面。表格的存在,使得网页中的元素得以方便地固定在设计的位置上。一般表格的边线不在网页中显示。

在网页上编排内容和图形与内容的深度同样重要。表格可以更有效地组织网页上的内容,并使内容结构化。Dreamweaver 提供多种布局方式。一般来说,表格用于定位网页中的元素,如文本、图形和其它元素,但使用起来有难度,因为起初创建表格是为了显示数据,而不是对网页进行布局。在 Dreamweaver 中创建表格非常简单。在创建表格之前先了解一些基本术语。

行:表格中从左到右的单元格。

列:表格中从上到下的单元格。

宽度:表格在屏幕上所占的宽度。表格的总宽度以像素或百分比为单位。

边框:表格周围边框的粗细。如果需要边框的话,通过"边框"可以选择表格边框的粗细(以像素为单位)。

单元格边距:表格中各单元格内容周围的空间。

单元格间距:单元格之间的间隔。"单元格边距"和"单元格间距"控制各单元格中数据显示的疏密程度。

要在"标准模式"下创建表格,请执行以下步骤:

(1)单击"插入"栏中的"表格"按钮以显示"表格"对话框,如图 2-58 所示。

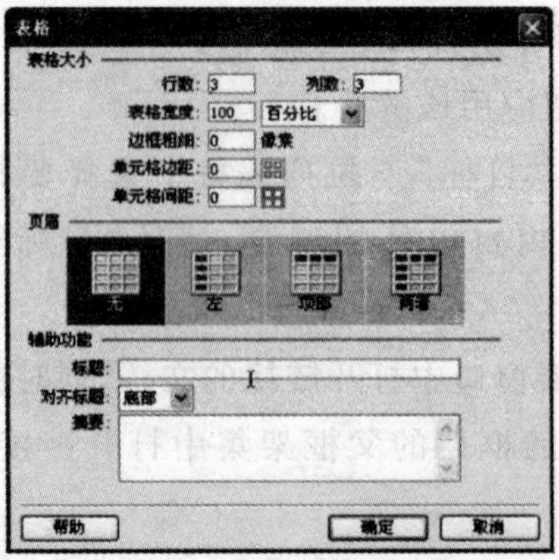

图 2-58 "表格"对话框

(2)键入所需的行数和列数,选择"百分比"或"像素"为单位的表格宽度。

(3)如果不需要显示边框,请将值设为"0"。

(4)设置"单元格边距"和"单元格间距"。

(5)单击"确定"按钮,完成表格插入。

如果表格的主要功能是做布局,将"边框粗细""单元格边距"和"单元格间距"参数全部设置为0。对于表格的属性常规设置主要包括:行、列、宽、高、填充、间距、边框、对齐、背景颜色、背景图像、边框颜色等,如图2-59所示。

图2-59 "表格"属性

相对于表格,单元格也有一些常规的属性需要设置,主要包括:宽、高、水平与垂直对齐方式、背景颜色、背景图片等。如图2-60所示为单元格的属性。

图2-60 "表格单元格"的属性

7.**核心技能六:Dreamweaver 插入特殊字符**

用户可以直接输入文本,也可以插入日期、水平线和特殊符号。特殊字符在文本信息中具有画龙点睛的作用,通常用来调整和修饰文本,甚至可以传达特定的信息。

插入日期,只需执行"插入"→"日期"命令,选择日期格式即可。

插入水平线也是比较普遍的,水平线是有效的文本分隔工具,它可以让站点访问者在文本和其它网页元素之间形成视觉距离,这对于合理安排网页元素非常有好处。操作步骤为:

(1)在文档编辑窗口中,选择需要插入水平线的位置单击鼠标。

(2)执行"插入"→"HTML"→"水平线"命令即可完成"水平线"的插入。

通常在网页编辑中,特殊字符一般不能从键盘直接输入。在Dreamweaver中如果要输入特殊字符,执行"插入"→"HTML"→"特殊字符"→"其他字符"命令,然后弹出"插入特殊字符"对话框,选择特殊字符即可完成特殊字符的插入。

8.**核心技能七:Dreamweaver 插入 Flash 元素**

(1)插入Flash文件。将光标插入点定位在需要插入Flash文件的位置,然后在插入栏"常用"项目面板选择"媒体"下的"Flash"选项,这项操作也可以执行"插入记录"→"媒体"→"Flash(F)"菜单命令,在"选择文件"窗口选择要插入的 Flash 文件,并单击"确定"按钮插入 Flash 文件。选中 Flash 文件,在属性面板中设置"对齐"方式。

图 2-61　插入 Flash 按钮对话框

(2)插入 Flash 按钮。将光标定位在需要插入 Flash 按钮的位置,然后在插入栏"常用"项目面板选择"媒体"下的"Flash 按钮",如图 2-61 所示。

在"插入 Flash 按钮"窗口设置按钮样式:Navigation - Previous(Green),字体:MS UI Gothic 等选项,在"链接"处可以选择点击按钮所跳转的页面。单击"另存为"旁边的"浏览"按钮,将 Flash 按钮保存目录设在根目录下的 Flash 文件夹内,单击"确定"按钮插入 Flash 按钮。

(3)插入 Flash 文本。将光标定位在需要插入 Flash 文本的位置,在插入栏"常用"项目面板选择"媒体"下的"Flash 文本",如图 2-62 所示。

在"插入 Flash 文本"窗口"文本"处输入"返回首页",设置文本字体为:MS UI Gothic、颜色:#008B00、转滚颜色:#66FF66 等选项,单击"另存为"右侧的"浏览"按钮,将 Flash 文本保存目录设在根目录下的 Flash 文件夹内,单击"确定"按钮插入 Flash 文本。

9. 核心技能八:Dreamweaver 插入 Flash 视频

在 Web 页中插入 Flash 视频的方法如下:

(1)在文档窗口中,将光标放在需要插入 Flash 视频的地方。

(2)单击"插入记录"→"媒体"→"Flash 视频"命令或者在"插入"栏的"常用"面板中单击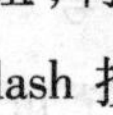,弹出"插入 Flash 视频"对话框,如图 2-63 所示。

(3)在"插入 Flash 视频"对话框中进行相关设置。

(4)单击确定按钮即完成 Flash 视频的插入。

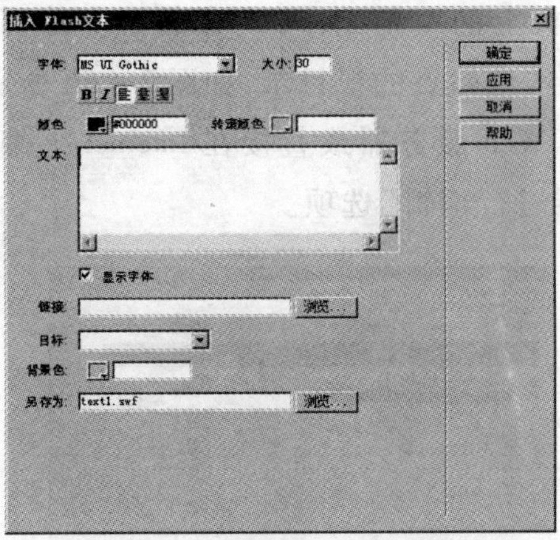

图 2-62　插入 Flash 文本对话框

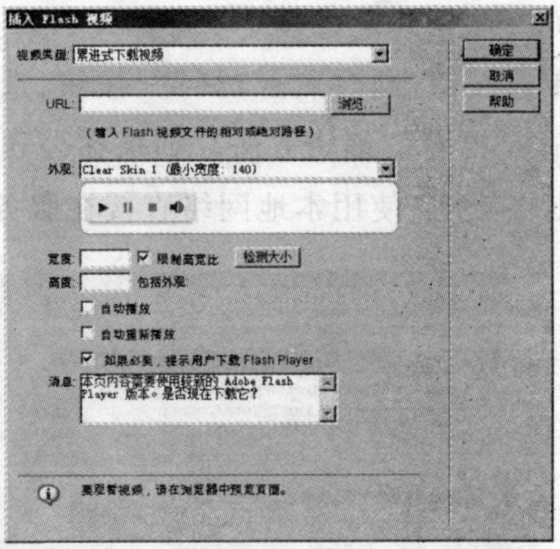

图 2-63　插入 Flash 视频对话框

10. 核心技能九:站点的创建

要创建站点,实际上就是在 Dreamweaver 中建立一个虚拟站点与项目文件夹(根目录),产生一种对应关系,对站点进行的相关操作也就是对网站根文件夹的操作。以本项目为例,项目根目录为"情境二:武威职业学院校园十佳歌手评选活动网站",假设站点为 xygsds,其实就是让这两者产生对应关系,下面创建这个站点。

(1)启动 DreamweaverCS3 软件,执行"站点"→"新建站点"命令,此时将显示"站点定义"对话框,在"站点定义"对话框中输入站点名称"xygsds",其余项不设置,如图 2-64 所示。

(2)点击"下一步"按钮,因为大家制作的是静态页面,所以选择"否,我不想使用服务器技术",如图 2-65 所示。

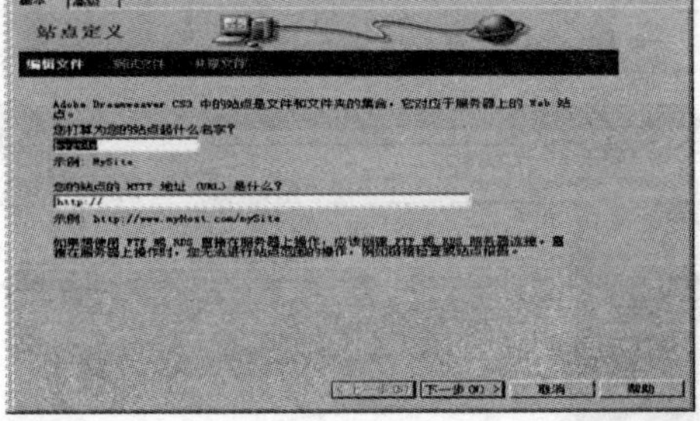

图 2-64　用于进行站点定义的对话框

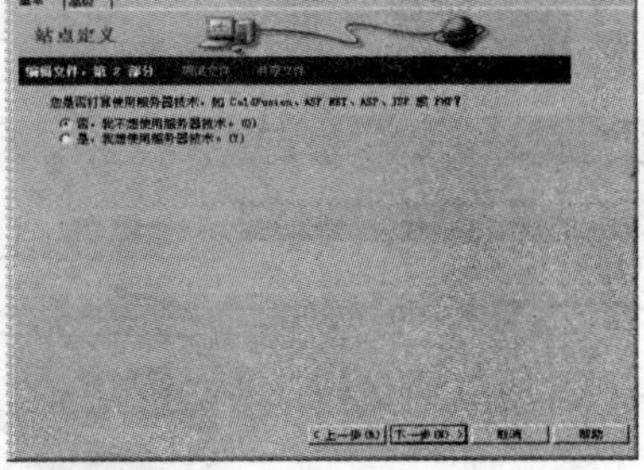

图 2-65　"站点定义"对话框

注意:此对话框的目的在于确认是否在网站中使用任何服务器技术(ASP,ASP.NET,JSP 等)。如果要在页面中使用任一上述技术,则必须选择"是,我想使用服务器技术"。由于当前正在建立静态网站,因此选择了"否,我不想使用服务器技术"。

(3)选择开发过程中"编辑我的计算机上的本地副本,完成后再上传到服务器"单选按钮,同时点击"浏览"按钮,选择本地站点的根目录,如图 2-66 所示。

这是推荐的编辑方法。如果在公司的 Web 服务器或直接在 Internet 上编辑网页,则将使用"使用本地网络直接在服务器进行编辑"选项。

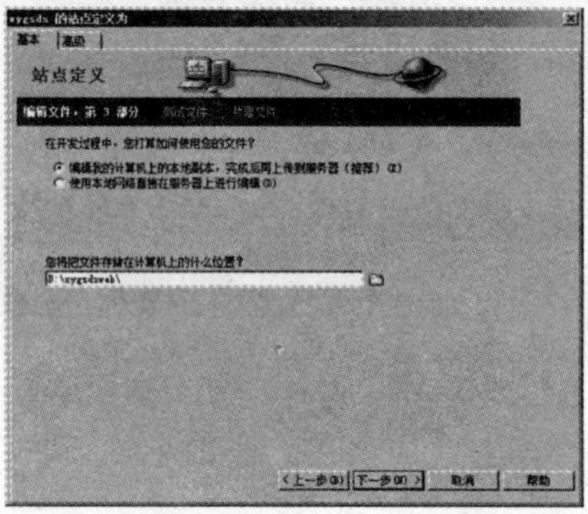

图2-66　选择技术支持与根目录对话框

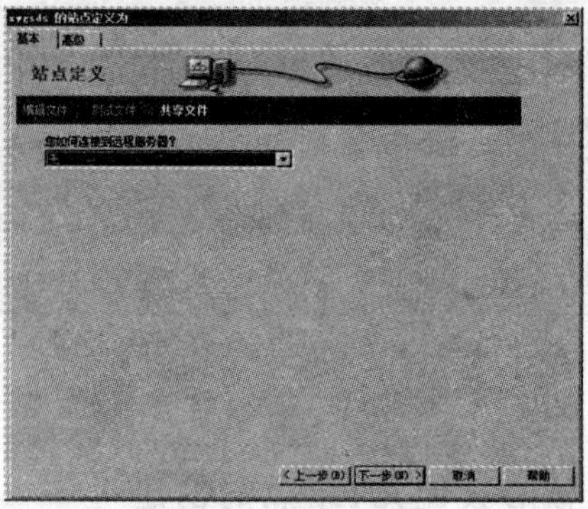

图 2-67　如何连接到服务器对话框

(4)点击"下一步"按钮,在"你如何连到远程服务器?"选项中,从下拉列表框中选择"无",如图 2-67 所示。

(5)点击"完成"按钮,完成网站的创建。

11. 核心技能十:站点的管理

执行"站点"→"管理站点"命令,可以打开"管理站点"对话框,如图 2-68 所示。

选择目标站点,单击"编辑"按钮可以重新进入设置站点页面。可以选择"复制"或"删除"来处理站点。选择"导出"可将站点文件保存为. ste 站点定义文件,如图 2-69 所示,也可以选择"导入",将另外的. ste 文件导入到本机。选择"新建文件"选项,新建站点。

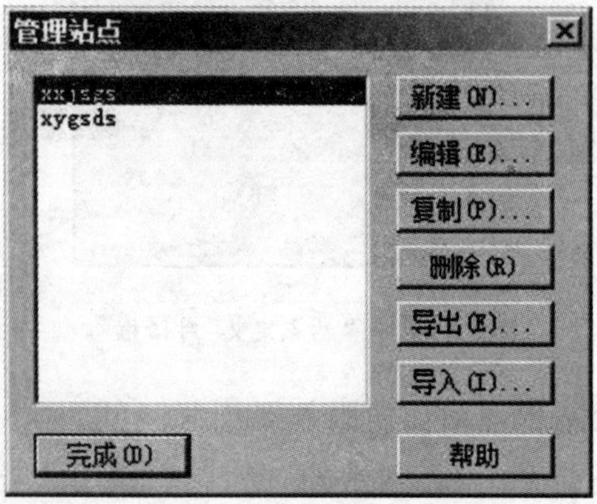

图 2-68　选择技术支持与根目录对话框

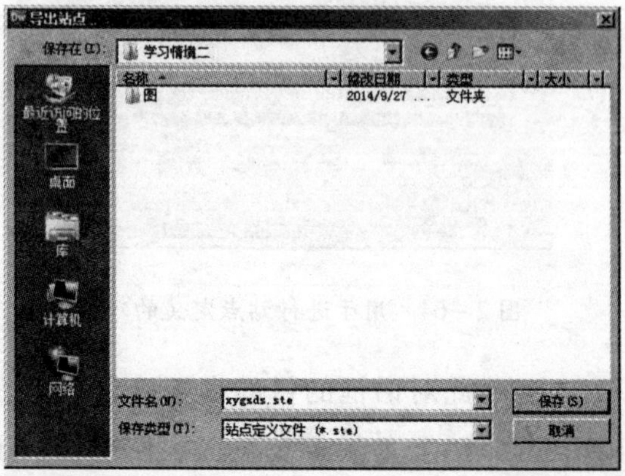

图 2-69　如何连接到服务器对话框

2.5.3 项目实施

首先对网页的效果进行分析，需要将网页内容设置居中，同时设置网页的页面属性，最后制作网页的超链接和赛事报道页面。

1. 编辑网站首页

(1)将项目所需的文件及视频复制到网站根文件夹中。

(2)首先设置页面属性，设置文字大小为12pixels，文本的颜色为黑色(#000000)，背景颜色为浅黄－橙色(#FEF6DF)，网页的上边距、下边距、左边距、右边距都设置为0pixels，如图2－53所示；设置链接属性为：文字大小为14pixels，超级链接的颜色与已经访问链接的颜色为黑色(#000000)，变换图像链接时的颜色为红色(#FF0000)，下划线样式设置为：仅在变换图像时显示下划线，如图2－54所示；设置网页的标题为：武威职业学院第九届校园十佳歌手评选活动专题网，编码为简体中文GB2312。

(3)执行"文件"→"在浏览器中预览"→"iexplore"命令(快捷键<F12>)预览网页，效果如图2－70所示。

图2－70 调整后的网页界面

(4)选择"网站首页"所在的图片index_03.gif，会发现该图片已经设置了超级链接(在Photoshop中切片属性设置时设置的)，依次设置"文件通知"所在的图片index_04.gif链接"File_Notice.doc"文件，设置"赛事报道"所在的图片index_05.gif链接"news.html"，设置"大赛流程"所在的图片index_06.gif链接"DaSaiLiuCheng.doc"文件，设置"评分细则"所在的图片index_07.gif链接"PingFenXiZe.doc"，设置"历届风采"所在的图片index_08.gif链接到"LiJieFengCai.html"。以上所有超级链接的目标都设置为"_blank"。

2. 制作赛事报道网页

(1)将网页index.html另存为news.html，然后将页面中间(页面主体)的内容删除，合并多余的行和单元格，同时设置表格各行、单元格的高度（依据单元格内图片的大小设置），设置后的效果如图 2－71 所示。

（2）在二级页面列表单元格中插入一个 1 行 2 列的表格，宽度设置为 100%，边框粗细为 0 像素，单元格边距和单元格间距均为 0 像素，表格参数设置如图 2－72 所示。

图 2－71　news.html 版面结构尺寸图

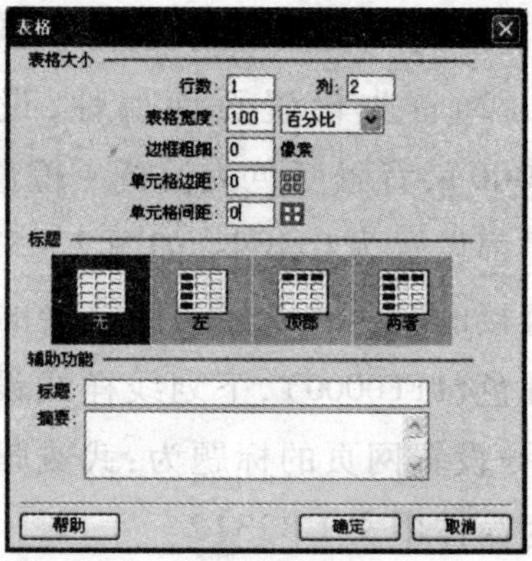

图 2－72　表格参数设置

（3）设置表格左侧单元格宽度为 600，高度为 445，右侧单元格宽度为 360，高度为 445，设置后的效果如图 2－73 所示。

（4）在“新闻列表单元格”中插入一个 10 行 3 列的子表格，表格宽度为 100%，边框粗细为 0 像素，单元格边距和单元格间距均为 0 像素。然后设置第 1 列宽为 5%，第 2 列宽为 80%，第 3 列宽为 15%，设置后的效果如图 2－74 所示。

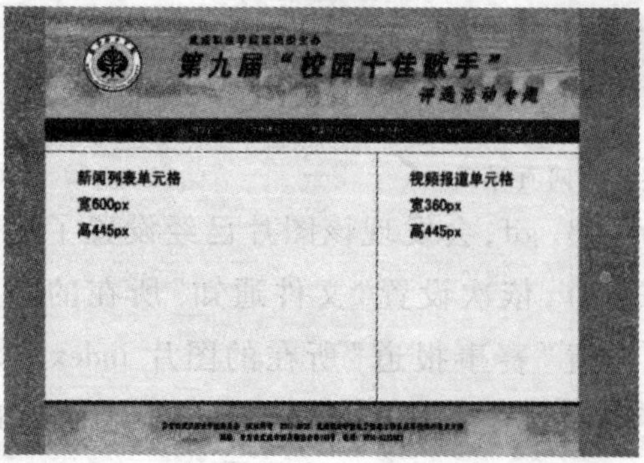

图 2－73　单元格参数设置后的效果

图 2－74　“新闻列表”单元格效果

（5）在左侧“新闻列表单元格”中分别输入新闻标题、发布时间等信息，设置后的效果如图 2－75 所示。

（6）在右侧“视频报道单元格”中执行“插入”→“媒体”→“插件”，在“插件”

对话框中选择“Others”文件夹中的“sp. wmv”，最后设置插件的宽为 350 像素，高为 350 像素。执行“文件”→“在浏览器中预览”→“iexplore”命令（快捷键 <F12>）预览网页，效果如图 2 - 1 所示。

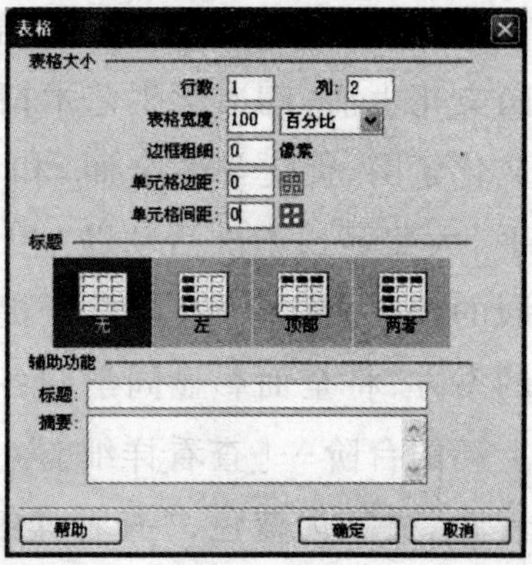

图 2 - 75　news. html 页面效果

3. 制作赛事报道网页的内容页

用第二步的方法制作三级页面（内容页），如 news01. html，保存至网站根目录下，请同学们自己完成。

2.5.4　项目开发策略与技巧

策略 1：网页切片的技巧

针对项目在任务 2.4 中的切片是存在问题的，会产生小图片，在网页中尽量避免这种问题的发生，网页效果图在切片时可以借用辅助线进行切片，同时在进行小的切片时，可以使用 <Ctrl + + > 放大图像来切片。最后对切片的编号进行检查来验证切片的合理性。

策略 2：网页的布局技巧

在常规网页设计中，网页效果图的切片与网页导出对网站只是一个参考，是网页宏观的把握，通常网页在后期编辑时都会参照效果图与切片重新编辑。针对本项目，在 index. html 的基础上重新布局的具体步骤如下。

（1）将 index. html 另存为 default. html，然后删除“活动介绍”单元格中的网页内容，插入 1 个表格（1 行 1 列），宽为 390 像素，高为 209 像素，填充、边框及间距均为 0 像素，第一行单元格高度为 30 像素，第二行单元格高度为 179 像素，表格背景图为“活动介绍”原图（index_11. gif）去掉活动介绍文字后的图片，效果如图 2 - 76所示。

图 2 - 76　“活动介绍”重新编辑

(2)在“活动介绍”栏目第二行单元格中输入活动介绍文本：“为了丰富我院校园文化生活，陶冶学生艺术情操，搭建学生展示自我的平台，营造健康和谐的校园文化氛围，促进学生全面、和谐、健康发展。院团委决定举办第九届“校园十佳歌手”大奖赛。本次活动以“相约职院、唱响青春”为主题，旨在推动学院建设和谐健康的校园文化，为我院学子提供施展艺术才华的机会和舞台。本次校园歌手大赛的举办，将全面彰显同学们各方面的素质和能力，将大大促进我院文化艺术活动再上新的台阶…［查看详细］”，所有文本为宋体，14 像素大小，设置“相约职院、唱响青春”文字为蓝色，“查看详细”文字为红色，效果如图 2－77 所示。

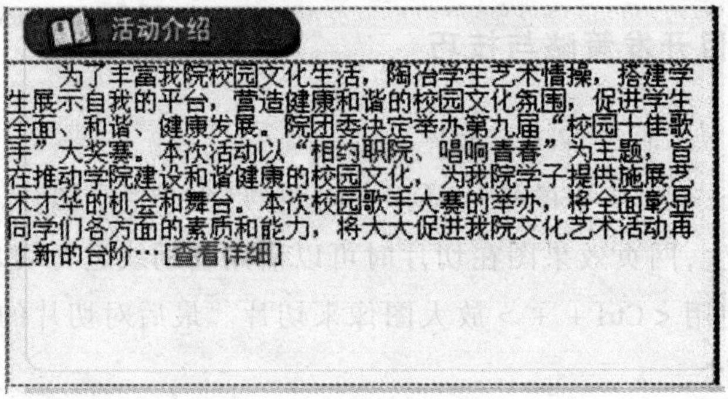

图 2－77 “活动介绍”输入文本后的效果

(3)创建 CSS 样式规则，控制文本的显示效果。

(4)用步骤 2)中的方法将“联系方式”栏目重新编辑。

策略 3：动画区域的使用技巧

在网页中经常会有用到图片幻灯片的效果，实现幻灯效果一般采用 javascript 脚本实现。

(1)首先创建“JS”文件夹，并搜索几张用来制作幻灯片效果的图片（宽 300 像素，高 200 像素）。

(2)在 default. html 中将图片 index－12. gif 删除，并在其中插入代码。

策略 4：视频的插入技巧

视频的插入只需执行“插入”→“媒体”→“插件”命令，选择视频文件即可完成视频的插入同样也可以通过编辑代码的形式来实现。将 index. html 网页另存为 video. html，然后删除幻灯代码，插入视频浏览代码如下：

```
< objectwidth = 430height = 253classid = " CLSID: 22d6f312 - b0f6 - 11d0 - 94ab - 0080c74c7e95"codebase = "http://activex.microsoft.com/activex/controls/mplayer/en/nsmp2inf.cab#Version =6,4,5,715"standby = "Loading Microsoft Windows Media Playercomponents..."type = "application/x - oleobject"align = "left"hspace = "0" >
```

```
<paramname="AutoRewind"value=1>
<paramname="FileName"value="movie/sp.wmv">
<paramname="ShowControls"value="0">
<paramname="ShowPositionControls"value="0">
<paramname="ShowAudioControls"value="1">
<paramname="ShowTracker"value="0">
<paramname="ShowDisplay"value="0">
<paramname="ShowStatusBar"value="0">
<paramname="ShowGotoBar"value="0">
<paramname="ShowCaptioning"value="0">
<paramname="AutoStart"value=1>
<paramname="Volume"value="100">
<paramname="AnimationAtStart"value="0">
<paramname="TransparentAtStart"value="0">
<paramname="AllowChangeDisplaySize"value="-1">
<paramname="AllowScan"value="0">
<paramname="EnableContextMenu"value="0">
<paramname="ClickToPlay"value="0">
</object>
```

注意:视频文件通常使用 flv、wmv、asf、rm、rmvb、swf 等流媒体格式。

任务2.6 校园十佳歌手评选活动网站项目测试与发布

通过前面三个任务的学习及课外练习,完成了“校园十佳歌手评选活动网站”的设计与制作,有了“本地站点”供本地计算机上的用户浏览,而建设网站的目标是供全院在校大学生随时随地访问,及时发布信息,打破“时间和空间的限制”。为了达到这一目标,还需要将制作好的网站发布到校园网上。

任务解析:网站的发布与测试主要包括空间与域名的申请,网站文件的上传。

2.6.1 核心技能与概念

网站的发布与测试主要解决以下两个问题。

1.注册域名

域名是企业、机构或个人的网络标识,是通过计算机登录网络的企业、机构或个人在 Internet 网中的地址。国际域名主要分为.com、.net 和.org 三种。其中最具商业价值的是.com 域名,拥有一个涵义深刻且简单易记的域名,是一个网站成功的首要前提。在介绍域名注册之前，先来介绍一下域名的基本知识。

每一台接入因特网的计算机都需要一个独立的IP地址，这样因特网上其他的计算机可以通过这个IP地址来找到这台计算机。由于IP地址是一个由四个数字连接在一起的数字串，没有规律性，所以记忆起来非常不方便。为此网络工程师们发明了域名系统(DNS)，其作用就在于通过便于记忆而且具有一定标识意义的域名，来代替IP地址，以免除人们记忆数字化IP地址的不便。

国际域名的资源十分有限，为保证更多的企业、机构和个人申请的要求，各个国家和地区在域名最后加上了国家标识段，由此形成了各个国家和地区自己的国内域名，例如中国.cn、日本.jp等。另外，还有中文域名，例如CNNIC中文通用域名(中文.cn)。如北京市政府网站首都之窗的域名是http://www.beijing.gov.cn，其中gov代表政府机构，cn是中国的国家级域名。

注册域名是企业上网的第一步，只有注册了域名才能让客户在网上知道自己的位置。

根据自己网站的主题确定好网站的域名后，还需要经过注册才能使这个域名真正有效。注册域名可以到域名管理中心或其授权的公司进行办理。中国的域名管理中心是中国互联网络信息中心CNNIC(http://www.cnnic.net.cn)，可以在这里或者它授权的域名认证服务机构进行域名的注册。

2.申请空间

一个完整的网站系统其实就是一组文件，它提供给网络用户浏览。这些文件要占据一定的硬盘空间，即所谓的网站空间。除一些大型的网站和占用空间大的站点采用自己建设的Web服务器外，一般建站的用户均采用虚拟主机来完成。

一般来说，企业网站的空间通常都比较小，多采用100~200MB左右的空间即可。用以提供影视下载、在线点播服务等的娱乐性质的网站要大一些的空间。大型网站一般拥有自己的服务器。

这两个问题通常可以一并解决，大家可以登录到www.net.cn(中国万网)去申请域名与空间，具体方法浏览网站帮助即可。申请成功后服务提供商将会提供空间Ftp的空间地址以及用户名与密码。

2.6.2 项目实施

目前大型门户网站提供的博客和邮箱空间一般都很多，但提供的免费空间服务器已经不多了。一些网站为了增加自己的网站点击量，宣传自己的产品，提供免费空间就成为一种宣传手段。

下面给大家演示采用免费空间和利用 FTP 工具上传网站文件以实现网站的发布。

1. 申请免费空间与域名

用户在搜索引擎(百度 http://www.baidu.com)中输入关键字“免费空间”,就可以找到一些免费空间。在百度 http://www.baidu.com 中输入“免费空间”后搜索的页面如图 2－78 所示。

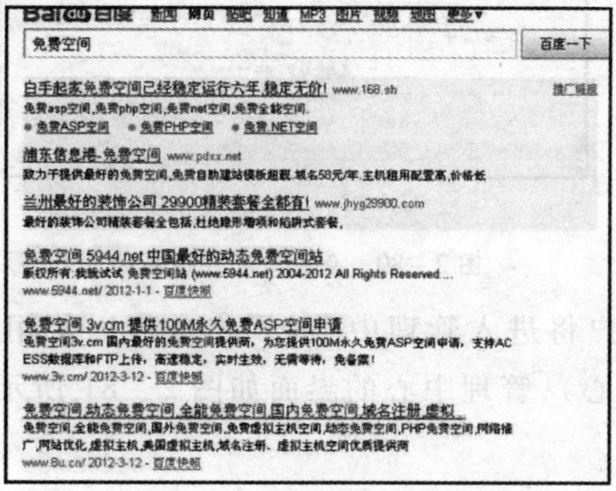

图 2－78　百度的搜索结果界面

点击图 2－78 中的超级链接“免费空间 5944.net 中国最好的动态免费空间站”后就打开 5944 免费空间网(http://www.5944.net/),如图 2－79 所示。

图 2－79　www.5944.net 免费空间界面

在图 2－79 中点击图片即可进入登录注册申请界面,填写“免费空间注册”信息后即可完成免费空间的申请,界面如图 2－80 所示。

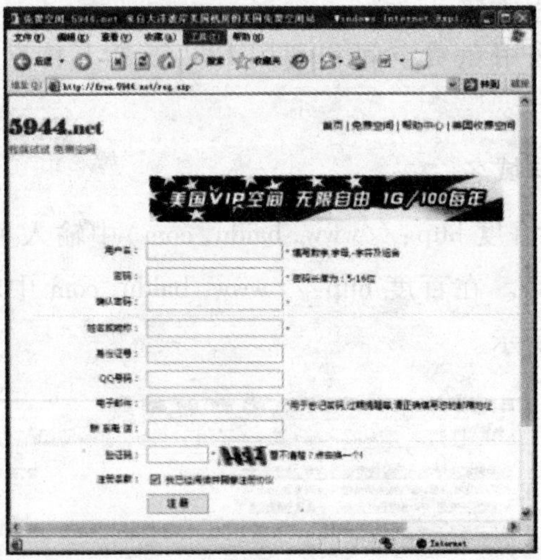

图 2－80　免费空间注册界面

申请成功后，用户将进入管理中心（用户也可以使用用户名 wangquan 密码 wangquan 登录管理中心），管理中心的界面如图 2－81 所示。这样免费空间就开通了。

图 2－81　www.5944.net 用户登录界面

2. **网站发布**

在图 2－82 中输入空间地址信息：

FTP 上传地址：174.128.236.187 或 11302.5o5o.info

FTP 上传帐号：11302

FTP 上传密码：wangquan

网站的域名默认为：http://11302.5o5o.info

从网上下载“LeapFTP”软件或“CuteFTP”，解压软件压缩包，进行简单的安装后，双击"LeapFTP"图标或"CUTFTP32. EXE"图标，打开主窗口，如图 2-82 是 CUTFTP32 的主窗口所示。

在图 2-82 中的主机一栏中填写 174.128.236.187，用户名中填写：11302，密码填写 wangquan 后，点击连接按钮即可登录网络空间。

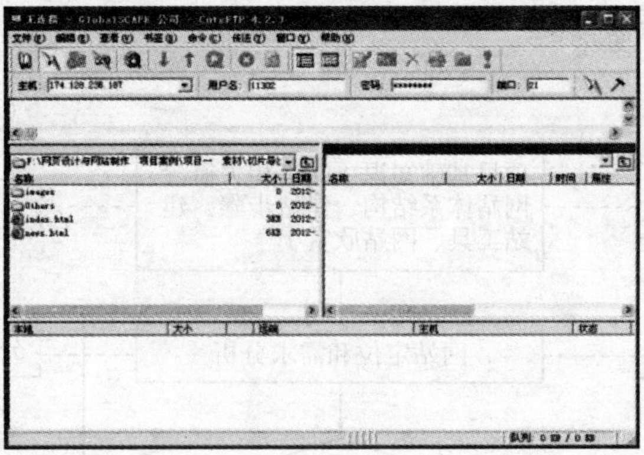

图 2-82 FTP 软件 CuteFTP 的工作界面

连接成功后，即可打开用户申请的网络空间，主窗口左侧为本地文件夹目录，右侧为网络服务器空间。在左侧选择"校园十佳歌手评选活动宣传网站"文件夹，然后选择需要上传的文件后，单击鼠标右键，在弹出的快捷菜单中选择"上传"命令，即可将要上传的文件传输到网站空间中。

也可以单击图 2-81 中的上传文件按钮，打开 ftp://11302.5o5o.info 窗口，复制站点文件夹中所有文件及文件夹，粘贴到打开的 FTP 窗口中，开始上传文件到网站空间中，如图 2-83 所示。

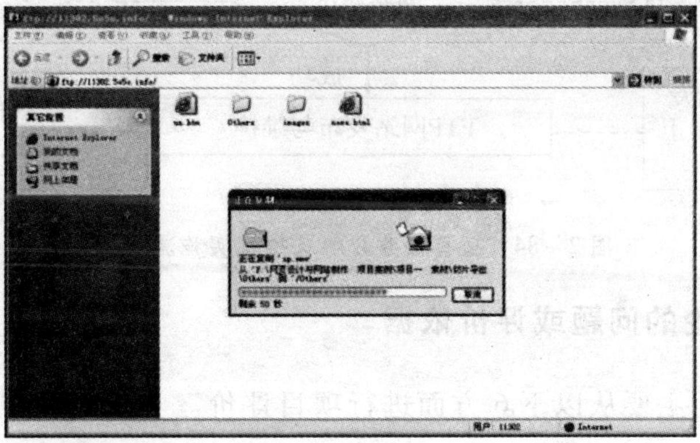

图 2-83 文件上传正在上传到网络空间

打开 IE 浏览器，在地址栏中输入 http://11302.5o5o.info 后，点击回车键，即可浏览网站，如图 2-1 所示。

任务2.7 项目总结与评价

2.7.1 项目任务的分解及项目实施流程图

如图2-84所示。

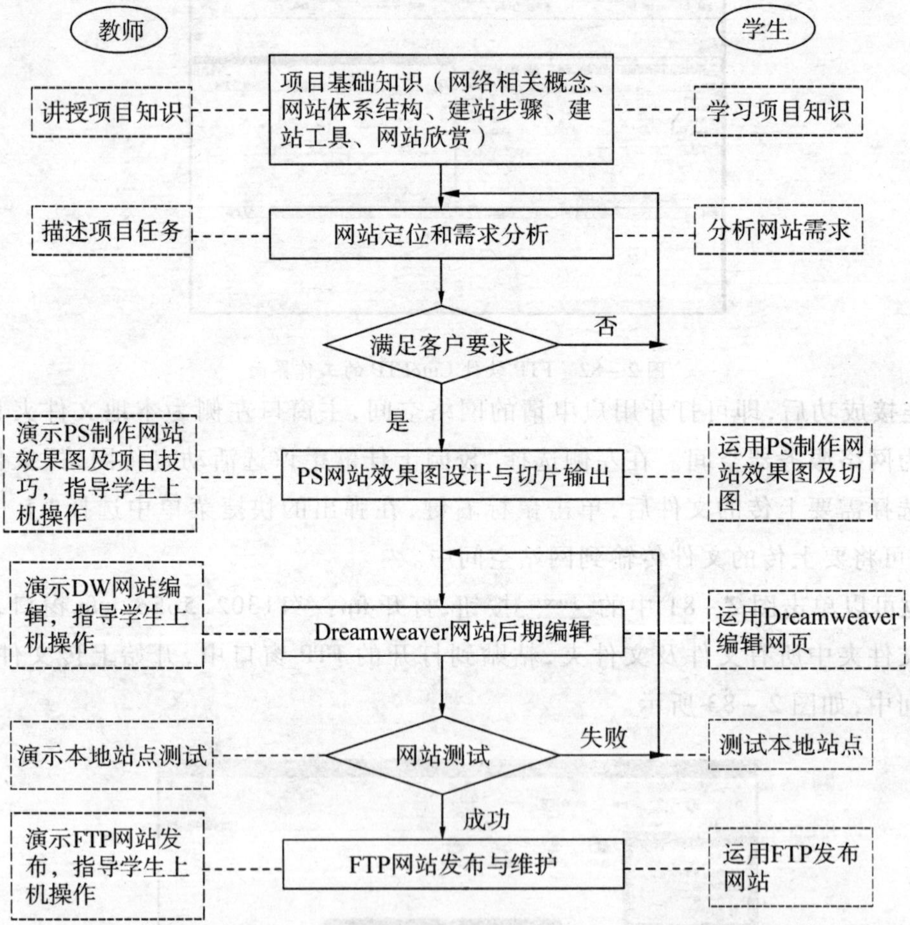

图2-84 项目任务分解及项目实施流程图

2.7.2 讨论的问题或评价依据

教师引导学生主要从以下6方面进行项目评价。学生讨论并发表自己观点。

(1)网站定位和需求分析方面；

(2)网站实现的功能；

(3)网站风格(版面设计、色彩搭配、网站标志、导航系统)；

(4)网站信息量及运用技术难易程度；

(5)网站设计创新;

(6)有待改进之处。

任务2.8 强化拓展实训

2.8.1 产品展示网站建设

通过“校园十佳歌手评选活动网站”项目的学习,大家认识和掌握了网站项目的开发流程、网站设计方法、网页制作工具的应用及技巧,也初次体验了网页设计与网站制作过程。

“校园十佳歌手评选活动传网站项目建设”从网站功能和主题这一类别来划分,它属于“宣传展示形象类网站”,宣传展示类网站结构、功能都比较简单,网页设计的主要任务是宣传企业形象、展示企业产品。对于这类网站来说,版式、色彩、动画设计等是项目重点,一般对美工的要求较高。为了加深对这类网站的理解和掌握,利用本项目所学知识和技能,完成以下项目拓展任务。

假设学院艺术系要在全院范围内举办美术类专业毕业生毕业设计艺术作品展示,宣传艺术系教学教研成果,提高教学质量,供全院师生检验毕业生综合素质,陶冶全院师生艺术素养。现请你担任网页设计师为本次活动设计并制作一个静态网站。

2.8.2 拓展训练参考信息

当传统营销方式成本不断增加,但效果日益渐微的时候,越来越多的公司将目光投向互联网。尽管很多公司不怎么了解互联网,但是网络营销的热情不减,这其中一个最为明显的表现就是几乎每个公司都建设了自己的官方网站。而且,也有数量不菲的公司纷纷在搜索引擎或者一些门户网站上投放广告。但是中小企业对互联网的认识终究是匮乏的,上海网站建设首选品牌引航科技发现,不少公司认为网站上内容越多,功能和结构越复杂其效果就越好。但实际上,这是一个不折不扣的认识误区,与之相反的是,宣传展示类网站结构应尽可能的简单。

1.结构简单的网站方便用户浏览

现在大家都在说营销型网站建设,并想方设法提升网站的营销效果,其中就有一个首页营销和第一屏营销的概念。是什么意思呢?就是网站建设一定要更多的从用户的角度出发,让用户从输入域名那一瞬间开始,可以以最快的速度找到自己需要的信息。而网站结构简单,则是让用户快速找到内容的前提。道理很简单,用户点击四五次查看内容肯定比点击一次就可以看到详细内容,要麻烦很多。除去网站结构尽可能的简单外,合适的网站内容检索功能,也是提升用户体验的绝佳方法。

2. 结构简单的网站利于搜索收录

在搜索引擎上有个提法,就是网页内容离网站首页越远,其获得权重越低。同样的,网站结构层级越深的内容,越不容易被搜索引擎爬行抓取。这也是为什么网站内部链接多多益善的原因,因为搜索引擎是通过链接爬行网站内容的,网站层级结构越深入,其爬行抓取效率就越低。所以,从方便搜索引擎抓取和网站排名的角度来说,网站结构应该是扁平式的,越简单越好。网站结构不仅需要简单,而且也应该根据不同的功能模块分门别类,这样可以在提供搜索引擎爬行效率的同时,也方便于日后维护和内容更新。

3. 网站结构简单不等于内容简陋

网站结构当然越简单越好,但是这并不等于网站内容简陋。相反的,网站结构简单的网站配合丰富翔实的内容,更有利于提升体验和搜索引擎排名。所谓的网站结构简单,上海网站制作首选品牌引航科技认为是将网站功能和结构进行科学划分。比如将资讯相关的内容归类到新闻资讯,将产品展示相关内容归类到产品中心,而且尽可能的将所有的网站结构控制在两级以内。需要特别指出的是,网站结构和内容的划分一定要更多地从用户的需求和用户的认知出发,而不只是考虑自己的感受。与自己从事的行业相比,用户毕竟是不专业的,所以网站结构划分和栏目命名不妨通俗易懂一些。

习题

一、基础简答题

1. 简述网站策划方案至少包含哪些内容?
2. 简要说明网站项目具体制作流程。
3. 什么是超链接?列举各种超链接的使用方法。

二、项目实战题

结合自己的创意,每位同学独立设计并制作自己的"个人网站"。个人网站要求风格独特,个性张扬,充分体现当代大学生充满活力和富有创意的一面,网站至少包含"个人简历""课程学习""校园情感""班级趣事""个人作品"等五个栏目。

设计要求:

1. 页面宽度、高度不限;
2. 网站整体风格统一,版面整洁美观,图片正常显示。

学习情境三　网页制作教程
学习网站项目建设

任务3.1　项目展示与项目目标

3.1.1　项目效果图展示

项目完成的最终效果如图 3 - 1 所示。

图 3 - 1　网页制作教程学习网站最终效果展示

3.1.2　项目目标

- 了解 HTML 语言简介

- 掌握 HTML 语言的基本结构
- 掌握 HTML 语言的常用标记
- 掌握使用 HTML 语言编写网页的方法
- 能够熟练浏览并修改 HTML 代码
- 掌握 CSS 的基本理论
- 认识各种选择符
- 掌握 CSS 的相关属性的设置方法
- 掌握 CSS 的应用方法

任务3.2 项目资讯

3.2.1 项目背景及项目需求

1. 项目背景

随着互联网在全世界范围内的普及,Internet 信息技术全面而彻底改变了人们的工作和学习,政府部门、企业机构和个人纷纷通过建立专门网站来进行信息发布和自我宣传。目前网页设计师成了一个紧缺的职业,基于对网页设计、网站建设专业人才的大量需求,我们设计并制作一个“网页制作教程”专题学习网,旨在为广大网页爱好者提供一个学习平台,培养网页设计开发人员。

2. 项目需求

专题学习网站是指在内容上围绕某门课程或与多门课程密切相关的某一项或多项学习专题,具有网址,能面向社会开放的网站。该网站可以是某门课程中主要的知识单元,也可以是不同课程的共同的知识单元,能为广大学生上网学习提供方便。应广大学生和网页爱好者的需要,现建设“网页制作课程学习专题网”,具体要求如下:

(1)网站栏目主要包括“建站教程”“网站建设”“网站运营”和“网站编程”等模块,如图 3-2 所示。网站设计的重点在页面的美工设计,突出简洁、清新、别致、精美、创意。

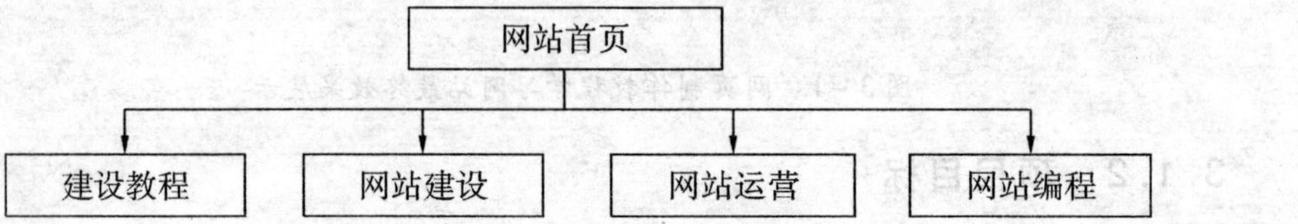

图 3-2 网站主要栏目模块结构图

(2)网站首页页面标准按 1 024 × 768 分辨率制作;网站的导航栏应清晰反映本网站的结构,应避免在同一个网站出现不同形式的导航栏。

(3)栏目的每一个二级界面设计要符合栏目的主题要求,网站要布局合理,设计要精美和恰到好处。同一网站的网页风格要协调统一,主页与内页页面设计上要有所差异,但每层页面的色彩、版面风格要尽量保持和谐。

3.2.2 HTML 语言

1. HTML 语言概述

HTML 的全称是 Hyper Text Markup Language,中文名称是超文本标记语言。它是在普通文本文件的基础上,加上一系列标记描述其格式、颜色,再加上图像、声音、动画和视频等,是用来描述超文本文档的标记语言,也是专门用于网页制作的语言。使用 HTML 语言描述的文件,需要通过浏览器显示效果。用 HTML 编写的文件的扩展名是.html 或.htm,采用标准 ASCII 文件结构存储,所以只要具有文字编辑功能的工具都可以用来编辑或处理 HTML 文件,最简单的编辑工具就是记事本。因此 HTML 所具有的一项显著的优点就是其跨平台性,只要有一个可以阅读和解释 HTML 的浏览器,就能在任何一种平台上获得相同的网页显示效果。

目前,绝大部分的网页都是以 HTML 格式的文件为基础,再加上一些其它语言或技术(如 JavaScript、VBScript、ASP 等)构成的。这些文件除了一些基本的文字外,还包含一些标记,这些标记均由"<"和">"符号以及一个字符串组成。而浏览器的功能是对这些标记进行解释,显示出文字、图像、动画并播放声音等。HTML 语言作为一种网页编辑语言,简单易学。

【案例讲解一】第一个用 HTML 编写的网页。

目标:使用 HTML 编辑一个如图 3-3 所示的网页。在浏览器的标题栏中显示"我的第一个 HTML 网页",在文本区中显示"感觉如何? HTML 语言很简单吧!"等字样。

操作过程:

(1)依次单击任务栏上的"开始"→"程序"→"附件"→"记事本"菜单命令,启动记事本程序,输入如图 3-4 所示的语句。

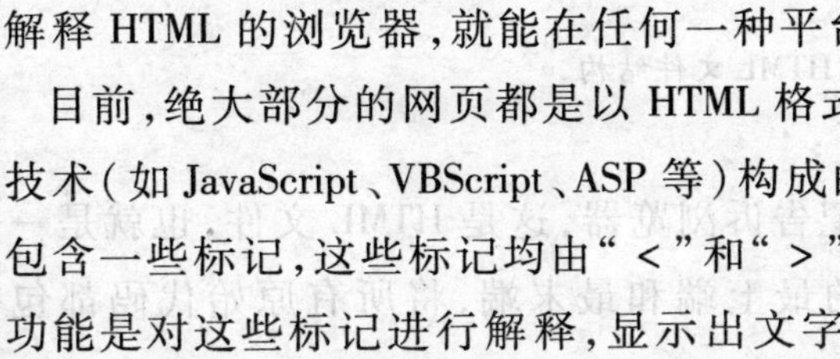

图 3-3 网页浏览效果

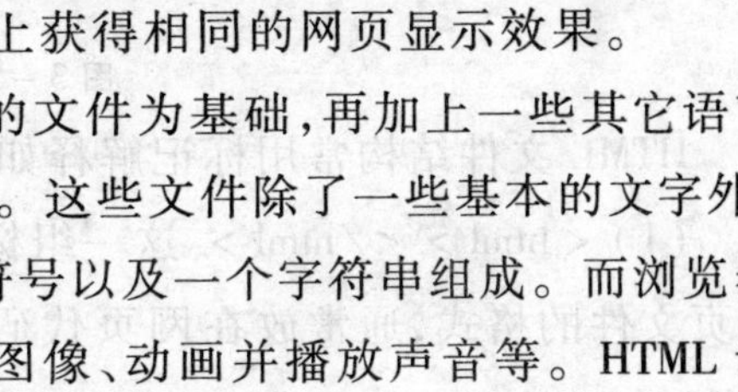

图 3-4 记事本中的内容

(2)单击“文件”→“保存”菜单命令，在弹出的“另存为”对话框中输入文件名 index. html，单击“保存”按钮，将文件存储到自己的文件夹中。

提示：网页文件首页取名为“index. html”或“index. htm”均可。

(3)在自己的文件夹中双击“index. html”文件，在浏览器中观看网页效果，如图 3 - 3 所示。

2. HTML 的基本语法和格式

HTML 文件通常都是以 < html > 开始，以 < /html > 结尾，中间有两大部分：第一部分是 < head > … < /head > 区段，称为头部；第二部分是以 < body > … < /body > 区段，称为体部。通常一个 HTML 文件应具有如图 3 - 5 所示的结构。

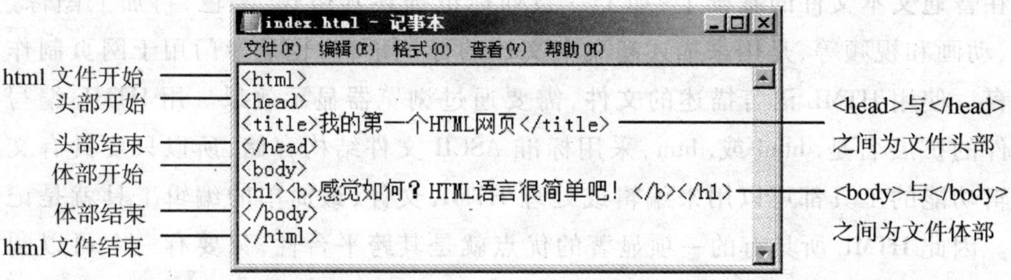

图 3 - 5 HTML 文件结构

HTML 文件结构常用标记解释如下：

(1) < html > < /html > 这一组标记告诉浏览器，这是 HTML 文件，也就是一个网页文件的格式，通常放在网页代码的最上端和最末端，将所有原始代码都包括起来。

(2) < head > < /head > 这一组标记告诉浏览器，这是对文档基本信息的描述，在 HEAD 标记之间，使用频率最高的标记就是 title，它用于定义显示在浏览器标题栏的文档标题。

(3) < body > < /body > 这一组标记告诉浏览器，body 之间是文档的主体部分，包含有对网页元素描述的标记，是网页的可见部分。

一般的 HTML 标记具有起始和结束标记，放在它所描述的文档两边，结束标记前要加“/”并且成对出现。HTML 对大小写不敏感，< html > 和 < HTML > 是一样的。以下是常见的三种 HTML 标记语法格式：

1) < 标记名 > 文本 < /标记名 >。例如：< title > 我的第一个 HTML 网页 < /title >

2) < 标记名 属性名 =“属性值” > 文本 < /标记名 >。例如：< body bgcolor = “red” > 本网页采用红色背景 < /body >

3）<标记名>。例如：第一行
第二行

最后一种写法只由单一的标记组成，无需成对出现，常见的有段落标记<p>、换行标记
和水平线标记<hr>。

浏览器的功能是对 HTML 文件的标记进行解释，显示出文字、图像、动画以及播放声音等。例如，在上面的程序中：<title>我的第一个 HTML 网页</title>，就是告诉浏览器本网页的标题为"我的第一个 HTML 网页"，标题是从<title>开始到</title>结束，解释结束后浏览器会继续解释下个标记，如果浏览器遇到不支持的某个标记，通常只是把它忽略掉。

另外需要说明的是：现在的浏览器对 HTML 文件的容错能力较强，即使去掉<html></html>、<head></head>等标记或漏写半个标记，也不会影响整个网页的显示，浏览器照样能对整个 HTML 文件进行解释，但使用标记对的标准语法是一种值得提倡的编程风格。

3. HTML 文档的常用标记及其作用

（1）html 对整个文档属性的描述，告诉浏览器文档的开始和结束。

（2）head 对文档头部属性的描述，告诉浏览器网页头部文档的开始和结束。

（3）title 用来定义浏览器的标题栏，必须成对出现。

（4）body 是网页中可见对象的描述，是网页主体部分开始和结束的标志。

（5）font 文本标记，用来标志文本属性，例如：字体、颜色、字号等。

（6）p 分段标记，用于将文档划分为段落，其结束标记可省略。

（7）br 换行标记，用于在文档中强制换行，标记是一个单独的
。

（8）hn 标题标记，用来标记文档中的标题和副标题。其中 n 值为 1－6 之间的数字，<h1>表示最高级别的标题，<h6>表示最低级别的标题。

（9）align 段落对齐标记，用 align 的属性来设置段落的对齐方式。

（10）span 行内标记，通常用于标记一行内的某些字符，功能和用法与 div 相似。

（11）center 将需要居中的内容置于<center>和</center>之间。

（12）有序列表 ol 和无序列表 ul。有序列表 ol 也称为数字列表，在每个段落各项前显示有数字或字母的列表；无序列表 ul 也称强调式列表，在每个段落的各项前显示特殊项目符号的列表。无论是 ol 还是 ul，其列表项标记为<li></li>。

（13）img 图形标记，主要用来插入图片于网页中以及设定图片属性，基本语法格式为<img src="图形 URL">。

(14) a 超级链接标记，由 <a> 与 </a> 所围的文字或图片等成为一个连接，基本语法格式 <a href = "URL" target = "链接目标">。

(15) form 表单标记，用以宣告此为表单模式，属于一个容器标记，表示其它表单标记需要在它的包围中才有效，<INPUT> 便是其中的一个，用以设定各种输入资料的方法。

(16) div 区隔标记，其作用是设定字、画、表格等的摆放位置，应用于 Style Sheet（式样表）方面会更显威力，它最终目的是用来进行网页布局。

(17) embed 载入音频或视频标记，其基本语法为：<embed src = "URL">。

4. HTML 其它标记及其作用

HTML 其它标记的介绍参见：附录 A HTML 标记参考，本书不做详细介绍。

【案例讲解二】用 font，align，h1，br，span，p 等主要标记符完成一个带有格式化文本的唐诗页面的编写，并且网页的主题为"唐诗欣赏"。

Html 语言代码如下：

```
<html>
<head>
<title>唐诗欣赏</title>
</head>
<body>
<h1 align="center">静夜思<br><span><font size=3>(唐)李白</font></span></h1>
<p align="center"><font size=5>床前明月光，疑是地上霜。<br>举头望明月，低头思故乡。</font></p>
</body>
</html>
```

网页显示效果如图 3-6 所示。

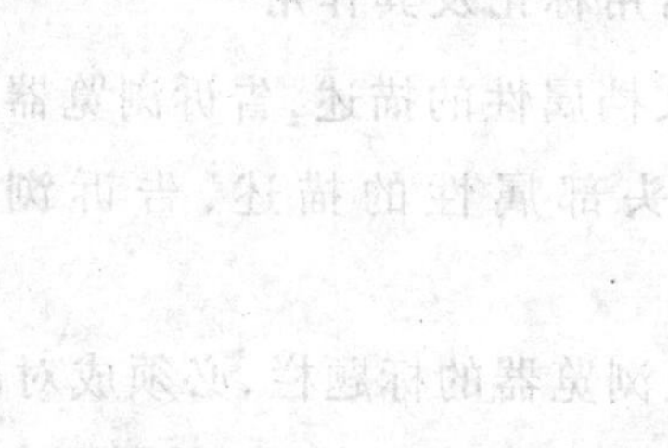

图 3-6　网页显示效果图

提示：在开展本任务教学中，教师用案例来调动学生的积极性，并将所讲的语法结构和常用标记适当的用于案例中，让学生产生对网页标记学习探索的积极性，从而达到记忆的目的。

3.2.3 CSS 样式表

CSS 是 Cascading Style Sheet 的缩写，中文翻译为“层叠样式表”，简称样式表，它是一种用于（增强）控制网页样式并允许将样式信息与网页内容分离的网页制作技术。使用 CSS 样式可以控制许多仅使用 HTML 无法控制的属性。

网页设计最初使用 HTML 标记来定义页面文档及格式，例如标题 <h1>、段落 <p>、表格 <table>、超链接 <a> 等，但这些标记不能满足更多的文档样式需要。换句话说，用 HTML 制作网页就好像是用画笔绘制一幅图画。只有那些对网页制作痴迷而执着的人，才可能精确地实现预定的结果，一般人却很难靠 HTML 做出精美的网页来。可以理解为 HTML 是用来制作网页内容。

为了解决这个问题，在 1997 年 W3C（The World Wide Web Consortium）颁布标准的同时也颁布了有关样式表的第一个标准 CSS1。随后对其不断的充实，并在 1998 年 5 月发布了 CSS2.0 版本。它向世人保证：可以使用 CSS 精确地控制页面里每一个元素的布局、字体样式、背景、排列方式、区域尺寸、四周加入边框和其它图文效果等。可以理解为 CSS 是用来控制网页外观。

HTML 是一种标记性语言。当在浏览器中打开一个 HTML 网页时，浏览器将读取该网页中的 HTML 标记，并根据内置的解析规则将网页元素呈现出来。CSS 层叠样式表则用于重新设置浏览器解析 HTML 元素时的表现形式。换而言之，CSS 就是描述 HTML 元素的规则。

1. 层叠样式表的概念

层叠样式表的提出是对 4.0 以前版本的 HTML 语法的一次重大革新。因为在早期的 HTML 版本中，各种功能的实现都是通过元素实现的，这使得各个浏览器开发商为了标新立异而创建各种只有自家支持的元素，使得 HTML 元素及它们的使用变得非常混乱。比如同样是文字，但是因为样式的不同而创建出了多个不同的元素，如红色文字元素、黑体加粗文字元素等。所以为了净化 HTML 的语法，简化 HTML 的使用，工程师们提出了将内容与样式分开的解决方案，内容的描述由 HTML 元素负责，而样式的说明则由层叠样式表负责。

举一个例子，比如一段红色粗体文字，用 HTML 描述应该如下：

```
<p><b><font  color=#FF0000>这是一段红色粗体文字</font></b></p>
```

它用到了文字元素 FONT、粗体元素 B 和段落元素 P，而在层叠样式表中，只需要 P 元素设立一个名为“style”的属性，代码如下：

<p style ="color:#FF0000;font - weight:bold">这是一段红色粗体文字</p>

2. CSS 的优点

(1)在几乎所有的浏览器上都可以使用。

(2)以前一些非得通过图片转换实现的功能，现在只要用 CSS 就可以轻松实现，从而更快地下载页面。

(3)页面的字体变得更漂亮，更容易编排，使页面真正赏心悦目。

(4)可以轻松地控制页面的布局 。

(5)可以将许多网页的风格格式同时更新，不用再一页一页地更新了。可以将站点上所有的网页风格都使用一个 CSS 文件进行控制，只要修改这个 CSS 文件中相应的行，那么整个站点的所有页面都会随之发生变动。

3. CSS 的基本语法

一个 CSS 样式表是由许多样式规则组成的，每条规则由两部分组成：选择符和声明。其实所谓的声明就是属性和值的组合。其规则为：

选择符{属性 1:属性值 1;属性 2:属性值 2;……}

规则是一系列的“属性:属性值”的集合，它用来控制网页元素的显示方式。一个规则包括一个选择符以及紧跟其后的一系列“属性:属性值”，所有“属性:属性值”用{}包括，各“属性:属性值”之间用分号“;”分隔。

例如：P {background - color:red;font - size:22pt;color:black;}

其中 P 为选择符，background - color 为背景颜色、font - size 为字体大小、color 为字体颜色。为了看起来直观一些，此例还可以写成：

```
P {
background - color:red;
font - size:22pt;
color:black;
}
```

选择符命名规则：

CSS 选择符可以使用英文字母的大写与小写、数字、连字号、下划线、冒号、句号等构成。

- 英文字母大写与小写：A - Z　a - z
- 数字 0 - 9
- 连字号 -
- 下划线 _

- 冒号：
- 句号.

注意：CSS 选择符只能以字母开头。

选择符主要包括以下几种：

（1）class 类选择符。类选择符能够把相同的元素分类定义成不同的样式。定义类选择符时，在自定义类的前面需要加一个点号。例如“欲穷千里目更上一层楼”文本为红色并且向右对齐：.right {color:#CC0000;text - align:right;} 调用的方法是 <p class = “right”> 欲穷千里目更上一层楼 </p>，代码如下：

```
<style type ="text/css">
.right {color:#CC0000;text - align:right;}
</style>
<p class ="right">欲穷千里目更上一层楼</p>
```

（2）标签选择符。标签选择符也称为类型选择符，HTML 中的所有标签都可以作为标签选择符，其作用域为所有符合条件的 HTML 标签。例如对 body 定义网页中的文字大小、颜色和行高代码如下：

```
Body {font - size:12px;color:#000000;line - height:18px;}
```

（3）ID 选择符。在 HTML 页面中 ID 参数指定了某个单一元素，ID 选择符是用来对这个单一元素定义单独的样式，一个网页文件只能有一个标签使用某一个 id 属性值。<p id = “title1”> 欲穷千里目更上一层楼 </p>。可见 <p> 标签被指定了 id 名称为 title1。因此，ID 选择符的使用和类选择符类似只要将 class 换成 id 即可，title 选择符的样式定义如下：

```
title1 {color:#CC0000;text - align:right;}。
```

（4）伪类（元素）选择符。伪类（元素）可以看作是一种特殊的类选择符，是能被支持 CSS 的浏览器自动所识别的特殊选择符。之所以能成“伪”是因为它们所指定的对象在文档中并不存在，它们指定的是元素的某种状态或部分内容的一种定义方式，例如：

```
a:link {color:#000000;text - decoration:none;}
a:visited {color:#333333;text - decoration:none;}
a:hover {color:#f83800;text - decoration:underline;}
a:active{color:#666666;text - decoration:none;}
```

为了确保每次鼠标经过文本时的效果都相同，建议在定义样式时一定要按照 a:link，a:visited，a:hover，a:active 的顺序书写。

注意：如果需要对一个选择符指定多个属性，则在属性之间要用分号加以分隔。为了提高代码的可读性,最好进行分行写。

(5)包含选择符。包含选择符是指用空格隔开的两个或多个单一选择符组成的字符串。

包含选择符主要用来对某些具有包含关系的元素单独定义样式。比如元素1里包含元素2,使用包含选择符定义的样式就只能对在元素1里的元素2起作用,而对单独的元素1或元素2不起作用,例如:

```
Table a {font - size:12px;font - color:#ff0000;}
```

表示table标签内的a对象的样式。这里只定义表格内的超级链接样式,文字大小为12px,颜色为红色,而表格外的超级链接文字仍然为默认大小。

这样做可以避免使用过多的id或class,直接对所需设置的元素进行样式定义。同时包含选择符可以在两者之间包含,也可以支持多级包含。

(6)选择符组。可以把相同属性和值的选择符组合起来书写,用逗号将选择符分开,这样可以减少样式的重复定义。

例如:h1,h2,h3,h4,h5,h6,td {color:#666666;}

(7)通配选择符。通配选择符是一种特殊的选择符,它用*表示,起通配符的作用,意思是将选择其辖域内的所有元素,但是效率较低(工作中慎用)。

例如:* {font - size:12px;color:blue;}其作用是改变整个文档的字体大小和颜色;table * {color:red;text - align:center;}其作用是改变table下所有元素的颜色及对齐方式。

(8)标签指定式选择符。标签指定式选择符是指想用id或class的同时还想用标签选择符。

语法:html标签.class名称　或者　html标签#id名称

例如:p#one(注意这里不用空格和任何分隔符)表示针对id为one的p标签,其应用代码为<p id = one>;

h1.p1表示针对class为p1的h1标签,其应用代码为<h1 class = p1>。

选择符存在优先级别,如id选择符>class选择符>标签选择符。

4.层叠样式表的种类和使用

层叠样式表可以根据样式表所在的位置分为内联式样式表、嵌入式样式表和外部样式表三种。三种层叠样式表可以同时使用,这也是"层叠"的意义所在。但是它们有不同的优先级,其中内联式样式表的优先级大于嵌入式样式表的优先级,嵌入式样式表的优先级又大于外部样式表的优先级,当某个元素同时被应用多层样式表时,它会首先选择优先级最高的样式。

有些低版本的浏览器不能识别 style 标记，这意味着低版本的浏览器会忽略 style 标记里的内容，并把 style 标记里的内容以文本形式直接显示到页面上。为了避免这样的情况发生，我们通过加 HTML 注释的方式（<! - - 注释 - - >）隐藏内容而不让它显示。

CSS 样式的应用思路是：先定义样式再应用到网页中。

（1）内联式样式表。内联式样式又称行内样式，内联式样式表是在现有 HTML 元素的基础上，用 style 属性把样式直接加入到元素的开始标记中，例如：

```
<p style="color:#FF0000;font-weight:bold">这是一段红色粗体文字</p>
```

（2）嵌入式样式表。嵌入式样式又称内嵌样式，嵌入式样式表通常包含在 HTML 文档头部，即 HEAD 元素中，并且有一个专门的元素 STYLE 来描述这种样式表。它的书写格式通常为：

```
<style type="text/css">
<!--
P {color:red;font-weight:bold;}
……
-->
</style>
```

在这个格式中，STYLE 元素的 type 属性必须设为"text/css"，表示这定义的是一个层叠样式表。嵌入式样式表首先可以为某个 HTML 元素定义样式，定义好之后，整个网页中所有的这个元素都会采用这种样式来显示其中的内容。其次，也可以为同一个 HTML 元素定义多种样式，这时只要在元素的后边添加一个额外的名字，并且在使用时需要再借助 class 属性。最后也可以直接定义一个样式，然后以添加 class 属性的方式将其应用到某个元素上。比如下面的例子，首先为 H1 元素定义了一个样式，接着为 P 元素定义了两个不同的样式并分别应用于两个段落，最后还直接定义了一个样式，并将其应用在 DIV 元素上。这个例子在浏览器中的显示效果如图 3－7 所示。

```
<html>
<head>
    <title>嵌入式样式表举例</title>
    <style  type="text/css">
    <!--
    h1 {color:#ff0000;font-family:黑体}
    p.first {color:#000000;font-family:宋体;font-size:9pt;}
    p.second {color:#00ff00;font-family:宋体;font-size:10pt;}
```

```
mystyle {color:#0000ff;font-family:黑体;font-size:16pt;}
  -->
  </style>
</head>
<body>
      <h1>网页设计与制作</h1>
      <p class="first">层叠样式表分为内链式样式表、嵌入式样式表和外部样式表。</p>
      <p class="second">嵌入式样式表通常包含在 HTML 文档的头部，即 HEAD 元素中，并且有一个专门的元素 STYLE 来标记这种样式表。</p>
      <div  class="mystyle">这是自定义的样式</div>
</body>
</html>
```

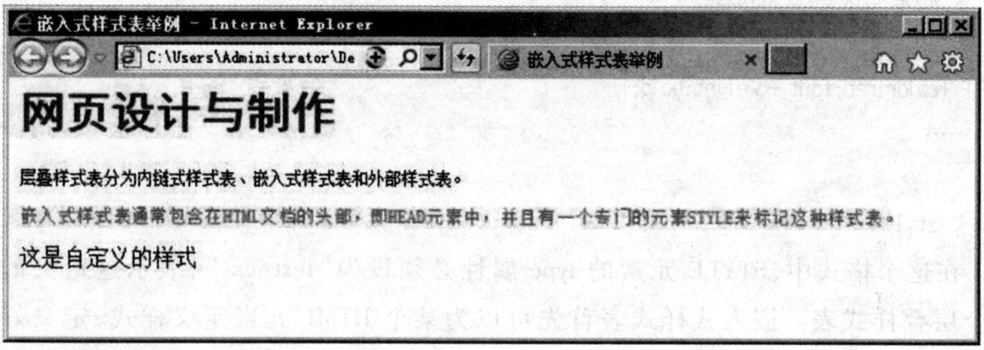

图 3-7　嵌入式层叠样式表举例

嵌入式样式表可以为一个网页中的任何一个 HTML 元素所引用，所以它通常用来统一整个网页的显示风格。

(3)外部样式表。这种样式表将样式作为一个独立的文件保存在计算机上，这个文件以“. CSS”作为文件的扩展名。样式在外部样式表中定义和在嵌入式样式表中的定义是一样的，只是不再需要 STYLE 元素，直接书写就可以。比如要将上一个例子中的嵌入式样式定义到一个样式表文件“webstyle. css”中，其内容如下所示：

```
h1 {color:#ff0000;font-family:黑体;}
p.first {color:#000000;font-family:宋体;font-size:9pt;}
p.second {color : #00ff00;font-family: 宋体;font-size:10pt;}
mystyle {color:#0000ff;font-family:黑体;font-size:16pt;}
```

然后在具体使用时，首先通过 LINK 元素来链接这个样式表文件，然后再用嵌入式样式表类似的方法应用其中的样式，比如下面的例子：

```
<html>
<head>
    <title>外部式样式表举例</title>
    <link rel=stylesheet href="webstyle.css" type="text/css">
</head>
<body>
    <h1>网页设计与制作</h1>
    <p class="first">层叠样式表分为内链式样式表、嵌入式样式表和外部样式表。</p>
    <p class="second">嵌入式样式表通常包含在HTML文档的头部,即HEAD元素中,
并且有一个专门的元素STYLE来标记这种样式表。</p>
    <div class="mystyle">这是自定义的样式</div>
</body>
</html>
```

外部样式表作为一个独立文件存在,可以被所有的网页所引用,因此它经常用来统一多个网页甚至整个网站的显示格式。

一个外部样式表文件可以应用于多个页面。当你改变这个样式表文件时,所有页面的样式都随之而改变。在制作大量相同样式页面的网站时,非常有用,不仅减少了重复的工作量,而且有利于以后的修改、编辑,浏览时也减少了重复下载代码。

样式表文件可以用任何文本编辑器(例如:记事本)打开并编辑,一般样式表文件扩展名为.css。

5.在 Dreamweaver 中创建样式表与应用样式表

首先认识一下"CSS 样式"面板。执行"窗口"→"CSS 样式"命令或按<Shift + F11>组合键,即可打开"CSS 样式"面板,如图 3-8 所示。

"CSS 样式"面板的底部排列着几个按钮,主要选项含义如下所述。

"附加样式表"按钮:可以在 HTML 文档中连接一个外部的 CSS 文件。

"新建 CSS 规则"按钮:其作用是新建 CSS 样式规则。

"编辑样式"按钮:可以编辑原有的 CSS 规则。

"删除 CSS 规则"按钮:删除选中已有的 CSS 规则。

在"CSS 样式"面板中单击鼠标右键或者单击"新建 CSS 规则"按钮,可以弹出如图 3-9 所示的"新建 CSS 规则"对话框。

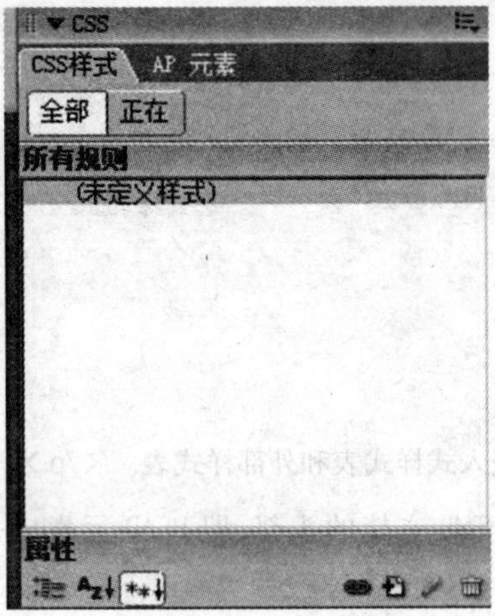

图 3－8　CSS 面板

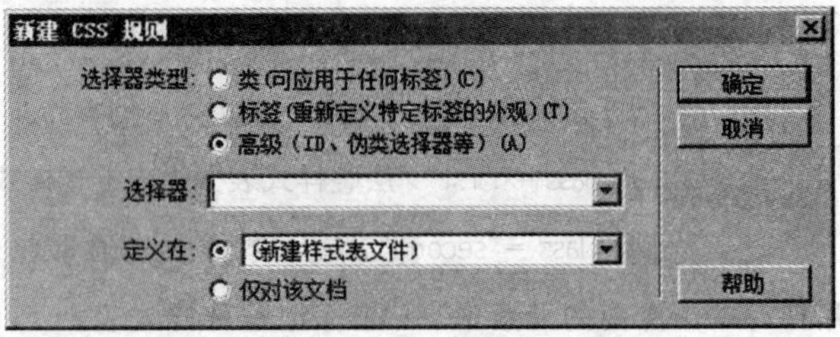

图 3－9　“新建 CSS 规则”对话框

(1)“新建 CSS 规则”对话框。其主要选项含义如下所述。

1)“选择器类型”设置 CSS 样式类型。

“类(可以用于任何标签)”:即自定义样式,可以将样式应用于页面中的任何 html 标签中。类名称必须以句点开头,并且可以包含字母和数字组合。如果没有输入开头的句点,Dreamweaver 会自动输入。

“标签”:即重定义 HTML 标签样式,选择该项后可以在其下拉列表中输入一个 HTML 标签,或从下拉列表中选择一个标签。

“高级”:CSS 选择器用于针对超链接进行设置,包括 a:link、a:visited、a:hover、a:active 4 种状态。另一种形式主要为对应的 ID 元素定义样式。

2)“名称”:设置新建的样式表的名称。

3)“定义在”:选择定义一个外部的 CSS 还是定义一个应用于当前文档的 CSS。

“新建样式表文件”:定义一个外部链接的 CSS 样式表。

“仅对该文档”:仅仅在该文档中应用 CSS 样式。

样式表的应用方法是:选中使用样式表的对象,在“属性”面板的样式下拉列表中选择要应用的样式,即可应用 CSS 样式;或者在 CSS 样式面板中选择要应用的样式,右击鼠标在弹出的快捷菜单中标选择“套用”也可应用 CSS 样式到选定对象。

(2)CSS 的规则定义。利用 CSS 样式可以定义字体、颜色、边距和字间距等网页元素的属性,可以使用 Dreamweaver 设置所有的 CSS 属性。CSS 属性分为 8 大类,分别是:类型、背景、区块、方框、边框、列表、定位和扩展,下面分别进行介绍。

1)类型。“类型”选项主要用于定义网页中文字的字体、颜色及字体的风格等,“类型”选项中主要选项含义如下所述。

“字体”:为样式设置字体。

“大小”:设置文本大小。可以通过选择数字和度量单位选择特定的大小,也可以选择相对大小。

“样式”:将“正常”、“斜体”或“偏斜体”指定为字体样式。默认设置为“正常”。

“行高”:控制行于行之间的垂直距离。

“修饰”:控制显示文本的显示状态。

“粗细”:为字体设置粗细效果。

“变体”:设置文本大写字母的变体。Dreamweaver 不在“文档”窗口中显示该属性。

“大小写”:将选定内容中的每个单词的首字母大写或将文本设置为全部大写或小写。

“颜色”:设置文本的颜色。

2)背景。“背景”选项主要用于在网页元素后面加入固定的背景色或图像,“背景”选项中主要选项含义如下所述。

“背景颜色”:网页设置背景色。

“背景图像”:网页设置背景图像。

“重复”:控制背景图像的平铺方式,主要选项含义是:“不重复”表示在元素开始处显示一次图像,“重复”表示在元素的后面水平或垂直方向重复,“横向重复”表示设置沿水平方向重复,“纵向重复”表示设置沿垂直方向重复。

“附件”:控制背景图像是否会随页面的滚动而一起滚动。

“水平位置”和“垂直位置”:确定背景图像的水平或垂直位置。

3)区块。“区块”选项用于控制块中内容的间距、对齐方式和文字缩进等。“区块”选项中主要选项含义如下所述。

“单词间距”:控制文字间隔的距离。

“字母间距”:其作用与单词间距类似。

“垂直对齐”:控制块的或图像相对于其母体元素的位置。

“文本对齐”:设置块的水平对齐方式。

“文字缩进”:控制块的缩进程度。

“空格”:确定如何处理元素中的空白。“正常”表示收缩空白,“保留”表示处理方式与文本被括在 <pre> 标签中一样(即保留所有的空白,包括空格、制表符和回车)。“不换行”表示制定仅当遇到
 标签时才换行。

“显示”:制定是否以及如何显示元素。

4)方框。“方框”选项用于控制元素在页面中的放置方式。“方框”选项中主要选项含义如下所述。

“宽”和“高”:设置元素的宽度和高度。

“浮动”:设置块元素的浮动效果(left、right、none)。

“清除”:清除设置的浮动效果(left、right、both、none)。

“填充”:控制围绕边框的边距大小。

“边界”:确定围绕块元素的空格填充数量。

5)边框。“边框”选项用于设置有关元素的边框格式,包括边框的宽度、颜色与样式等。“边框”选项中主要选项含义如下所述。

“样式”:设置边框的样式外观,样式的显示方法取决于浏览器。Dreamweaver在“文档”窗口中将所有样式呈现为实线,取消选择“全部相同”复选框可设置元素各个边的边框样式。

“宽度”:设置元素边框的粗细。取消选择“全部相同”可设置元素各个边的边框宽度。

“颜色”:设置元素边框的颜色。取消选择“全部相同”复选框,可设置元素各个边的边框的颜色。

6)列表。“列表”选项用于控制列表内各项元素的属性,“列表”选项中主要选项含义如下所述。

“类型”:确定列表内每一项前使用的符号。

“项目符号图像”:为项目符号指定自定义图像,可以在弹出的的对话框中单击“浏览”按钮选择图像,也可以在文本框中输入图像的路径。

“位置”:设置列表项文本是否换行和缩进(外部)以及文本是否换行到左边距(内部)。

7)定位。“定位”选项用于精确控制网页中元素的位置,“定位”选项中主要选项含义如下所示。

“类型”:确定定位的类型。

“Z 轴”:控制网页中块元素的叠放顺序,可以为元素设置重叠效果。

“显示”:控制网页中的元素隐藏。

“溢位”:在确定了元素的高度和宽度后,如果元素的面积不能全部显示元素中的内容时,该属性便起作用。

“置入”:为元素确定了绝对定位类型后,该组属性决定元素在网页中的具体位置。

“载切”:当元素被指定为绝对定位类型后,该属性可以把元素区域剪切成各种形状。

8)扩展。“扩展”选项用于为打印的页面设置分页和为网页元素设置视觉效果。

扩展”选项中主要选项含义如下所述。

“分页”:在选定的对象的前面或后面强制加入分页符。

“视觉效果”:利用该栏中的选项可以使页面的显示效果更好。

(3)链接外部 CSS 样式表。如果要连接外部 CSS 样式表,执行下面的操作。

1)在“CSS 样式”面板中单击“附加样式表 ”,打开“链接外部样式表”对话框,如图 3-10 所示。

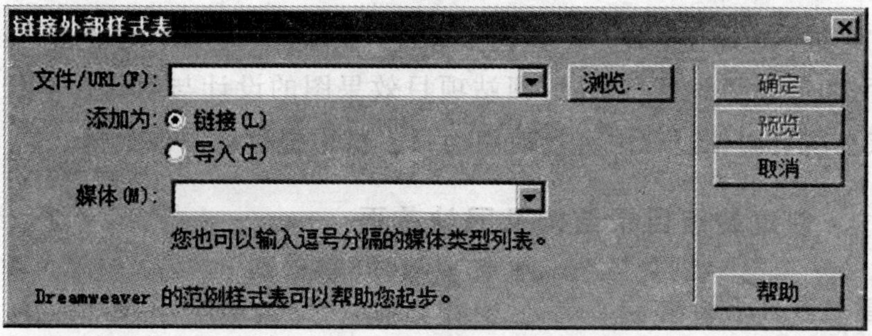

图 3-10　链接外部 CSS 样式表对话框

2)在“链接外部样式表”对话框上的“文件/RUL”区域中输入所需的文件,或者单击后面的“浏览”按钮,在弹出的对话框中查找并选择要附加的 CSS 样式表文件。

3)在“添加为”区域中选择“链接”或“导入”指定和创建用于外部 CSS 样式附加到文档的标签。完成后单击“确定”按钮,即可将所选择的 CSS 样式表附加到当前文档,在“CSS 样式”面板中,显示该 CSS 样式表导入后效果。

6. 常用 CSS 样式属性参见附录 B CSS 常用属性参考

任务 3.3　项目计划与决策

网页制作教程学习网站项目主要是为广大学生和网页爱好者提供在线学习平台,满足浏览需要,建议网页宽度设置为 800 像素,以满足项目需求,完成“建站教程”“网站建设”“网站运营”和“网站编程”等模块的布局。

制作界面清爽的网站风格,以灰色为背景,主体颜色以黑色和浅棕色搭配,局部使用白色。

网页布局设计草图如图 3－11 所示。

<table>
<tr><td colspan="6">网站标志与名称</td></tr>
<tr><td>网站首页</td><td>建站教程</td><td colspan="2">网站建设</td><td>网站运营</td><td>网站编程</td></tr>
<tr><td colspan="6">网页 banner 图片</td></tr>
<tr><td colspan="2">建站教程</td><td colspan="2">网站建设</td><td colspan="2">网站运营</td></tr>
<tr><td colspan="6">版权信息</td></tr>
</table>

图 3－11　HTML 代码编写前网页界面设计草图

任务 3.4　项目实施一:用 HTML 编写网页代码

由于本项目旨在让学生了解 HTML 语言,掌握 HTML 语言基本结构、HTML 常用标记使用和学会网页版面布局,网站项目效果图的设计与制作在本任务中不再讲解,大家在网页制作过程中直接使用项目素材中提供的图像素材。

3.4.1　创建站点目录结构及网站首页

1. 创建站点目录结构

在本地计算机硬盘(如 D:盘)上创建名为 wyzzjcwebsite 文件夹,作为“网页制作教程学习网”的网站根目录,在根目录下依次创建名为“images”“css”和“js”的文件夹,分别用来存储网站图像、外部样式表和脚本代码文件,最终效果如图 3－12 所示。

将项目素材中的提供的图像资料复制粘贴到 images 文件夹中。

2. 创建网站首页

依照“任务 3. 2. 2【案例讲解一】”中的方法在站点根目录下新建记事本文件,将其文件重命名为“index. html”网页文件,如图 3－12 所示。

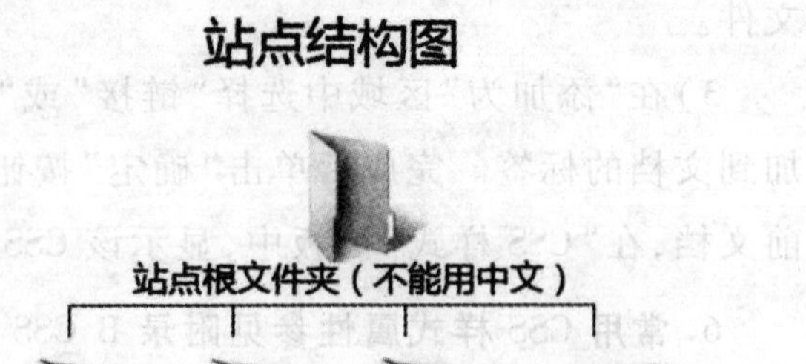

图 3－12　网站目录结构图

3.4.2　用 HTML 制作网站首页

具体步骤如下:

(1) 在 index. html 文件上右键单

击鼠标,弹出“快捷菜单”,选择“打开方式”→“记事本”,用记事本程序打开刚才创建的网页文件。

(2)在打开的 index. html 记事本文件中输入以下内容。

```
<html>
<head>
<title>网站建设教程</title>
</head>
<body>
    <a href="index.html"><img src="images/logo.jpg"></a>
    <ul>
        <li><a href="index.html">首页</a></li>
        <li><a href="#">建站教程</a></li>
        <li><a href="#">网站建设</a></li>
        <li><a href="#">网站运营</a></li>
        <li><a href="#">网站编程</a></li>
    </ul>

    <img src="images/banner.jpg" width="800" height="143">
    <h3>建站教程</h3>
    <ul>
        <li><a href="#">学习 WEB 技术的基本原则</a></li>
        <li><a href="#">一个成功设计的几个步骤</a></li>
        <li><a href="#">你可能不知道的网页之最</a></li>
        <li><a href="#">新手建站该如何开始?</a></li>
        <li><a href="#">网页不被百度收录的原因总结</a></li>
    </ul>
    <a href="#">更多</a>

    <h3>网站建设</h3>
    <ul>
        <li><a href="#">网页设计的历史发展回顾</a></li>
        <li><a href="#">不让用户思考过多的网页设计思路</a></li>
        <li><a href="#">两种表单设计对比 哪种更受欢迎?</a></li>
        <li><a href="#">有趣的 IE6 浏览器发展史[漫画形式]</a></li>
        <li><a href="#">从网页开发人员的角度来看 IE8 浏览器</a></li>
```

```
  </ul>
  <a href="#">更多</a>

  <h3>网站运营</h3>
  <ul>
      <li><a href="#">一位创业家找到的最新网站盈利模式</a></li>
      <li><a href="#">搜索引擎排名效果最佳的三种标题格式</a></li>
      <li><a href="#">百度蜘蛛的本质以及其工作特点</a></li>
      <li><a href="#">友情链接都对你的网站起作用么？</a></li>
  </ul>
  <a href="#">更多</a>
  <p>武威职业学院电子信息工程系制作 版权所有 抄袭不究</p>
</body>
</html>
```

(3)保存网页。执行“文件”→“保存”菜单命令，保存网页。

(4)浏览网页效果。鼠标双击站点根目录 wyzzjcwebsite 文件夹下的 index. html 文件，在浏览器中打开网站首页，效果如图 3-13 所示。

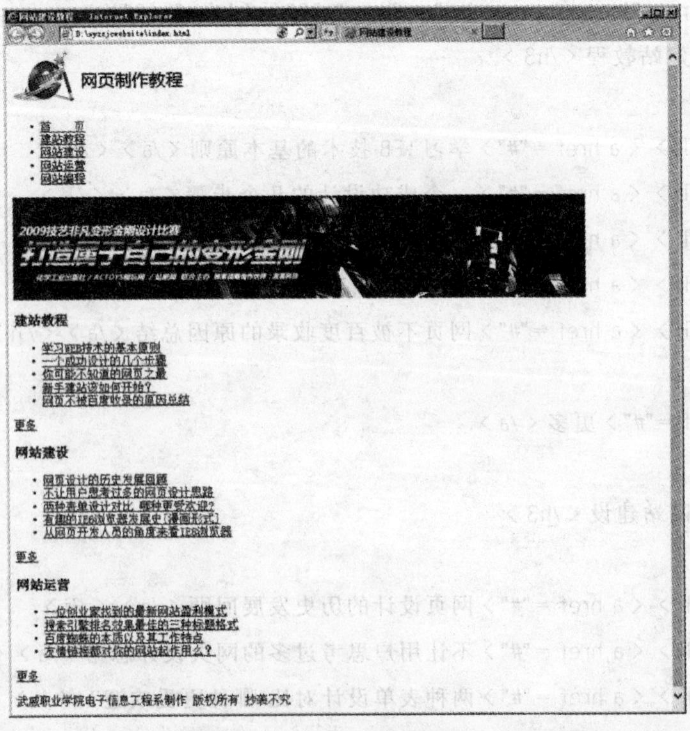

图 3-13　网页制作教程学习网首页浏览效果

3.4.3 用 HTML 制作网站栏目页面

网站栏目页面(又称栏目页)指的是单击网站首页某个栏目模块打开的页面。例如,图 3-13 中所示用鼠标单击导航栏中的“建站教程”文字或页面内容中“建站教程”栏目板块区域下方的“更多”文字,便打开“建站教程”栏目对应的页面,这个页面就是“建站教程”对应的栏目页。如果将网站主页当作一级页面的话,网站栏目页面就是二级页面。

网站栏目页面上通常不是某个新闻标题对应的详细内容,而显示与该栏目主题相关的一些信息标题列表。下面我们就来制作“建站教程”栏目页。

具体步骤如下:

(1)在站点根目录下新建 jzjc.html 文件。

(2)用记事本打开 jzjc.html 文件并在其中输入以下内容。

```
<html>
<head>
<title>网站建设教程栏目页</title>
</head>
<body>
    <a href="index.html"><img src="images/logo.jpg"></a>
    <ul>
        <li><a href="index.html">首    页</a></li>
        <li><a href="#">建站教程</a></li>
        <li><a href="#">网站建设</a></li>
        <li><a href="#">网站运营</a></li>
        <li><a href="#">网站编程</a></li>
    </ul>
    <p>当前位置:<a href="#">首页</a> -> 建站教程</p>
    <h3>建站教程</h3>
    <ul>
        <li><a href="#">学习 WEB 技术的基本原则</a></li>
        <li><a href="#">一个成功设计的几个步骤</a></li>
        <li><a href="#">你可能不知道的网页之最</a></li>
        <li><a href="#">新手建站该如何开始?</a></li>
        <li><a href="#">网页不被百度收录的原因总结</a></li>
        <li><a href="#">站长每天都会做的五件事</a></li>
```

```
        <li><a href="#">网站广告投放的选择与经验分享</a></li>
        <li><a href="#">友情链接都对你的网站起作用么?</a></li>
        <li><a href="#">网页布局排版的流程问题</a></li>
        <li><a href="#">网站的配色方案实例探讨</a></li>
        <li><a href="#">网页设计中的一些配色习惯</a></li>
        <li><a href="#">网页广告 banner 的设计技巧</a></li>
        <li><a href="#">广告 banner 设计对字体的要求</a></li>
        <li><a href="#">网站广告投放的选择与经验分享</a></li>
        <li><a href="#">友情链接都对你的网站起作用么?</a></li>
        <li><a href="#">网页布局排版的流程问题</a></li>
        <li><a href="#">网站的配色方案实例探讨</a></li>
        <li><a href="#">网页设计中的一些配色习惯</a></li>
        <li><a href="#">网页广告 banner 的设计技巧</a></li>
        <li><a href="#">广告 banner 设计对字体的要求</a></li>
    </ul>
    <p>武威职业学院电子信息工程系制作 版权所有 抄袭不究</p>
</body>
</html>
```

(3)保存网页。

(4)浏览网页效果。鼠标双击站点根目录 wyzzjcwebsite 文件夹下的 jzjc. html 文件,在浏览器中打开网页,效果如图 3-14 所示。

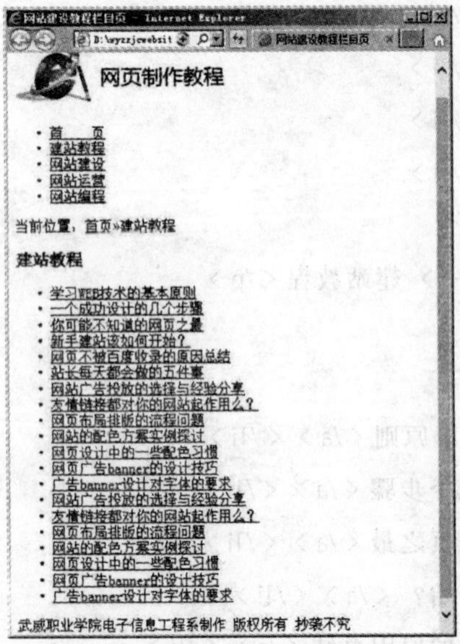

图 3-14　网站栏目页浏览效果

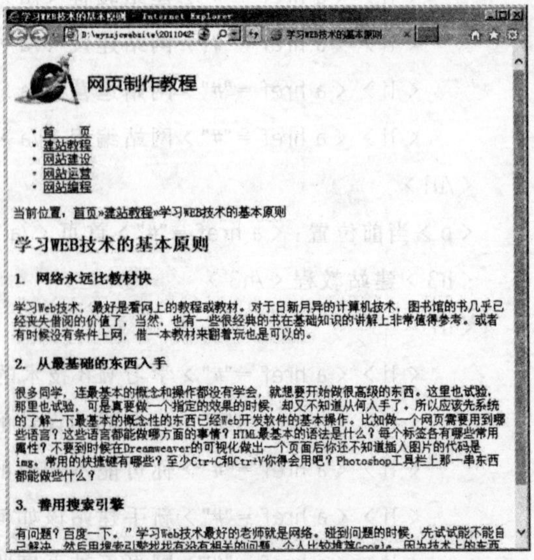

图 3-15　网站内容页浏览效果

3.4.4 用 HTML 制作网站内容页面

在中小型网站层次结构中，网站内容页面（又称内容页）指的是单击网站中某个新闻信息标题后打开的页面。例如，图 3 – 13 所示中用鼠标单击页面内容中“建站教程”栏目板块区域中的第一条信息标题“学习 WEB 技术的基本原则”，便打开“学习 WEB 技术的基本原则”对应的页面，这个页面就是内容页；或者在图 3 – 14中用鼠标单击页面中的第一条信息标题“学习 WEB 技术的基本原则”，同样打开“学习 WEB 技术的基本原则”对应内容页。如果将网站主页当作一级页面，栏目页是二级页面的话，那么内容页就是三级页面。

网站内容页上通常是某个新闻标题对应的详细内容，有时也可以显示与该内容相关的一些信息列表，如“相关信息”、“最新新闻列表”等，但是，该页面的主体仍是某个新闻标题对应的详细信息报道，其它内容都是次要的。在具体网页设计中，往往根据网站信息量大小和版面设计需要，决定采用哪种版面结构。

下面请大家参照前面两个页面的制作过程，利用项目素材中提供的素材，来制作“建站教程”栏目中“学习 WEB 技术的基本原则”对应的内容页 20110425.html，完成后在浏览器中打开的效果如图 3 – 15 所示。

内容页 20110425.html 的参考代码如下：

```
<html>
<head>
<title>学习 WEB 技术的基本原则</title>
</head>
<body>
    <a href="index.html"><img src="images/logo.jpg"></a>
    <ul>
        <li><a href="index.html">首页</a></li>
        <li><a href="#">建站教程</a></li>
        <li><a href="#">网站建设</a></li>
        <li><a href="#">网站运营</a></li>
        <li><a href="#">网站编程</a></li>
    </ul>
    <p>当前位置：<a href="index">首页</a>&raquo;<a href="jzjc.html">建站教
程</a>&raquo;学习 WEB 技术的基本原则</p>
    <h2>学习 WEB 技术的基本原则</h2>
    <h3>1.网络永远比教材快</h3>
    <p>学习 Web 技术，最好是看网上的教程或教材。对于日新月异的计算机技术，图书
```

馆的书几乎已经丧失借阅的价值了，当然，也有一些很经典的书在基础知识的讲解上非常值得参考。或者有时候没有条件上网，借一本教材来翻着玩也是可以的。</p>

<h3>2.从最基础的东西入手</h3>

<p>很多同学，连最基本的概念和操作都没有学会，就想要开始做很高级的东西。这里也试验，那里也试验，可是真要做一个指定的效果的时候，却又不知道从何入手了。所以应该先系统的了解一下最基本的概念性的东西已经 Web 开发软件的基本操作。比如做一个网页需要用到哪些语言？这些语言都能做哪方面的事情？HTML 最基本的语法是什么？每个标签各有哪些常用属性？不要到时候在 Dreamweaver 的可视化做出一个页面后你还不知道插入图片的代码是 img。常用的快捷键有哪些？至少 Ctrl + C 和 Ctrl + V 你得会用吧？Photoshop 工具栏上那一串东西都能做些什么？</p>

<h3>3.善用搜索引擎</h3>

<p>有问题？百度一下。学习 Web 技术最好的老师就是网络。碰到问题的时候，先试试能不能自己解决，然后用搜索引擎找找有没有相关的问题。个人比较推荐 Google，因为技术上的东西好像还是 Google 搜出来的结果更有用的。我是很少用百度，除非有一些自己搜搜不出来的问题我才会用用百度知道求助高手。使用搜索软件的技巧无外乎关键字的选择。</p>

</body>

</html>

3.4.5 用 HTML 制作网站超链接

前面三个任务中，分别完成了网站首页、栏目页和内容页的制作，目前这三个页面仍是孤立的，它们之间无法相互跳转，即从网站首页无法进入到栏目页和内容页；当然，从栏目页或内容页也无法返回到网站首页。

下面我们来完成网站首页→栏目页，网站首页→内容页之间的跳转（设置网站超链接）。具体步骤如下：

（1）用记事本打开站点根目录下的 index. html 文件。

（2）修改网页代码。

1）将导航栏部分代码：<li> <a href = "#">建站教程</a> </li>改为<li> <a href = "jzjc. html">建站教程</a> </li>；

2）将首页页面内容中“建站教程”栏目版块区域中代码：<li> <a href = "#">学习 WEB 技术的基本原则</a> </li>改为<li> <a href = "20110425. html">学习 WEB 技术的基本原则</a> </li>；

3）将首页页面内容中“建站教程”栏目版块区域下方的“更多”文字部分代码：<a href = "#">更多</a>改为<a href = "jzjc. html">更多</a>。

网站首页 index. html 设置了超链接后的代码如下：

```
<html>
<head>
<title>网站建设教程</title>
</head>
<body>
    <a href="index.html"><img src="images/logo.jpg"></a>
    <ul>
        <li><a href="index.html">首页</a></li>
        <li><a href="jzjc.html">建站教程</a></li>
        <li><a href="#">网站建设</a></li>
        <li><a href="#">网站运营</a></li>
        <li><a href="#">网站编程</a></li>
    </ul>
    <img src="images/banner.jpg" width="800" height="143">
    <h3>建站教程</h3>
    <ul>
        <li><a href="20110425.html">学习 WEB 技术的基本原则</a></li>
        <li><a href="#">一个成功设计的几个步骤</a></li>
        <li><a href="#">你可能不知道的网页之最</a></li>
        <li><a href="#">新手建站该如何开始？</a></li>
        <li><a href="#">网页不被百度收录的原因总结</a></li>
    </ul>
    <a href="jzjc.html">更多</a>
    <h3>网站建设</h3>
    <ul>
        <li><a href="#">网页设计的历史发展回顾</a></li>
        <li><a href="#">不让用户思考过多的网页设计思路</a></li>
        <li><a href="#">两种表单设计对比 哪种更受欢迎？</a></li>
        <li><a href="#">有趣的 IE6 浏览器发展史[漫画形式]</a></li>
        <li><a href="#">从网页开发人员的角度来看 IE8 浏览器</a></li>
    </ul>
    <a href="#">更多</a>
    <h3>网站运营</h3>
    <ul>
        <li><a href="#">一位创业家找到的最新网站盈利模式</a></li>
```

```
        <li> <a href="#">搜索引擎排名效果最佳的三种标题格式</a> </li>
        <li> <a href="#">百度蜘蛛的本质以及其工作特点</a> </li>
        <li> <a href="#">友情链接都对你的网站起作用么？</a> </li>
    </ul>
    <a href="#">更多</a>
    <p>武威职业学院电子信息工程系制作 版权所有 抄袭不究</p>
</body>
</html>
```

(3)保存网页。

(4)浏览设置了超链接后的首页效果。

双击打开首页后，单击首页页面导航栏中的“建站教程”文字，会发现页面跳转到了建站教程栏目页。

现在请大家自行完成以下页面之间的超链接，并测试链接效果：

- 栏目页→首页
- 内容页→首页
- 栏目页→内容页
- 内容页→栏目页

任务3.5 项目实施二：用CSS样式表美化网页

通过任务3.4的学习，我们完成了三级页面的制作，但页面显示的效果并不美观，与“图3-1 网页制作教程学习网站最终效果展示”不一致，也与大家上网浏览的网页相差甚远，原因在于页面内容的版面排列没有达到我们预想的目的。

大部分人的阅读习惯是从左向右，至上而下。阅读分为沉浸式阅读和扫视，前者的目的在于理解，后者在于定位。为满足浏览者浏览网页的需要，该任务对网页进行合理的版面布局。有效的布局对于帮助用户快速找到他们想要的内容至关重要，并可以在结构外观上令用户感到舒服。

3.5.1 网站首页布局

1.网站首页布局结构

根据项目计划与决策中的网站草图，网站首页版面布局结构如下：

```
<div id="page">
    <div id="header"> </div>
```

```
        <div id="menu"> </div>
        <div id="main">
            <div id="box1"> </div>
            <div id="box2"> </div>
            <div id="box3"> </div>
        </div>
          <div id="footer"> </div>
    </div>
```

2. 网站首页布局与首页内容的整合

整合后的网站首页代码如下：

```
<html>
<head>
<title>网站建设教程</title>
</head>
<body>
<div id="page">
    <div id="header">
        <a href="index.html"> <img src="images/logo.jpg"> </a>
    </div>
    <div id="menu">
        <ul class="menu">
            <li> <a href="index.html">首页</a> </li>
            <li> <a href="zjc.html">建站教程</a> </li>
            <li> <a href="wzjs.html">网站建设</a> </li>
            <li> <a href="wzyy.html">网站运营</a> </li>
            <li> <a href="wzbc.html">网站编程</a> </li>
        </ul>
    </div>
    <div id="banner">
        <img src="images/banner.jpg">
    </div>
<div id="main">
    <div id="box1">
        <h3>建站教程</h3>
        <ul class="list">
```

```
            <li> <a href="20110426.html">向 IE6 告别:微软推出倒计时网站 </a>
</li>
            <li> <a href="20110425.html">学习 WEB 技术的基本原则 </a> </li>
            <li> <a href="20110307.html">一个成功设计的几个步骤 </a> </li>
            <li> <a href="20110303.html">你可能不知道的网页之最 </a> </li>
            <li> <a href="20110228.html">新手建站该如何开始? </a> </li>
        </ul>
        <a href="jzjc.html" class="more">更多 </a>
    </div>
    <div id="box2">
        <h3>网站建设 </h3>
        <ul  class="list">
          <li> <a href="20110227.html">网页设计的历史发展回顾 </a> </li>
          <li> <a href="#">不让用户思考过多的网页设计思路 </a> </li>
          <li> <a href="#">两种表单设计对比 哪种更受欢迎? </a> </li>
          <li> <a href="#">有趣的 IE6 浏览器发展史[漫画形式] </a> </li>
          <li> <a href="#">从网页开发人员的角度来看 IE8 </a> </li>
    </ul>
    <a href="wzjs.html" class="more">更多 </a>
</div>
<div id="box3">
    <h3>网站运营 </h3>
    <ul  class="list">
        <li> <a href="#">一位创业家找到的最新网站 </a> </li>
        <li> <a href="#">搜索引擎排名效果最佳的三 </a> </li>
        <li> <a href="#">百度蜘蛛的本质以及其工作 </a> </li>
        <li> <a href="#">友情链接都对你的网站起作 </a> </li>
        <li> <a href="#">从网页开发人员的角度来看 IE8 </a> </li>
    </ul>
    <a href="wzyy.html" class="more">更多 </a>
</div>
</div>
<div id="footer">
<p>武威职业学院电子信息工程系制作 版权所有 抄袭不究</p>
</div>
```

```
</div>
</body>
</html>
```

3. 网页外部样式表的链接

将项目素材中提供的样式表文件 style. css 拷贝到网站根目录下的 CSS 文件夹中，并在首页 index. html 头部 <head> </head>之间加入以下代码：

```
<link href="css/style.css" rel="stylesheet" type="text/css">
```

保存 index. html 网页文件并浏览效果，如图 3－16 所示。

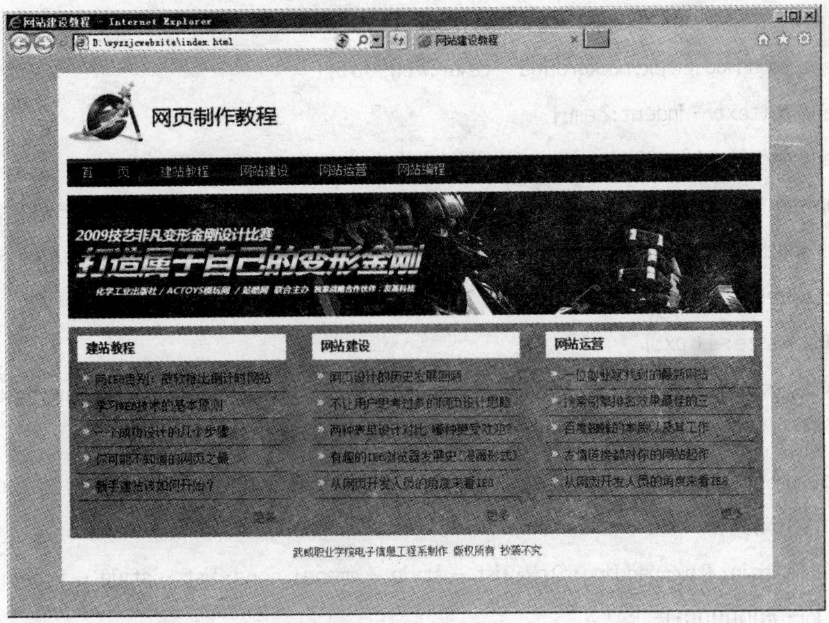

图 3－16　添加了样式表的网站首页浏览效果

样式表文件 style. css 的代码如下：

```
body {font - family:"宋体";font - size:14px;color:#333333;background - color:#CCCCCC;margin: 0px;padding:0px;line - height:1.6em;}
#page {background - color:#FFFFFF;padding:10px;width:800px;margin - top:0px;margin - right: auto;margin - left: auto;}
#header {height: 80px;}
#menu {background - color: #000000;height: 32px;margin - bottom: 10px;margin - top: 10px;}
#banner {clear: both;height: 143px;}
#main {background - color: #BD966B;overflow: auto;padding: 0px;width: 800px;margin - top: 10px;margin - right: 0px;margin - bottom: 0px;margin - left: 0px;}
```

```
#main #box1 {padding:10px;float:left;width:240px;margin-top:0px;margin-right:10px;
margin-bottom: 0px;margin-left: 0px;}
#main #box2 {padding:10px; float: left; width:240px; margin-top:0px; margin-right: 10px;
margin-bottom:0px;margin-left:0px;}
#main #box3 {margin:0px;padding:10px;float:right;width:240px;}
#footer {text-align:center;margin:0px;padding:0px;height:40px;clear:both;}
#wz {font-size:12px;line-height:30px;padding:0px;height:30px;margin-top: 10px;margin
-right:0px;margin-bottom:0px;margin-left:0px;}
#main #left {padding:10px;float:left;width:240px;}
#main #right {margin:0px;padding:10px;float:right;width:500px;}
#content {padding:20px;background-color:#BD966B;}
#content p {text-indent:2em;}
#content img {text-align:center;display:block;}
img {border-top-width: 0px;border-right-width: 0px;border-bottom-width: 0px;bor-
der-left-width:0px;border-top-style:none;border-right-style:none;border-bottom-
style:none;border-left-style:none;}
h2 {font-size: 16px;}
h3 {font-size:14px; margin-top:0px; margin-right:0px; margin-bottom:6px; margin-
left:0px;
background-color:#FFFFFF;padding-top:4px;padding-right:0px;padding-bottom:4px;pad-
ding-left: 10px;}
ul.menu {margin: 0px;padding: 0px; list-style-image: none; list-style-type: none; back-
ground-color: #000000;}
ul.menu  li {display: inline;}
ul.menu li a {color: #FFFFFF;background-color: #000000; padding: 0px; float: left; height:
32px;width: 90px;margin-top: 0px; margin-right: 1px; margin-bottom: 0px; margin-left: 0px;
line-height: 32px;text-decoration: none;text-align: center;}
ul.menu li a:hover {background-color: #FF0000;}
ul.list {margin:0px;padding: 0px; list-style-image: none; list-style-type: none;}
ul.list li {display: block;line-height: 30px;margin: 0px;padding: 0px;height: 30px;border-
bottom-width: 1px;border-bottom-style: dashed;border-bottom-color: #333333;}
ul.list li a {color: #333333;text-decoration: none;background-image: url(../images/xx8_10.
gif);background-repeat:no-repeat;background-position:0px 4px;padding-left:20px;display:
block;}
ul.list li a:hover {color: #000000;text-decoration: none;}
```

```
ul.list  span {float:right;}
a.more{color:#FF0000;text - decoration:none;padding - left:200 px;padding - top:10 px;display:block;}
a.more:hover {color: #000000;text - decoration: none;}
a.wz {color:#333333;text - decoration: none;}
a.wz:hover {color: #FF0000;}
#wz  p {margin: 0 px;padding: 0 px;}
#footer p {margin: 0 px;padding: 0 px;line - height: 40 px;font - size: 12 px;color: #666666;}
```

3.5.2 网站栏目页布局

1. 栏目页布局结构

网站栏目页版面布局结构如下：

```
< div id ="page" >
    < div id ="header" > < /div >
    < div id ="menu" > < /div >
    < div id ="wz" > < /div >
    < div id ="main" >
        < div id ="left" > < /div >
        < div id ="right" > < /div >
    < /div >
    < div id ="footer" > < /div >
< /div >
```

2. 栏目页布局与栏目页内容的整合

整合后的网站栏目页代码如下：

```
< html >
< head >
< title > 网站建设教程栏目页 < /title >
< /head >
< body >
< div id ="page" >
< div id ="header" >
< a href ="index.html" > < img src ="images/logo.jpg" > < /a >
< /div >
< div id ="menu" >
```

```
<ul class ="menu">
<li><a href ="index.html">首页</a></li>
<li><a href ="jzjc.html">建站教程</a></li>
<li><a href ="wzjs.html">网站建设</a></li>
<li><a href ="wzyy.html">网站运营</a></li>
<li><a href ="wzbc.html">网站编程</a></li>
</ul>
</div>
<div id ="wz">
<p>当前位置:<a href ="index.html" class ="wz">首页</a>&raquo;建站教程</p>
</div>
<div id ="main">
<div id ="left">
<h3>本周热点文章</h3>
<ul class ="list">
<li><a href ="20110227.html">网页设计的历史发展回顾</a></li>
<li><a href ="#">不让用户思考过多的网页设计思路</a></li>
<li><a href ="#">两种表单设计对比 哪种更受欢迎?</a></li>
<li><a href ="#">有趣的IE6浏览器发展史[漫画形式]</a></li>
<li><a href ="#">从网页开发人员的角度来看IE8</a></li>
</ul>
</div>
<div id ="right">
<h3>建站教程</h3>
<ul class ="list">
<li><span>2011-04-26</span><a href ="20110426.html">向IE6告别:微软推出倒计时网站</a></li>
<li><span>2011-04-26</span><a href ="20110425.html">学习WEB技术的基本原则</a></li>
<li><span>2011-04-26</span><a href ="20110307.html">一个成功设计的几个步骤</a></li>
<li><span>2011-04-26</span><a href ="20110303.html">你可能不知道的网页之最</a></li>
<li><span>2011-04-26</span><a href ="20110228.html">新手建站该如何开始?</a></li>
```

```
<li><span>2011-04-26</span><a href="#">网页不被百度收录的原因总结</a></li>
<li><span>2011-04-26</span><a href="#">站长每天都会做的五件事</a></li>
<li><span>2011-04-26</span><a href="#">网站广告投放的选择与经验分享</a></li>
<li><span>2011-04-26</span><a href="#">友情链接都对你的网站起作用么?</a></li>
<li><span>2011-04-26</span><a href="#">网页布局排版的流程问题</a></li>
<li><span>2011-04-26</span><a href="#">网站的配色方案实例探讨</a></li>
<li><span>2011-04-26</span><a href="#">网页设计中的一些配色习惯</a></li>
<li><span>2011-04-26</span><a href="#">网页广告 banner 的设计技巧</a></li>
<li><span>2011-04-26</span><a href="#">广告 banner 设计对字体的要求</a></li>
<li><span>2011-04-26</span><a href="#">网站广告投放的选择与经验分享</a></li>
<li><span>2011-04-26</span><a href="#">友情链接都对你的网站起作用么?</a></li>
<li><span>2011-04-26</span><a href="#">网页布局排版的流程问题</a></li>
<li><span>2011-04-26</span><a href="#">网站的配色方案实例探讨</a></li>
<li><span>2011-04-26</span><a href="#">网页设计中的一些配色习惯</a></li>
<li><span>2011-04-26</span><a href="#">网页广告 banner 的设计技巧</a></li>
<li><span>2011-04-26</span><a href="#">广告 banner 设计对字体的要求</a></li>
</ul>
</div>
</div>
<div id="footer">
<p>武威职业学院电子信息工程系制作 版权所有 抄袭不究</p>
</div>
```

```
</div>
</body>
</html>
```

3. **网页外部样式表的链接**

用记事本打开“建站教程”栏目页 jzjc. html，在头部 <head> </head>之间加入以下代码：

```
<link href="css/style.css" rel="stylesheet" type="text/css">
```

保存 jzjc. html 网页文件并浏览效果，如图 3-17 所示。

图 3-17　添加了样式表的网站栏目页浏览效果

3.5.3　网站内容页布局

1. **内容页布局结构**

网站内容页版面布局结构如下：

```
<div id="page">
    <div id="header"> </div>
    <div id="menu"> </div>
    <div id="wz"> </div>
    <div id="conten">
    </div>
    <div id="footer"> </div>
```

```
</div>
```

2. **内容页布局与内容页内容的整合**

整合后的网站内容页代码如下：

```
<html>
<head>
<title>向 IE6 告别：微软推出倒计时网站</title>
</head>
<body>
<div id="page">
<div id="header">
<a href="index.html"><img src="images/logo.jpg"></a>
</div>
<div id="menu">
<ul class="menu">
<li><a href="index.html">首页</a></li>
<li><a href="jzjc.html">建站教程</a></li>
<li><a href="wzjs.html">网站建设</a></li>
<li><a href="wzyy.html">网站运营</a></li>
<li><a href="wzbc.html">网站编程</a></li>
</ul>
</div>
<div id="wz">
<p>当前位置：<a href="index.html" class="wz">首页</a>&raquo;<a href="jzjc.html" class="wz">建站教程</a>&raquo;向 IE6 告别：微软推出倒计时网站</p>
</div>
<div id="conten">
<h2>向 IE6 告别：微软推出倒计时网站</h2>
<p>我相信提起 ie6 大多的网设计师们(特别是前端开发)无不憎恨之极,因为它使的网友中一些炫的效果,不兼容,不支持..总让我们的心纠结在一起....</p>
<img src="images/pic1.png">
<p>10 年前,IE6 的出现让全世界的网民体验了网上冲浪的快感。到了今天,浏览器市场已经被 Chrome、Firefox、Opera 们占领,甚至连 IE 都已经推出了 9.0 版本,是时候该向 IE6 道别了。近日,微软专门为 IE6 推出了一个倒计时网站,并将“让世界远离 IE6”作为了口号,倡导 IE 用户们可以尽早淘汰 IE6,并升级到最新的 IE 浏览器版本。根据微软表示,希望可以通过这一网站,将 IE6 的全球用户数量降至 1% 以下。根据网站中的统计数据,尽管一些国家的使用
```

率已不足5%，但目前IE6在全世界依然占据着12%的用户数量。其中，中国有34.5%的用户仍在使用IE6，韩国、印度、沙特阿拉伯和越南等国的比例也超过10%。因此，也有不少专业人士建议，微软更应该推出多语言版的IE6倒计时网站。

```
URL:<a href="http://ie6countdown.com/">http://ie6countdown.com/</a>  </p>
</div>
<div id="footer">
<p>武威职业学院电子信息工程系制作 版权所有 抄袭不究</p>
</div>
</div>
</body>
</html>
```

3. 网页外部样式表的链接

用记事本打开内容页20110425.html，在头部<head> </head>之间加入以下代码：

```
<link href="css/style.css" rel="stylesheet" type="text/css">
```

保存20110425.html网页文件并浏览效果，如图3-18所示。

图3-18 添加了样式表的网站内容页浏览效果

任务3.6 项目检查与评价

项目评价表见表3-1。

表 3-1 项目评价表

	内容		评价			
	学习目标	评价项目	优秀	良好	合格	差
职业能力	了解 HTML 语言的简介	能理解 HTML 语言的功能				
	掌握 HTML 的基本结构	能熟练书写 HTML 的基本结构并应用				
		能用多种方法编写 HTML 代码				
	掌握 HTML 的常用标记	能熟练编写基本标记代码				
		能熟练编写文本与网页布局代码				
		能熟练编写列表代码				
	掌握综合编写代码与阅读代码的能力	能编写综合的 HTML 代码并能阅读复杂的 HTML 代码				
	了解 CSS 样式表基本理论	了解 CSS 的基本理论				
		能新建 CSS 样式表并附加样式表				
	掌握 CSS 样式表的用法	能对元素应用 CSS 样式				
	掌握 CSS 的规则定义	掌握“类型”“背景”“方框”“边框”等的使用方法				
	能够编写 CSS 文件	能够通过 Dreamweaver 定义 CSS 样式表				
	能够熟练应用界面设计与代码设计的方法	熟练应用界面设计与代码设计的方法				
	了解网页布局的基本概念	了解网页布局的概念				
	掌握网页的基本布局结构	理解常用网页布局结构间差异及用途				
	学会如何进行网页布局	熟练应用常用布局结构进行布局设计				
	方法能力					
	社会能力					
综合评价						

任务3.7　强化拓展实训：MIDP移动互联网学院主页制作

根据所学知识编写MIDP移动互联网学院主页的HTML代码，并利用CSS样式表美化，效果如图3-19所示。

图3-19　MIDP移动互联网学院主页

习题

一、基础简答题

1. 简述HTML的基本结构。
2. 简述HTML的常用标记。
3. 简要说明CSS样式在网页中的作用。
4. 简述CSS样式表的各种选择符及其作用。

二、项目实战题

运用CSS样式表，美化学习情境二中的网站界面效果。

学习情境四　武威职业学院信息技术公司主页制作

任务4.1　项目展示与项目目标

4.1.1　项目效果图展示

项目完成的最终效果如图 4－1 所示。

图 4－1　武威职业学院信息技术公司网站主页预览效果

4.1.2 项目目标

- 了解网页的表现、结构和内容
- 认识各种选择符
- 掌握 CSS 盒模型
- 掌握 CSS 布局基础
- 能够熟练单列布局、二列布局、三列布局结构
- 掌握 DIV + CSS 布局应用与技巧
- 能够 CSS 代码优化
- 掌握模板的创建与应用
- 掌握库的使用方法
- 掌握 JavaScript 脚本代码的融合方法
- 掌握行为的使用
- 掌握网站策划书的书写
- 理解表现和内容的分离

任务4.2 项目资讯

4.2.1 基础知识与技能

1. WEB2.0 标准

Web 标准组织（W3C）于 1998 年发起，目的是说服 Netscape、Microsoft 和其他浏览器生产商彻底支持标准，最终使得浏览器生产商同意引进一系列标准。

Web2.0 是相对 Web1.0 的新的时代。指的是一个利用 Web 的平台，由用户主导而生成的内容互联网产品模式，为了区别传统由网站雇员主导生成的内容而定义为第二代互联网，即 Web2.0。

Web2.0 标准不是某一个标准，而是一系列标准的集合。网页主要由三部分组成：结构（Structure）、表现（Presentation）和行为（Behavior）。对应的标准也分三方面：结构化标准语言主要包括 XHTML 和 XML，表现标准语言主要包括 CSS，行为标准主要包括对象模型，如 W3C DOM、ECMAScript 等。这些标准大部分由 W3C 起草和发布，也有一些是其他标准组织制订的标准，比如 ECMA（European Computer Manufacturers Association）的 ECMAScript 标准。

(1)结构标准语言。

1)XML。XML 是 The Extensible Markup Language(可扩展标识语言)的简写,是一种能定义其他语言的语言。

XML 最初设计的目的是弥补 HTML 的不足,以强大的扩展性满足网络信息发布的需要,后来逐渐用于网络数据的转换和描述。关于 XML 的好处和技术规范细节可以参考网上资料和其它书籍。

2)XHTML。XHTML 是 The Extensible HyperText Markup Language 可扩展标识语言的缩写。XML 虽然数据转换能力强大,完全可以替代 HTML,但面对成千上万已有的站点,直接采用 XML 还为时过早。因此,在 HTML4.0 的基础上,用 XML 的规则对其进行扩展,得到了 XHTML。简单地说,建立 XHTML 的目的就是实现 HTML 向 XML 的过渡。

(2)表现标准语言。CSS 是 Cascading Style Sheets 层叠样式表的缩写。W3C 创建 CSS 标准的目的是以 CSS 取代 HTML 表格式布局、帧和其他表现的语言。纯 CSS 布局与结构式 XHTML 相结合能帮助设计师分离外观与结构,使站点的访问及维护更加容易。

(3)行为标准。

1)DOM。DOM 是 Document Object Model 文档对象模型的缩写。根据 W3C DOM 规范,DOM 是一种与浏览器、平台、语言的接口,使得你可以访问页面其他的标准组件。简单理解,DOM 解决了 Netscaped 的 Javascript 和 Microsoft 的 Jscript 之间的冲突,给予 web 设计师和开发者一个标准的方法,让他们来访问他们站点中的数据、脚本和表现层对像。

2)ECMAScript。ECMAScript 是 ECMA(European Computer Manufacturers Association)制定的标准脚本语言(JAVAScript)。

大家学习 web 标准,首先就要明确一点,到底什么是 web 标准,如果错误地理解了 web 标准的思想,很难学好 web 标准。给初学者的建议:初学者很容易犯的错误就是把 web 标准理解为 div + css,以为 div 的作用就是简单地替代表格去做表格以前做的事情,于是许多采用新技术的网站开始了 div + css 制作网页,当打开页面代码看到基本整个页面都是 div 标签,给每个 div 标签都制定一个 class,这是对 web 标准的一种滥用方式。Web 标准的思想是实现结构、表现、行为的分离,不只是简单的把 table 换成 div,如果要学好 web 标准的思想,首先要做的就是抛弃传统的表格布局思想。下面让大家了解 web 标准的思想。

2.理论基础一:理解表现和内容的分离

首先必须学习几个概念:内容、结构、表现和行为。

(1)内容。内容就是页面实际要传达的真正信息,包括数据、文档或图片等。注意在此强调的"真正"是指纯粹的数据信息本身,不包含辅助信息,比如导航菜单或装饰性图片等。例如:古诗《登鹳雀楼》中的"白日依山尽黄河入海流欲穷千里目更上一层楼",这段文本就是要表现的内容。

(2)结构。结构就是对网页内容进行整理和分类。利用结构化标准语言可以使网页内容更加具有逻辑性和易用性。结构设计的标准语言是 XML(The Extensible Markup Language 可扩展标识语言)和 XHTML(The Extensible HyperText Markup Language 可扩展超文本标记语言)两种语言。关于 XML 与 XHTML 的技术规范请参考 W3C 网站上的相关内容。

(3)表现。表现是对结构化的信息进行样式上的控制,例如对颜色、大小、背景等外观进行控制,所有这些用来改变内容外观的称为"表现"。

用于表现的 Web 标准语言主要指 CSS。通过前面对 HTML 和 CSS 的学习,大家就能够理解纯粹的 CSS 布局和 XHTML 相结合能够帮助设计师分离外观与结构,使站点的访问更加方便。

(4)行为。行为是对内容的交互及操作的效果,例如大家熟悉的 Javascript 脚本。表现行为的 Web 标准主要有以下两类:DOM(Document Object Model 文档对象模型)和 Javascript。

3. 理论基础二:DIV + CSS 布局的优势

初次接触 CSS 布局的人常常对如何使用表格感到迷惑。经常使用表格布局的人对使用 CSS 又不是很习惯,使用 CSS 布局并不意味着完全排除表格的使用。Web 标准化设计是指 CSS 布局的重点不再放在 table 元素的设计中,取而代之的是 HTML 中的另一个元素 DIV,即采用 DIV + CSS 的方式进行布局。

DIV + CSS 布局的优势是:

(1)代码书写完整规范。

(2)页面下载速度快。

(3)样式定义方便。

(4)搜索引擎优化。

以 CSS 为基础的无表格化布局是非常简易的一种方法。可以通过改变 CSS 文件来更改设计师所希望的样式和图片。在整个网站中使用层叠样式表可以减少日常页面的更新工作量。

4. 理论基础三:元素的继承性与分类

样式表的继承规则是外部的元素样式会保留下来继承给这个元素所包含的其

它元素。事实上,所有在元素中嵌套的元素都会继承外层元素指定的属性值,有时会把多层嵌套的样式叠加到一起,除非另外更改。

CSS 中最常用的元素类型分为:

(1)块级元素。块级元素一般是其它元素的容器元素,块级元素都从新行开始,它可以容纳内联元素和其它元素。例如:段落、标题、表格、DIV 和 Body 等元素都是块级元素。

(2)内联元素。如 A、EM、SPAN 元素及大多数的替换元素,它们不必在新行显示也不要求其它元素新行显示,可作为其它任何元素的子元素。

(3)列表元素。在 HTML 内置有 li 默认为此类元素。

(4)隐藏元素。在 display 属性的 4 个值中,除了 block、inline 和 list - item 之外,还有一个值 none。当设置为"display:none"时,浏览器会完全隐藏这个元素,该元素不会被显示。

5.关键知识点一:CSS 盒模型

盒模型(Box Model)是从 CSS 诞生之时便产生的一个概念,是关系到设计中排版定位的关键问题。任何一个选择符都遵循盒模型。

学习 Web2.0 标准,首先要弄懂的就是这个盒模型。传统的表格排版是通过大小不一的表格和表格嵌套来定位排版网页内容,改用 CSS 排版后,就是通过由 CSS 定义的大小不一的盒子和盒子嵌套来编排网页。这种排版方式的网页代码简洁,表现和内容相分离,维护方便,能兼容更多的浏览器,比如 PDA 设备也能正常浏览。

为什么叫盒子呢?先说说我们在网页设计中常听的几个属性名:内容(content)、填充(padding)、边框(border)、边界(margin),CSS 盒子模式都具备这些属性。

我们可以把它想像成现实中上方开口的盒子,然后从正上往下俯视,边框相当于盒子的厚度,内容相对于盒子中所装物体的空间,而填充相当于为防震而在盒子内填充的泡沫,边界相当于在这个盒子周围要留出一定的空间,方便取出,如图 4-2所示。

这里的边界我们也称之为:外边距、外补丁;填充也叫:内边距、内补丁。如果现在您对 CSS 盒模型理解还不够透彻,现在通过实例来理解盒模型理论。

向一个网页添加一个 Div 布局对象,在该对象内插入图像 writing.jpg,代码如下:

```
#div1{height:260px;width:260px;margin - top:30px;margin - right:50px;margin - bottom:
30px;margin - left:50px;padding - top:15px;padding - right:30px;padding - bottom:15px;padding
```

- left:30 px;border:10 pxsolid#990000;background - color:#66FFFF;background - image:url(pic/bg.jpg);background - repeat:repeat;}

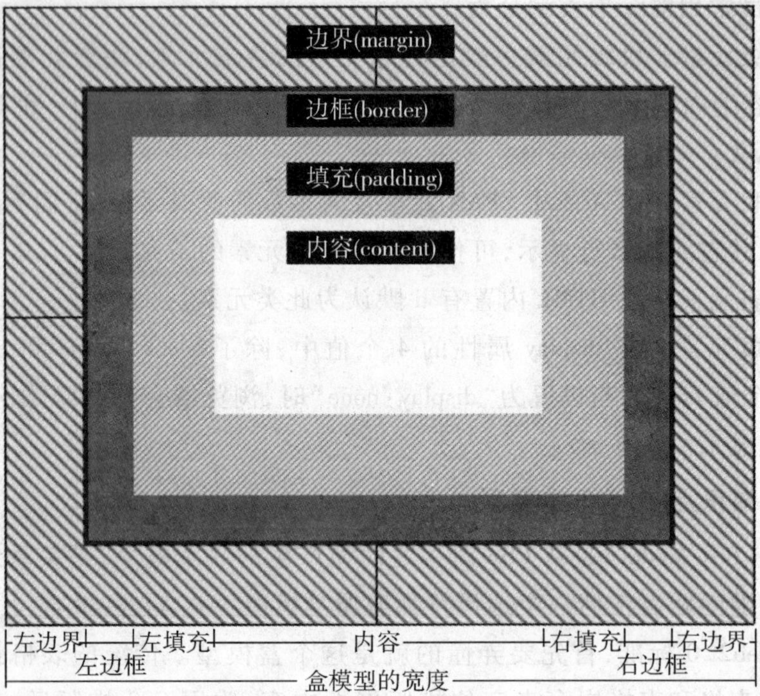

图 4-2　CSS 盒模型

CSS 样式编辑完成后,网页效果如图 4-3 所示。

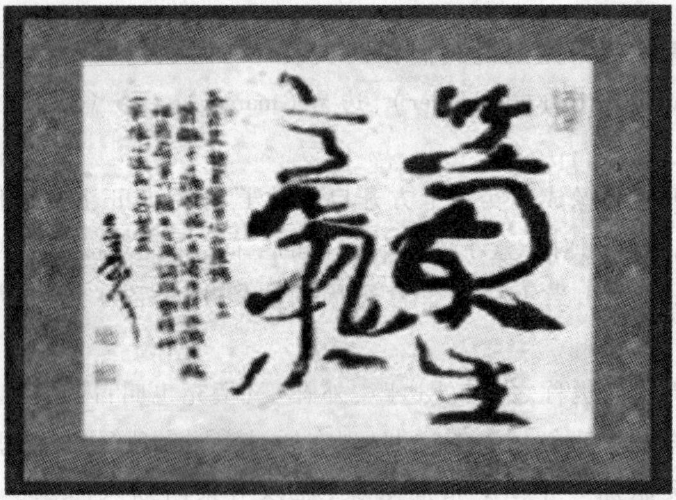

图 4-3　网页预览效果

CSS 代码中的宽和高,指的是填充以内的内容范围。因此,可以得到以下结论：一个元素实际所占的宽度 = 左边界 + 左边框 + 左填充 + 内容宽度 + 右填充 + 右边框 + 右边界，而 css 样式中 width 所定义的宽度仅仅是内容部分的宽度，这是许多同学容易搞混的地方。

注意：盒模型有一个缺陷，就是浏览器的兼容问题。对于 IE5.5 以前的版本中盒模型对象的宽度（width）为元素的内容、填充和边框三者之和。因为这个问题，导致许多使用盒模型布局的网站在不同浏览器上的浏览效果不一致。因此需要采用一些弥补措施，请参考其它书籍。

6. 关键知识点二：CSS 布局基础

（1）创建 DIV 对象。若要向 Dreamweaver 文档窗口中插入 DIV 标签，首先将插入点放置在要显示 DIV 标签的位置。执行"插入"→"布局对象"→"DIV 标签"命令，或者在"插入"栏的"布局"类别中单击"DIV 标签"按钮，选择插入点后，即可插入 DIV 对象。

当然也可以输入 HTML 代码来创建 DIV 对象。例如下面所述的内容。

```
<div class="center">此处显示新 DIV 标签的内容</div>
```

（2）定位属性。定位属性 position 用于定义一个元素是否 absolute（绝对）、relative（相对）、static（静态）或者 fixed（固定）。定位属性 position 的语法如下：

```
Position:static/absolute/fixed/relative
```

static：Static 值是元素的默认值，它会按照普通顺序生成，就如它们在 HTML 中的出现顺序一般。

relative：Relative 使元素偏移一定的距离，偏移的方向及幅度由 top、right、bottom 和 left 属性联合指定。

absolute：absolute 使元素从 HTML 普通流中分离出来，并把它送到一个完全属于自己的定位中。通过设置 top、right、bottom 和 left 的值，可以使绝对定位的元素放置到任何地方。

（3）浮动属性。浮动（float）属性是 CSS 布局中非常重要的一个属性，用于控制对象的浮动布局方式。其语法如下：

```
float:none/left/right
```

该属性的值指出了对象是否浮动以及如何浮动。float 使用 none 值时表示对象不浮动，而使用 left 时，对象将向左浮动，使用 right 时，对象将向右浮动。

例如下面所述内容。

```
#Divtest1{height:200px;width:200px;background-color:#ff0000;float:left;}
#Divtest2{background-color:#ffff00;width:300px;height:180px;float:left;}
```

元素 Divtest1 向左浮动，则元素 Divtest2 也要向左浮动即流到第一个 Div 对象

Divtest1 的右侧,如图 4-4 所示。

图 4-4 浮动属性效果预览

浮动是一种非常先进的布局方式,能够改变页面中对象的前后流动顺序。在 CSS 中,包括 DIV 在内的任何元素都可以以浮动的方式进行显示。这样做的优点是使得内容的排版变得非常简单,而且具有良好的伸缩性。

如果不希望下一个元素环绕浮动对象,可以使用 clear(清除)属性。“clear: left”将清除左边元素,“clear: right”将清除右边元素,而“clear: both”会清除左边和右边。

当然,定位和浮动属性除了应用于页面中块的布局,也可以用在块内的任何元素,综合定位、浮动、边界、填充和边框,可以设计任何版式。

7. 关键知识点三:单行单列结构

单行单列结构是所有网页布局的基础,也是最简单的布局形式。

(1)宽度固定。宽度固定主要是设置 DIV 对象的 width 属性,DIV 在默认状态下,宽度将占据整行的空间。例如,设置布局对象的宽度属性为“width:200px”,高度属性为“height:200px”,因此这是一种固定宽度的布局。

(2)宽度自适应。自适应布局能够根据浏览器窗口的大小,自动改变其宽度或高度,是一种非常灵活的布局形式。自适应布局网站对于不同分辨率的显示器都能提供最好的显示效果。

单列宽度自适应布局只需要将宽度由固定值改为百分比值的形式即可。例如,将上面的实现代码中的 width:200,改为 width:75%,大家可以浏览测试。

(3)单列居中。在网页设计中经常见到的形式是网页整体居中,在传统的表格布局方式中,使用 align="center"可以实现表格的居中。使用 CSS 的方法也能够实现内容的居中(左右边界均设置为 auto),CSS 代码如下:

```
#Divtest1{height:80px;width:500px;background-color:#FFCC00;margin-top:0px;margin-right:auto;margin-bottom:0px;margin-left:auto;}
```

预览效果如图 4－5 所示。

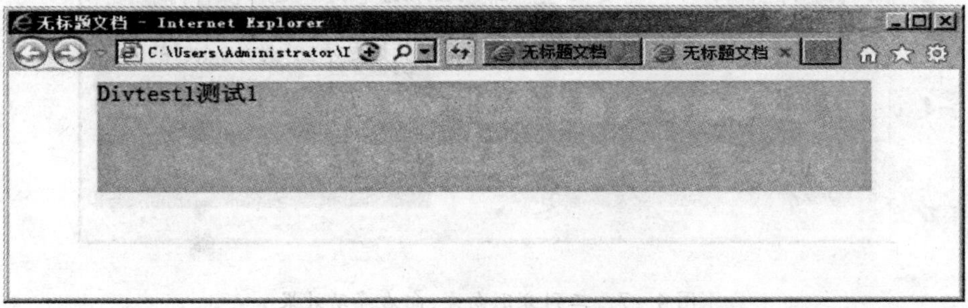

图 4－5　单列居中的效果预览

8. 关键知识点四：二列布局结构

（1）二列固定宽度。二列式布局与单列布局类似，只不过需要两个 DIV 标签和两个 CSS 样式。利用 float 属性来实现两列式布局，CSS 代码如下：

```
#divleft{float:left;height:100px;width:200px;border:10px solid #CCFF00;background-color:#F2FAD1;}
#divright{float:left;height:100px;width:200px;border:10px solid #00FFCC;background-color:#FFFF00;}
```

在 body 中插入两个 DIV 标签，代码如下：

```
<div id="divleft">此处显示 id"divleft"的内容</div>
<div id="divright">此处显示 id"divright"的内容</div>
```

将上述两个样式表分别应用于两个 Div 对象，如图 4－6 所示。

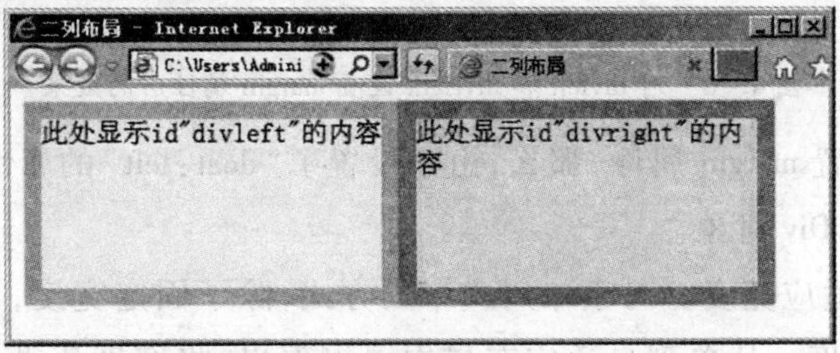

图 4－6　分别将两个样式应用于两个 div

divleft 和 divright 两个样式都使用了浮动（float）属性。该属性的值指出了对象是否浮动以及如何浮动。Float 表示不浮动，而使用 left 时，对象向左浮动，因此对于第 2 个 Div 来说，将向左浮动，即流到第 1 个 Div 对象的右侧。使用 right 时，对象将向右浮动。如果将#divright 的 float 值设置为 right，将使得#divright 对象浮动到网页的右侧，而#divleft 对象由于设置了“float：left”属性而浮动到了网页的左侧，如图 4－7 所示。

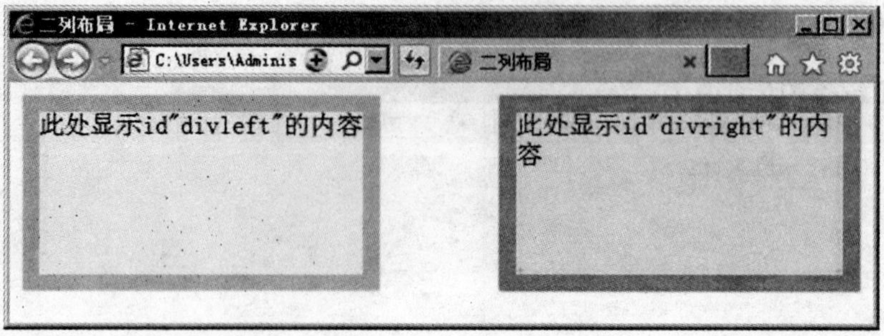

图 4-7　二列分别向左、向右浮动效果

图 4-6 分别将两个样式应用于两个 Div 对象，图 4-7 二列分别向左、向右浮动的效果预览，如果结合 margin 属性，调整两个布局块之间的距离。在样式#divleft 和#divright 中添加"margin：10px"，则第 2 个 DIV 和第 1 个 DIV 之间会保留 20px 的距离，如图 4-8 所示。

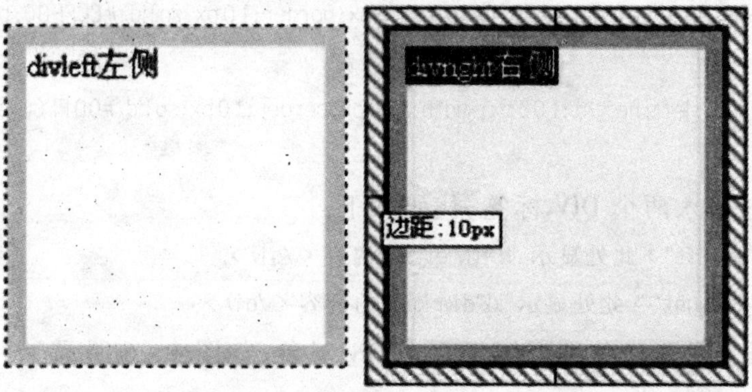

图 4-8　对 divleft 和 divright 设置 margin 属性后的效果

如果没有设置 margin 属性，那么，由于设置了"float：left"的属性，第 2 个 Div 会紧紧贴着第 1 个 Div 对象。

（2）二列自适应宽度。对于二列式布局方式，除了固定宽度，像表格一样还可以做到自适应宽度。从单列自适应布局中可以看出，将宽度值设定成百分比即可实现自适应。

重新定义 CSS 代码如下：

```
#divleft{margin:10px;float:left;height:150px;width:30%;border:10px solid #CCFF00;background-color:#F2FAD1;}
#divright{margin:10px;float:right;height:150px;width:50%;border:10px solid #00FFCC;background-color:#FFFF00;}
```

左栏设置宽度为 30%，右栏设置宽度为 50%。这种二分法是常见的一种网页布局结构，左侧一般都是导航，右侧是内容，如图 4－9 所示。

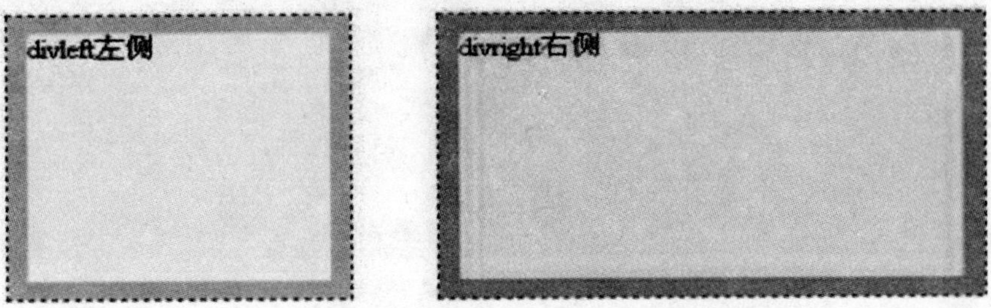

图 4－9　采用百分比宽度的二列布局的布局效果

上面的结构采用百分比宽度，但是没有占满整个浏览器窗口。如果将右栏的宽度设置为 70%，那么右栏将被挤到第 2 行，从而就失去了左右分栏的效果了，如图 4－10 所示。

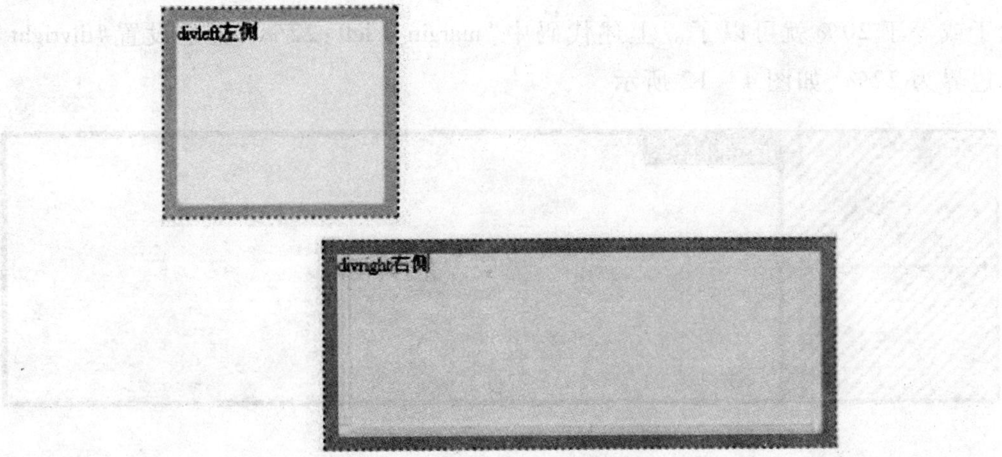

图 4－10　二列自适应宽度预览效果(一)

这个问题的原因是由 CSS 盒模型引起的。在 CSS 布局中，一个对象的真实宽度是由对象的宽度、左右填充、左右边框、左右边界相加组成的。因此，左栏的宽度不仅仅是浏览器窗口宽度的 30%，还应当加上左右填充、左右边框、左右边界。右栏的宽度也应当是浏览器窗口的 70%，加上左右填充、左右边框、左右边界。因此最终的宽度超过了浏览器窗口的宽度，从而使右栏被挤到了第 2 行显示。

在实际使用中，如果要达到满屏效果，简单的办法就是避免使用边框和边界属性，CSS 代码如下：

```
#divleft{float:left;height:150px;width:30%;background-color:#F2FAD1;}
#divright{float:right;height:150px;width:70%;background-color:#FFFF00;}
```

使用上述代码后，即可实现两列自适应且左右与浏览器填满的效果，如图 4－11所示。

图 4－11　二列自适应宽度预览效果(二)

利用 CSS 定位属性也可以实现两列的自适应布局,其 CSS 代码如下:

```
#divleft{float:left;height:150px;width:20%;background-color:#F2FAD1;position:relative;}
#divright{height:150px;margin-left:22%;background-color:#FFFF00;}
```

#divleft 对象的宽度为 20%,所以只需要把#divright 对象的左边界宽度设置成大于或等于 20% 就可以了。上述代码中"margin－left:22%"正是设置#divright 的左边界为 22%,如图 4－12 所示。

图 4－12　设置#divright 的左边界为 22%

二列自适应宽度布局的实际预览效果如图 4－13 所示。

图 4－13　二列自适应宽度预览效果(三)

(3)左列固定、右列宽度自适应。前面学习了两列宽度均为百分比值,从而实现了两列宽度自适应。在实际使用时,有时需要左栏固定,右栏根据浏览窗口的大小自动适应。实现的方法很简单，只需要将左侧宽度设置为固定值，右栏不设置任何宽度值，并且右栏不浮动，其 CSS 代码如下：

```
#divleft{float:left;height:150px;width:20%;border:10px solid #CCFF00;margin:10px;background-color:#F2FAD1;}
#divright{height:150px;margin:10px;border:10px solid #CCFF00;background-color:#FFFF00;}
```

使用上述代码后，左栏宽度固定在150px，而右栏将根据浏览器窗口的大小自动适应，如图 4－14 所示。

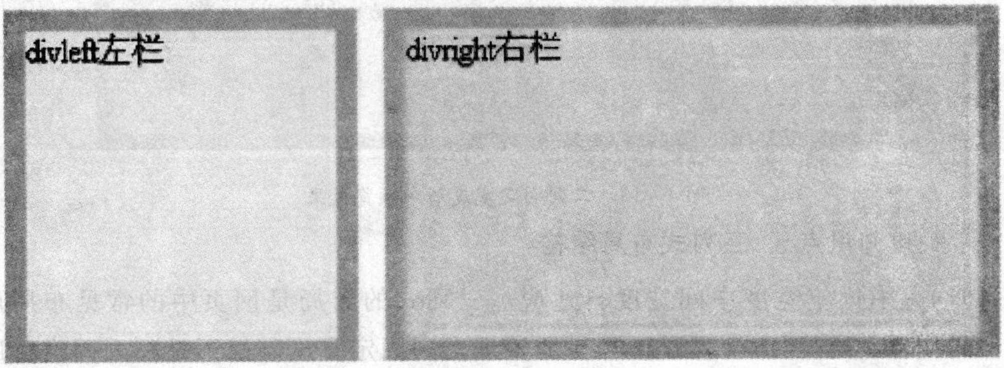

图 4－14　左列固定、右列宽度自适应预览效果

(4)二列固定宽度居中。在上个核心知识点中介绍了如何使一个 Div 对象居中显示，在 CSS 代码中使用边界属性“margin:0px auto;”即可实现。

那么，在两分栏结构中，需要控制左分栏的左边界和右边界与右分栏的右边界相等。这时候需要利用 DIV 的嵌套设计来完成。

使用一个 DIV 作为容器，将两列分栏的两个 DIV 放入容器中，从而能够实现两列居中显示。将两分栏的两个 DIV 放入一个 id 为 layout 的 Div 布局对象中，网页的代码如下：

```
<div id="layout">
<div id="divleft">divleft 左栏</div>
<div id="divright">divright 右栏</div>
</div>
```

上述的 3 个 Div 的 CSS 代码如下：

```
#layout{width:500px;margin:0pxauto;}
#divleft{float:left;height:150px;width:100px;border:10px solid #CCFF00;background-color:#F2FAD1;}
#divright{float:left;height:150px;width:360px;border:10px solid #CCFF00;background-col-
```

or:#FFFF00;}

这里通过“margin:0xp auto”设置“#layout”的居中属性，从而使里面的内容也居中。根据盒模型理论，一个对象的实际宽度由对象的宽度、左右边界、左右边框、左右填充相加而成，所以“#layout”的宽度设置为500px，即“100px + 360px + 20px + 20px = 500px”。布局的预览效果如图4－15所示：

图4－15　二列固定宽度居中预览效果

9.关键知识点五：三列式布局结构

(1)左右固定宽度中间宽度自适应。三列式的布局是网页中的常见布局形式。采用浮动定位方式，可以很容易地实现多列固定宽度。以下是三列固定宽度的CSS代码：

```
#divleft{float:left;height:150px;width:100px;border:10px solid #CCFF00;background－color:#F2FAD1;}
#divcenter{float:left;border:10pxsolid#22FF00;height:150px;width:300px;background－color:#F2FAff;}
#divright{float:left;height:150px;width:300px;border:10px solid #CCFF00;background－color:#FFFF00;}
```

上述布局的效果如图4－16所示。

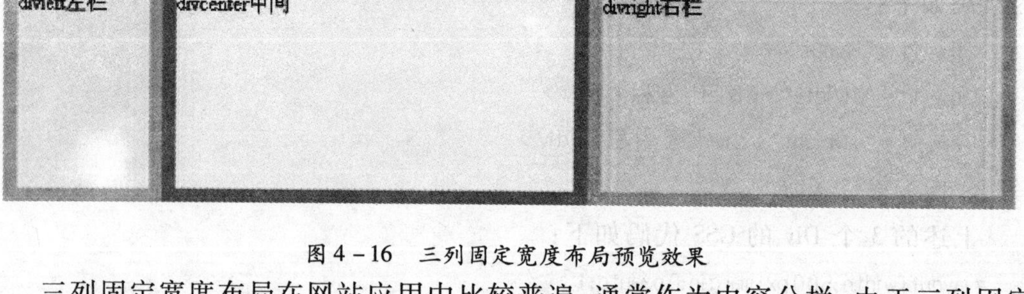

图4－16　三列固定宽度布局预览效果

三列固定宽度布局在网站应用中比较普遍，通常作为内容分栏，由于三列固定宽度布局不能根据浏览器窗口大小自动适应，所以有很大的局限性。采用三列的自适应布局能够克服这个局限性。

采用三列自适应布局通常需要用到的三列式布局要求左栏固定宽度，并且居左显示，右栏固定宽度并且居右显示，中间栏可以自适应变化。

要实现这种三列式布局，需要用到绝对定位。前面讲到的浮动定位方式是由浏览器根据对象的内容自动进行浮动方向的调整。而绝对定位是根据整个页面的位置进行重新定位。使用绝对定位之后的对象，不需要考虑它在页面中的浮动关系。因为使用了绝对定位后，对象就相当一个图层一样漂浮在网页上。

下面的实例使用绝对定位，将左栏和右栏的位置确定下来，其 CSS 代码如下所述。

```
#divleft{float:left;height:150px;width:100px;border:10px solid #CCFF00;background - color:#F2FAD1;position:absolute;left:0px;top:0px;}
#divright{float:right;height:150px;width:100px;border:10px solid #CCFF00;background - color:#FFFF00;position:absolute;right:0px;top:0px;}
```

设置中间栏的左边界和右边界，使它的左边界等于左栏的宽度，它的右边界等于右栏的宽度，从而可以使让出的宽度正好显示左栏和右栏。

```
#divcenter{border:10px solid #22FF00;height:150px;background - color:#F2FAff;margin - right:120px;margin - left:120px;margintop:0px;}
```

为了达到最好的预览效果，定义 body 标签的边界和填充为 0px，CSS 代码如下：

```
body{margin:0px 0px 0px 0px;padding:0px 0px 0px 0px;}
```

最后预览效果如图 4 - 17 所示。

图 4 - 17　左右列固定中间宽度自适应预览效果

(2)顶行三列式布局。顶行三列式布局结构是顶行自动适应宽度，左右栏绝对定位，中间栏自适应宽度。这是常见的一种网页布局形式。

这里一共需要 4 个 DIV 标签，分别是顶行、左栏、中间栏和右栏，其 DIV 部分的代码如下：

```
<div id="divtop">divtop 顶行</div>
<div id="divleft">divleft 左栏</div>
<div id="divcenter">divcenter 中间</div>
```

<div id ="divright"> divright 右栏 </div>

首先编写#divtop 的 CSS 代码如下:

```
#divtop {height:100px;border:10px solid #FFFF00;background-color:#F2FAF0;margin-top:0px;margin-right:0px;margin-left:0px;}
```

这里没有设置#divtop 的 width 属性,从而可以实现宽度自适应。中间栏的设置与上例相同,所以不变,#divleft 中将"top:0px;"修改为"top:120px;",同样的方法将#divright 中间"top:0px;"修改为"top:120px;"。最后浏览效果如图 4-18 所示。

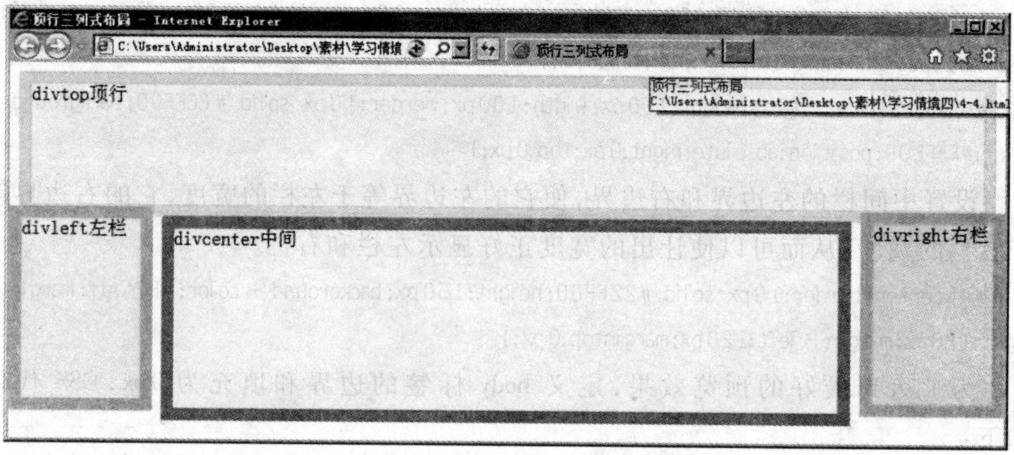

图 4-18　顶行三列式布局预览效果

4.2.2　网站策划及策划书的编写

网站建设始于网站策划,网站策划的好坏直接影响到网站建设的效果。因此,网站策划对于网站的运作至关重要,良好的网站策划是网站建设成功的一半。

网站策划是指在网站建设前对市场进行分析、确定网站的目的和功能,并根据需要对网站建设中的技术、内容、费用、测试、维护等做出规划。

网站策划是一项比较专业的工作,包括了解客户需求,客户评估、网站功能设计、网站结构规划、页面设计、内容编辑、网站功能需求分析报告,提供网站系统硬件、软件配置方案,整理相关技术资料和文字资料,对网站建设和运营进行有计划的指导和阶段性总结所形成的书面报告称为网站策划书。网站策划书应该尽可能涵盖网站规划中的各个方面,网站规划书的写作要科学、认真、实事求是。

通过与武威职业学院信息技术公司的详细沟通,了解需求后,参考"学习情境

二 任务2.2 项目资讯"中网站项目规划内容,形成如下所述的网站策划书。

武威职业学院信息技术公司网站策划书

1.项目引言

(1)分析市场调查的可行性。随着市场经济的发展和日趋成熟,中国企业面对的竞争压力越来越大,要想在激烈的竞争中立于不败之地,在提高企业内部管理效率、产品质量和产品创新的基础上,必须不断扩展销售渠道,扩大销售群体,提高企业的竞争力。当今已步入信息化时代,企业网站以其方便、快捷和低成本的优势成为企业在互联网上进行企业品牌宣传、服务与产品展示乃至进行所有经营互动的平台和窗口。可见,企业建设自己的网站势在必行。

(2)企业网站大致思路。

1)符合:武威职业学院信息技术公司网站应当符合公司"以儒论商,诚信为本,顾客至上,敬谨谦和"的企业理念,能够充分展示公司"开拓进取,勇于创新,用户第一,质量第一,以信誉赢得友谊,以互惠互利开拓新天地"的经营宗旨。

2)现代:学院信息技术公司网站应当具有青春活力,看上去美观大方,能够紧随科技网站设计潮流,运用流行元素,使网站和信息技术行业紧密结合。

3)实用:学院信息技术公司网站应当让访问者最快找到他所需要了解的内容,一目了然,轻松自如;同时,管理人员能够轻松进行网站内容更新和维护工作。

4)互动:学院信息技术公司网站应当提供双向交互功能,能够捕捉客户的需求。

5)扩展:学院信息技术公司网站应当是一个可扩展的网站,能够根据公司业务的需求将其充分应用。

(3)编写目的。为学院信息技术公司网站制定文本文档,提供项目实施参考。

2.网站设计要求

(1)网站视觉效果强烈。学院信息技术公司网站能够充分体现公司总体企业形象,通过强烈的视觉感,调动客户的浏览兴趣,合理运用素材图片展示企业产品。内容丰富且简洁大气。

(2)总体设计方案主题鲜明。学院信息技术公司网站要做到主题鲜明突出,要点明确,以简单明确的语言和画面体现站点主题。调动一切手段充分表现网站的个性和情趣,同时兼顾网站整体风格的统一。

3.网站设计风格

网站语言:简体中文。

网站属性:企业网站。

网站风格:参考一般企业网站和信息技术行业网站的设计,结合学院信息技术公司实际情况,设计界面简洁大方,“简洁但不简单”,细节的表达清晰。色彩清晰,要求通过色彩能对网站的信息品质做出判断。版式应该能够满足使用者的浏览习惯,布局主次分明,导航清晰、分类集中,易读取识别。注重留白处理,留白也可以给人带来心理上的轻松与快乐,设计细节要求对齐方式、字体的统一应用、小图标的应用等。

4. 网站的内容分析

网站主要是针对学院和其他院校师生,以及其它科技信息技术人员建立的,因此在建设网站内容时应考虑全面,与科技相关的以及浏览者关心的内容都应该考虑进去。

根据学院信息技术公司的实际情况,为网站安排了14个功能板块,具体如下所述。

公司简介:介绍企业的法人、地理位置、企业性质、服务宗旨等信息。

公司业绩:介绍公司自成立以来的发展历程,尤其是公司所取得的业绩。

企业文化:介绍公司的企业理念、经营宗旨、管理制度、规章流程等。

新闻中心:报道公司新闻信息。

图片新闻:以图片幻灯片的形式,直观形象地进行新闻报道。

通知公告:发布公司通知、技术公告、招聘信息等。

产品系列:简要介绍公司开发和生产的各系列产品。

企业产品:详细介绍公司产品,提供产品图片、性能、用途、产品详细介绍等信息。

行业标准:提供信息技术行业相关标准。

行业动态:提供信息技术行业相关新闻动态。

客户留言:给客户提供一个双向交互平台,实际是网站留言板。

技术服务:给客户提供信息技术服务,包括日常技术服务、售前技术服务及售后技术服务。

成功案例:介绍公司成功案例。

联系我们:提供公司联系人及联系方式。

5. 网站界面设计

网站主要以蓝色为主色调,灰色、红色作为辅助。网站首页界面设计成头部、主体和版权信息三部分,主体部分采用左中右三栏设计。网站 Logo 选用公司标志,放置于网站顶部左侧,右侧融入企业产品图片,加上网站名称,突出主题。

6. 网站技术解决方案

根据网站的功能确定网站技术解决方案。具体方案为租用虚拟主机;选用 Windows 操作系统,投入成本每年500元,这样网站稳定性和安全性等能够得到保证;自主开发个性网站;网站安全性措施,防黑、防病毒由专业公司保障;选择 ASP 动态程序及 Access 数据库,能够满足企业需求。

7. 网站内容及实现方式

网站的结构导航主要包括公司简介、新闻中心、产品系列、技术服务、行业标准等 14 个模块。这些模块中,公司简介、公司业绩、企业文化、联系我们可以采用静态页面实现,常规功能采用 CMS 系统完成。其中新闻中心、通知公告、企业产品、行业标准、行业动态、客户留言、技术服务等 7 个模块作为重点建设栏目。

8. 网页设计

网页设计要与公司整体形象一致,符合企业 CI 规范。注意网页色彩、图片的应用及版面策划,保持网页的整体一致性。在新技术的采用上考虑主要目标访问群体的分布地域、年龄阶层、网络速度、阅读习惯等。制定网页改版计划,如一年到两年时间进行较大规模改版等。

9. 费用预算

网站制作费 2000 元,域名与虚拟主机费用 500 元/年,第一年预算为 2500 元。

10. 技术支持和培训

武威职业学院信息技术公司负责网站的终身维护工作,并为网站日常管理人员和信息发布人员提供技术支持与指导。

培训网站管理系统、信息发布系统的使用与常规的网站维护方法。

11. 网站发布与推广

网站测试后进行发布的公关,通过广告活动或搜索引擎登记等进行网站推广。

任务 4.3 项目计划与决策

1. 网站栏目模块设计

通过与客户的沟通,形成的栏目模块示意图如图 4-19 所示。

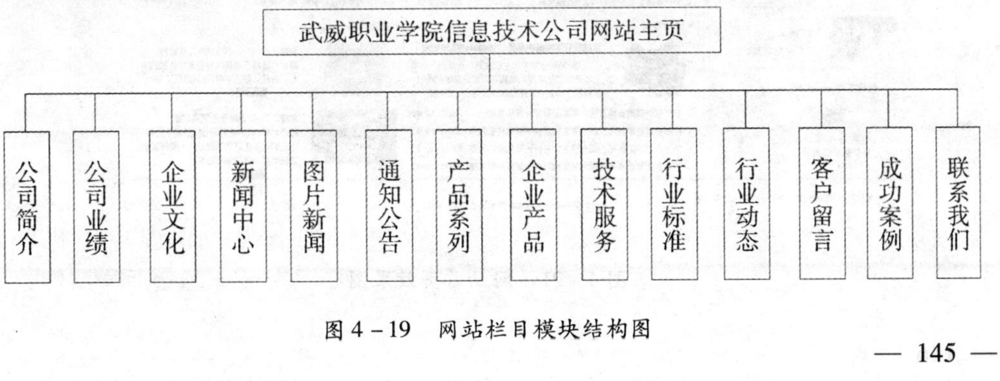

图 4-19 网站栏目模块结构图

2. 草图设计

设计网站的草图如图 4－20 所示。

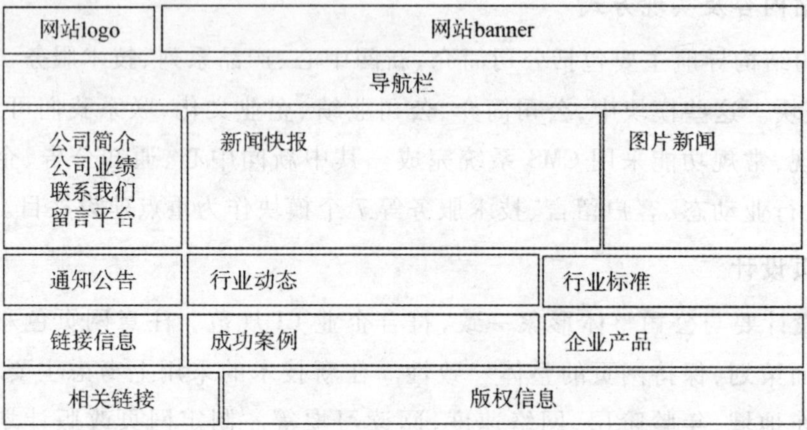

图 4－20　武威职业学院信息技术公司网站主页草图

3. 布局结构设计

根据效果图(见图 4－21)将网站主页分割为如图 4－22 所示布局结构。

图 4－21　网站首页效果图

布局结构分析：

图 4－22　主页布局结构图

4. 细节说明

本网站的主色调是蓝色，配以灰色、红色作为辅助。

网站首页的版面结构属于头部、主体和底部三段式，其中主体部分采用左中右三栏式布局，整个页面居中显示。头部用于显示网站 Logo 和导航信息，左中右三列显示网站的主要内容，底部显示相关链接及版权信息。

在页面制作中，整体布局采用 Div + CSS 来实现，局部内容使用项目列表布局每个栏目的内容。网页元素包括网页中的图像、文字、导航及链接等。在正式制作之前，应该规划好这些元素的设计。

图像：网页中的图像主要包括网页标志 Logo、背景图像、装饰性小图标等。

导航和链接：导航的样式可以采用背景颜色变换或者是背景图像变换，导航链接设计成背景图像变换的超链接。

文字：网页中的文字包括标题文字和正文文字。每个栏目的标题文字需要制作成图像文件，正文文字采用 12px 宋体。

任务 4.4　项目实施

武威职业学院信息技术公司网站的 DIV + CSS 制作步骤如下所述。

1. 在 Dreamweaver 中创建站点目录及新建首页文件

（1）在本地计算机硬盘（如 D：）上创建站点文件夹（xxjsgs），并在根目录下创建 images、css、js、others 等子文件夹。

（2）在 Dreamweaver 中新建站点，并设置站点信息。

（3）新建首页文件 index. html，完成后的网站目录结构如图 4－23 所示。

打开首页，设置网页标题为“——欢迎光临武威职业学院信息技术公司——”。

切换到代码视图，生成如图 4－24 所示代码。

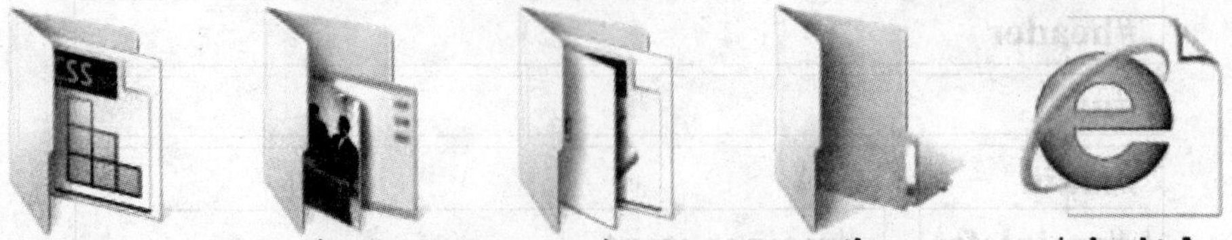

图 4－23　网站目录结构示意图

```
1  <!DOCTYPE html PUBLIC "-//W3C//DTD XHTML 1.0 Transitional//EN" "http://www.w3.org/TR/xhtml1/DTD/xhtml1-transitional.dtd">
2  <html xmlns="http://www.w3.org/1999/xhtml">
3  <head>
4  <meta http-equiv="Content-Type" content="text/html; charset=gb2312" />
5  <title>--欢迎光临武威职业学院信息技术公司--</title>
6  </head>
7
8  <body>
9  </body>
10 </html>
```

图 4－24　新建网页后的 HTML 代码

说明：第一行代码标明本文档是过渡类型，另外还有框架和严格类型，目前一般都采用过渡类型，因为浏览器对 XHTML 的解析比较宽松，允许使用 HTML4.01 中的标签，但必须符合 XHTML 的语法。许多同学在制作页面时，往往喜欢把这句删除掉，在这里建议大家一定要保留这句话，删除它后可能引起某些样式表失效或其他意想不到的问题。

第四行代码标示文档的语言编码。就像我们平时所说的汉语、英语一样。这里的 gb2312 告诉浏览器，本文档采用简体中文编码；还有一种常用的编码是 UTF－8编码，它是国际通用的编码。不管我们采用哪种编码，包含的 css 样式表和其它文件也必须和本文档的编码一样，否则就会出现乱码。

2. 搭建页面布局框架

根据“任务 4.3”中的页面布局结构图搭建首页页面布局框架。在 index.html 中插入图 4－22 中各个块元素的标签。

（1）在 Dreamweaver 界面的设计视图中执行“插入”→“布局对象”→“Div 标签”命令，进入“插入 Div 标签”对话框，并添加相应的参数，完成 header 标签的插入，如图 4－25 所示。

说明：“在插入点”是指在光标所在的位置插入新的元素。

（2）按照上图的方法依次插入 div 标签，或者直接在代码视图中手工输入，代码如下（注意 mainleft 和 maincontent 在 main 里包含）：

```
< div id ="header" > 此处显示 id "header"的内容 < /div >
< div id ="nav" > 此处显示 id "nav" 的内容 < /div >
< div id ="main" >
```

```
    <div id ="mainleft">此处显示 id "mainleft" 的内容</div>
    <div id ="maincontent">此处显示 id "maincontent"的内容</div>
</div>
<div id ="footer">此处显示 id "footer"的内容</div>
```

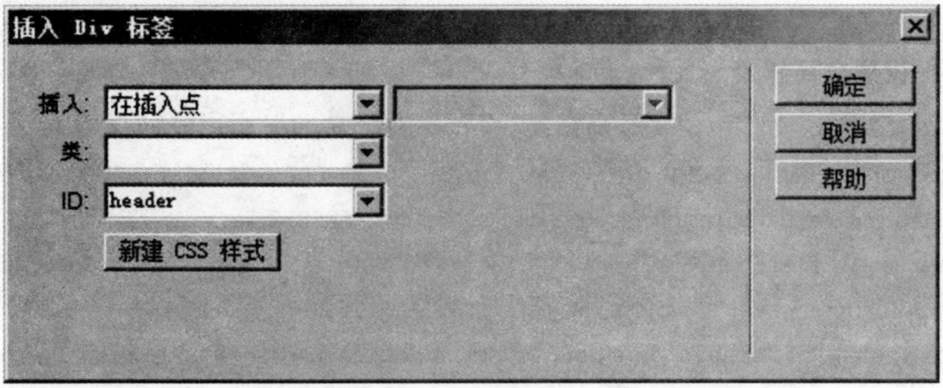

图 4-25　添加 header 元素

(3)测量效果图尺寸,html 页面布局框架代码写完后,就需要设置 css 样式表,在设置 css 样式前,先测量下效果图的整体宽度以及各部分布局的宽度和高度,为后面定义 css 样式作准备。

测量效果图宽度的方法有多种,可以直接查看图片尺寸。如果测量其中某一块的宽度,可以使用测量软件,也可以在 Photoshop 下测量。因为效果图是在 Photoshop 下制作的,所以用 Photoshop 测量也比较方便。方法是首选项(快捷键Ctrl+K)里把 Photoshop 的单位改为像素,然后用选区工具选中要测量的部分,在信息面板中就显示出当前选区的宽高了。

测量后得知:整体宽度为 1003px,header 高度为 200px,导航 nav 高度为 35px,日期时间部分宽度 229px,mainleft 宽度为 260px,高 690px,maincontent 宽度为 730px,高 690px,mainleft 和 maincontent 之间相隔 13px,footer 高度为 80px。把这些基本的宽度测量后,下面就可以写 css 代码了。由于本实例是按照实际当中应用来做的,所以 css 样式表就最好写在单独文件里,而不必写在文件内部,这样可以利用代码的重用性,减少很多劳动强度。

3. 制作链接外部样式文件

(1)打开 index. html 文件。

(2)执行“文件”→“新建”命令,新建一个 css 文件。

(3)执行“文件”→“另存为”命令,将新建的 css 文件保存在 css 文件夹中,命名为 style. css。

(4)执行“窗口”→“css 样式”命令,打开 css 控制面板,单击“附加样式表”按钮,进入“链接外部样式表”对话框,选择制作的 style. css 文件,单击“确定”按钮,制作好链接的外部样式。在 index. html 代码视图中 <head> </head>之间多了一行代码,如下所述。

```
<link href="css/style.css" rel="stylesheet" type="text/css">
```

4. 设置全局样式

在 style. css 文件中定义全局样式,样式代码如下:

```
body{font-family:"宋体";font-size:12px;color:#000000;text-decoration:none;text-align:center;margin:0px;padding:0px;background-color:#F8F8F8;}
a,a:link,a:visited{font-family:"宋体";color:#000000;text-decoration:none;margin:0px;padding:0px;font-size:12px;font-weight:normal;}
body, ul, li, h1, h2, h3, h4, h5, h6, p, form, dl, dt, dd { margin:0px; padding:0px; font-size:12px; font-weight:normal; }
ul{ list-style:none; }
img{ border-style:none; }
```

5. 清除浮动

如果一个容器内的元素都浮动的话,那么它的高度将不会去适应内部元素的高度,解决办法是在需要设置自适应高度的 DIV 标记上增加“overflow:autol; zoom:1;”,这样就可以让它自动适应内部元素的高度了。另外,为了防止下方块元素浮动到上方,建议在 header、navigator、main、footer 之间增加如下一句代码并设置 css 样式,它的作用是清除浮动。

```
<div class="clear"></div>
```

其 css 样式代码如下:

```
.clear{margin:0px;padding:0px;clear:both;}
```

修改后的网页代码如下:

```
<div id="header">此处显示 id "header" 的内容</div>
<div class="clear"></div>
<div id="navigator">此处显示 id "navigator" 的内容</div>
<div class="clear"></div>
<div id="main">
    <div id="mainleft">此处显示 id "mainleft" 的内容</div>
    <div id="maincontent">此处显示 id "maincontent" 的内容</div>
</div>
<div class="clear"></div>
```

<div id="footer">此处显示 id "footer" 的内容</div>

6. 切割效果图

基本框架搭建完毕后，根据布局需要，分析并进行效果图切图。将裁切后的小图拷贝到站点根目录下的 images 文件夹中。

7. 布局页面——头部

(1)在 CSS 面板中，单击“新建 CSS 样式”按钮，进入“新建 CSS 规则定义”对话框，并设置相应的参数如图 4-26 所示。

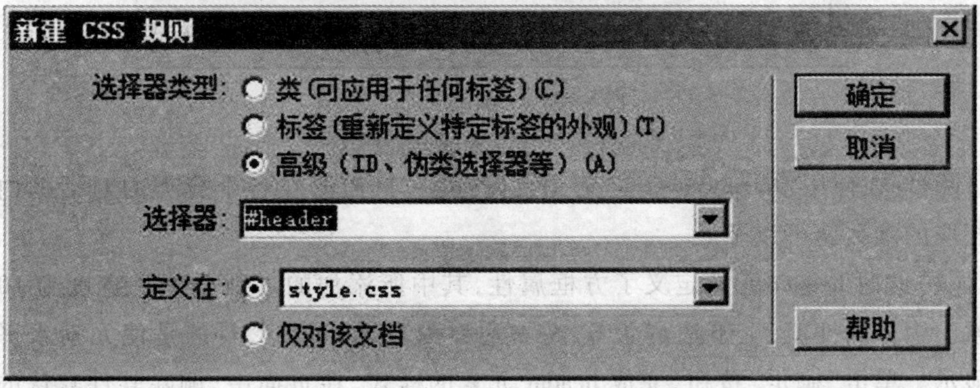

图 4-26　新建 header 元素的 CSS 规则对话框

(2)单击“确定”按钮，进入“CSS 规则定义”对话框，设置的 CSS“背景”属性如图 4-27 所示，设置的 CSS“方框”属性如图 4-28 所示。

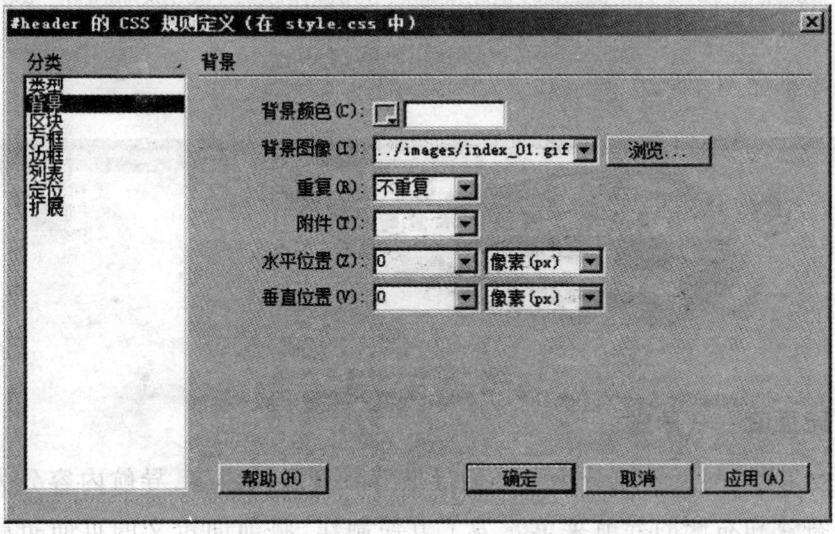

图 4-27　定义 header 元素的背景属性对话框

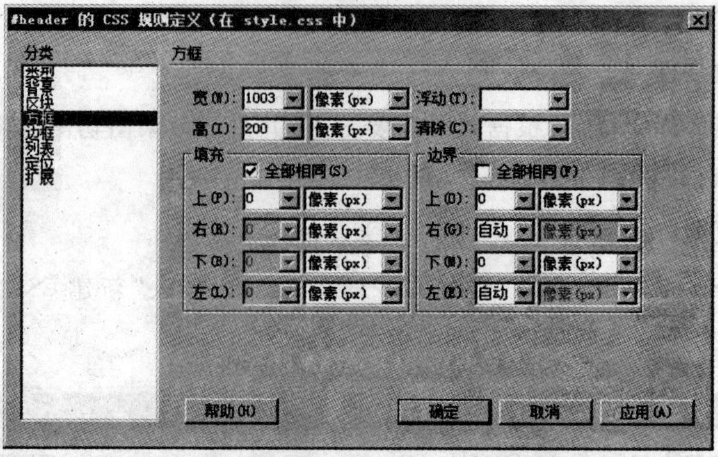

图 4－28　定义 header 元素的方框属性对话框

说明：在使用 Dreamweaver 定义元素属性时，只需要在各个分类的对话框内添加相应的参数就可以了。

（3）此时 header 元素定义了方框属性，其中所添加的参数分别是宽度为 1003 像素。边界属性值：上下边界为 0，左右边界为自动（auto），目的是使元素水平居中显示。单击“确定”按钮，完成 header 元素的样式，在页面中，删除软件默认的提示内容，然后参考添加 header 元素的方法添加其它的元素。

此时在 style.css 文件中会创建如下代码：

```
#header {background-image: url(../images/index_01.gif);background-repeat: no-repeat;
background-position: 0px 0px;padding: 0px;height: 200px;width: 1003px;margin-top: 0px;mar-
gin-right: auto;margin-bottom: 0px;margin-left: auto;}
```

预览效果如图 4－29 所示。

图 4－29　网页头部预览效果

8. 布局页面——导航

查看效果图，网页导航分为全屏的导航背景和导航内容，导航内容分为左侧的日期时间特效和右侧的导航菜单。为了方便制作，将前面定义的页面布局框架中的导航布局代码稍做调整，调整后的代码如下：

```
<!--整个导航栏-->
```

```
<div id="navigator_bg"><!--导航栏背景,宽度100% 高35像素,背景:图片填充-->
    <div id="navigator"><!--导航条宽1003像素,高35像素,居中显示-->
        <div id="date"><!--左侧时间区域宽223像素,高35像素-->
        </div>
        <div id="nav"><!--右侧导航菜单宽780像素,高35像素-->
        </div>
    </div>
</div>
```

在页面中,删除软件默认的提示内容,然后参考添加 header 元素的方法添加其它的元素。

导航最外层插入一个 navigator_bg 的 Div,包含导航所有内容,并使其100% 宽度显示(在任何分辨率下全屏显示)。navigator_bg 块元素中插入 navigator 块元素,用来设置导航内容,并使其居中显示,这样整个导航内容就居中显示。将 navigator 区块分为左侧用于显示日期时间的 date 和右侧用于显示导航菜单的 nav 两个 Div 区块,使 date 区块向左浮动,nav 区块向右浮动。

在 nav 块元素中插入导航菜单的无序列表,代码如下:

```
<div id="nav"><!--右侧导航菜单宽780像素高35像素-->
    <ul>
        <li><a href="index.html">公司首页</a></li>
        <li><a href="gsjj.html">公司简介</a></li>
        <li><a href="xwzx.html">新闻中心</a></li>
        <li><a href="qywh.html">企业文化</a></li>
        <li><a href="cpxl.html">产品系列</a></li>
        <li><a href="jsfw.html">技术服务</a></li>
        <li><a href="hybz.html">行业标准</a></li>
        <li><a href="khly.html">客户留言</a></li>
        <li><a href="lxwm.html" class="init">联系我们</a></li>
    </ul>
</div>
```

注意:在网页制作过程中,需要大家养成书写注释代码的好习惯,便于阅读代码和后续维护;采用代码逐层缩进对齐的方式格式化代码,代码的层次结构性强,便于阅读。

下面采用定义 header 头部样式的方法,定义导航的 CSS 外部样式,定义后的代码如下:

```
#navigator_bg {background - image: url(../images/index_03.gif);background - repeat: repeat - x;background - position: 0 px 0 px;margin: 0 px;padding: 0 px;height: 35 px;width: 100% ;}

#navigator_bg #navigator {padding: 0 px;height: 35 px;width: 1003 px;margin - top: 0 px;margin - right: auto;margin - bottom: 0 px;margin - left: auto;}

#navigator #date {margin: 0 px;height: 23 px;width: 229px;float: left;_margin - right: - 3 px;background - image: url(../images/index_03.gif);background - repeat: repeat - x;background - position: 0 px 0 px;color: #FFFFFF;padding - top: 12 px;padding - right: 0 px;padding - bottom: 0 px;padding - left: 0 px;}

#navigator #nav {margin: 0 px;padding: 0 px;height: 35 px;width: 774 px;float: right;_margin - left: - 3 px;background - image:url(../images/index_28.gif);background - repeat: no - repeat;background - position: 0 px 0 px;}

#navigator_bg #navigator #nav ul {list - style - type: none;text - align: left;padding: 0 px;margin: 0 px;}

#navigator_bg #navigator #nav ul li {float: left;margin: 0 px;padding: 0 px;}

#navigator_bg #navigator #nav ul li a,a:link,a:visited {color: #FFFFFF;text - decoration: none;display: block;margin: 0 px;height: 23 px;width: 73 px;padding - top: 12 px;padding - right: 0 px;padding - bottom: 0 px;padding - left: 0 px;text - align: center;font - weight: normal;}

#navigator_bg #navigator #nav ul li a.init {color: #0B4C9C;text - decoration: none;display: block;margin: 0 px;height: 23 px;width: 73 px;padding - top: 12 px;padding - right: 0 px;padding - bottom: 0 px;padding - left: 0 px;text - align: center;background - image: url(../images/index_27.gif);background - repeat: no - repeat;background - position: 4 px 6 px;font - weight: normal;}

#navigator_bg #navigator #nav ul li a:hover {color: #0B4C9C;text - decoration: none;display: block;margin: 0 px;height: 23 px;width: 73 px;padding - top: 12 px;padding - right: 0 px;padding - bottom: 0 px;padding - left: 0 px;text - align: center;background - image: url(../images/index_27.gif);background - repeat: no - repeat;background - position: 4 px 6 px;font - weight: normal;}
```

预览效果，如图 4 - 30、图 4 - 31 所示。

图 4 - 30　网页头部和导航预览效果

在 Date 块元素中插入时间特效代码，插入后的代码内容如下所述：

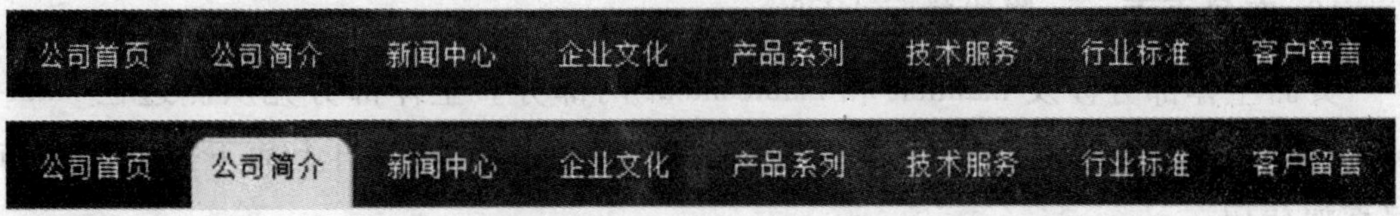

图 4－31　导航菜单链接状态和活动状态下的预览效果对比

```
<div id ="date"> <! - -左侧时间区域宽223 像素,高 35 像素 - - >
    <script src ="js/date.js" type = text/javascript > </script >
    <span id ="time"> </span >
    <script > setInterval("time.innerHTML = new Date().getHours() +':' + new Date().get-
Minutes() +':' + new Date().getSeconds()",1000); </script >
</div >
```

说明：此段代码通过 JavaScript 自动显示系统当前的日期时间信息，其中还调用了 JS 文件下的 date. js 文件。

date. js 文件内容如下：

```
var week;
if(new Date().getDay() = =0)    week ="星期日"
if(new Date().getDay() = =1)    week ="星期一"
if(new Date().getDay() = =2)    week ="星期二"
if(new Date().getDay() = =3)    week ="星期三"
if(new Date().getDay() = =4)    week ="星期四"
if(new Date().getDay() = =5)    week ="星期五"
if(new Date().getDay() = =6)    week ="星期六"
document.write(new Date().getFullYear() +"年" +(new Date().getMonth() +1) +"月" + new Date
().getDate() +"日 " + week);
```

9. 布局页面——过渡线条

网页头部和导航部分制件完成后，为了使页面顶部和页面主体部分之间有分割并自然过渡，在 navigator_bg 块元素后插入 grayline 灰色线条元素，布局代码如下：

```
<! - -导航下方的高 5px 的灰色线条 - - >
<div id ="grayline"> </div >
<div class ="clear"> </div >
```

其对应的 CSS 样式代码为：

```
#grayline {background - color: #ebebef; margin: 0px; padding: 0px; height: 5px; width: 1003px;
overflow: hidden;}
```

10. 布局页面——侧边栏 mainleft

页面主体部分涉及 mainleft 和 maincontent 两部分。主体部分先从侧边栏 mainleft 做起。为了让初学者多练习 Div + CSS 布局，mainleft 部分自上而下插入如下布局框架代码：

```
<div id="mainleft"> <!—侧边栏 start(宽 260px)-->
    <div id="Lfirstpart"> <!--侧边栏第一个版块 start(高 250px)-->
    </div> <!--侧边栏第一个版块 end-->
    <div class="clear"> </div>
    <div id="Lsecondpart"> <!--侧边栏第二个版块 start(高 235px)-->
    </div> <!--侧边栏第二个版块 end-->
    <div class="clear"> </div>
    <div id="Lthreepart"> <!--侧边栏第三版块 start(高 205px)-->
    </div> <!--侧边栏第三版块 end-->
</div> <!--侧边栏 end-->
```

下面定义侧边栏各部分的样式。

(1)侧边栏 mainleft 元素样式。样式定义如下：

```
#main #mainleft {margin: 0px;padding: 0px;float: left;height: 690px;width: 260px;_margin-right: -3px;}
```

说明：其中“_margin - right：-3px”样式是专门解决 IE6 的 3 像素 bug 问题。当浮动元素与非浮动元素相邻时，IE6 会在两个 div 中间加上 3px 的空隙，要解决这个问题，请在浮动元素上加上样式代码“_margin - right：-3px；”前边加上一下划线。这个样式专门针对 IE6 生效，其它浏览器会正常显示。

(2)侧边栏第一部分 Lfirstpart 元素内容及样式。

1)html 内容代码如下：

```
<div id="Lfirstpart"> <!--页面左侧第一个版块 start(高 250px)-->
    <div id="title"> </div>
    <div id="conten">
    <ul>
    <li> <a href="#"> <img src="images/index_17.gif" border="0"/> </a> </li>
    <li> <a href="#"> <img src="images/index_18.gif" border="0"/> </a> </li>
    <li> <a href="#"> <img src="images/index_19.gif" border="0"/> </a> </li>
    <li> <a href="#"> <img src="images/index_20.gif" border="0"/> </a> </li>
    </ul>
    </div>
```

```
</div><!--页面左侧第一个版块end-->
```

2)CSS 样式定义如下:

```
#main #mainleft #Lfirstpart {margin:0px;padding:0px;height:250px;width:260px;}
#main #mainleft #Lfirstpart #title {background-image:url(../images/index_04.gif);background-repeat: no-repeat;background-position: 0px 0px;margin: 0px;padding: 0px;height: 30px;width:260px;}
#main #mainleft #Lfirstpart #content {margin:0px;padding:0px;height:220px;width:260px;}
#main #mainleft #Lfirstpart #content ul {list-style-type: none;padding: 0px;text-align:left;height:220px;width:230px;margin-top:0px;margin-right:0px;margin-bottom:0px;margin-left:30px;}
#main #mainleft #Lfirstpart #content ul li {padding: 0px;margin-top: 12px;margin-right:0px;margin-bottom:0px;margin-left:0px;display:list-item;}
#main #mainleft #Lfirstpart #content ul li a img {border-style:none;margin: 0px;padding:0px;}
#main #mainleft #Lfirstpart #content ul li a,a:link {margin:0px;padding:0px;font-weight:normal;display:inline;borde-style:none;}
```

(3)侧边栏第二部分 Lsecondpart 元素内容及样式。

1)html 内容代码如下:

```
<div id="Lsecondpart">><!--页面左侧第二个版块start(高235px)-->
    <div id="title"></div>
    <div id="conten">
        <marquee direction="up" align="left" hspace="5" vspace="5" scrollamount="1" scrolldelay="5" onmousemove="this.stop()" onmouseout="this.start()">
        <ul>
        <li><a href="#">Google 发布功能强大的翻译平台辅助系统</a></li>
        <li><a href="#">Google 发布功能强大的翻译平台辅助系统</a></li>
        <li><a href="#">Google 发布功能强大的翻译平台辅助系统</a></li>
        </ul>
        </marquee>
        </div>
</div><!--页面左侧第二个版块end-->
```

2)CSS 样式定义如下:

```
#main #mainleft #Lsecondpart {margin:0px;padding:0px;height:235px;width:260px;text-align: left;border-style:none;}
#main #mainleft #Lsecondpart #title {background-image: url(../images/index_12.gif);back-
```

```
ground - repeat: no - repeat; background - position: 0 px 0 px; margin: 0 px; padding: 0 px; height: 30 px;width: 260 px;border - style: none;}

#main #mainleft #Lsecondpart #content {padding: 0 px;height: 200 px;width: 245 px;border: 1 px solid #EFEFEF;background - color: #f5f5f5;margin - top: 3 px;margin - right: 3 px;margin - bottom: 0 px;margin - left: 10 px;}

#main #mainleft #Lsecondpart #content ul {list - style - position: inside;list - style - image: url(../images/index_05.gif);list - style - type: none;padding: 0 px;text - align: left;margin: 0 px; border - style: none;}

#main #mainleft #Lsecondpart #content ul li {padding: 0 px;margin - top: 16 px;margin - right: 0 px;margin - bottom: 15 px;margin - left: 0 px;display: list - item;text - align: left;}

#main #mainleft #Lsecondpart #content ul li a {margin: 0 px;padding: 0 px;color: #000000;text - decoration: none;text - align: left;border - style: none; display: inline;font - weight: normal;}

#main #mainleft #Lsecondpart #content ul li a:link {margin: 0 px;padding: 0 px;color: #000000; text - decoration: none;display: inline;font - weight: normal;}

#main #mainleft #Lsecondpart #content ul li a:visited {margin: 0 px;padding: 0 px;color: #000000;text - decoration: none;font - weight: normal;}

#main #mainleft #Lsecondpart #content ul li a:hover {margin: 0 px;padding: 0 px;color: #0000FF;text - decoration: underline;font - weight: normal;}
```

(4)侧边栏第三部分 Lthreepart 元素内容及样式。

1)html 内容代码如下:

```
<div id ="Lthreepart"> <! - - 页面左侧第三版块 start(高 205 px) - - >
    <ul>
        <li> <a href ="#"> <img src ="images/index_22.gif" border ="0"/> </a> </li>
        <li> <a href ="#"> <img src ="images/index_23.gif" border ="0"/> </a> </li>
        <li> <a href ="#"> <img src ="images/index_24.gif" border ="0"/> </a> </li>
    </ul>
</div> <! - - 页面左侧第三个版块 end - - >
```

2)CSS 样式定义如下:

```
#main #mainleft #Lthreepart {margin: 0 px;padding: 0 px;height: 205 px;width: 260 px;overflow: hidden;border - style: none;}

#main #mainleft #Lthreepart ul {list - style - type: none;padding: 0 px;text - align: left;margin - top: 0 px;margin - right: 0 px;margin - bottom: 0 px;margin - left: 10 px;}

#main #mainleft #Lthreepart ul li {padding: 0 px;margin - top: 6 px;margin - right: 0 px;margin - bottom: 0 px;margin - left: 0 px;border - style: none;}

#main #mainleft #Lthreepart ul li a {margin: 0 px;padding: 0 px;border - style: none;display:
```

```
inline;text - align: left;}
    #main #mainleft #Lthreepart ul li a img {margin: 0 px;padding: 0 px;border - style: none;}
```

大家对 Div + CSS 布局熟练掌握后，没必要每部分都插入 Div，可以使用 HTML 标记来完成。例如，上面每部分的 title 元素完全可以用 h2 标记代替。这样可以省去很多没必要的定义，在页面布局当中一定要合理利用每一个标签，才是 web 标准设计的一个准则。

11. 布局页面——主体部分 maincontent

主体部分页面布局的方法有很多种，下面仅列举其中两种。

方法一：可以分三大块，顶行是“新闻快报”和“图片新闻”幻灯片，中间行是“行业动态”和“行业标准”，第三行是“成功案例”和“企业产品”；

方法二：整体上分上下两块，第一块是一行（在本书中称为顶行），包含“新闻快报”和“图片新闻”幻灯片；第二块是另外一行（在本书中称为底行）分为左右两列，左列包含“行业动态”和“成功案例”，右列包含“行业标准”和“企业产品”，每一列中两个栏目模块是上下关系。

大家可以根据自己的情况，选用任何一种布局方法进行操作，本书采用方法二进行实例讲解。其页面布局结构图如图 4 - 32 所示。

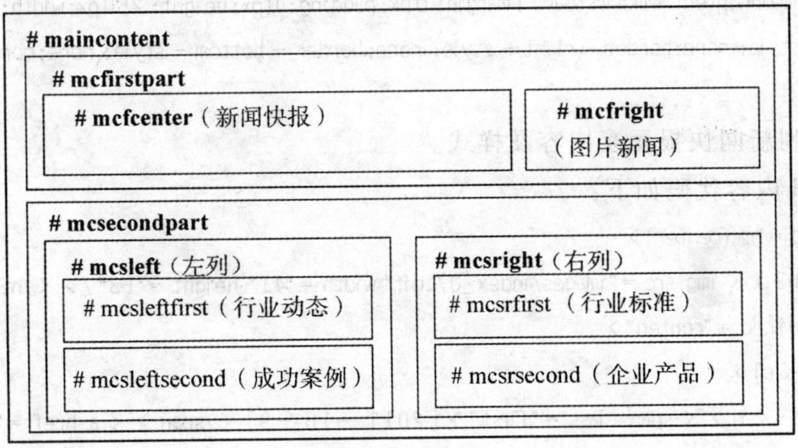

图 4 - 32　主体部分布局结构图

其布局代码如下所述：

```
<div id ="maincontent"> <! - - 页面主体 start(宽 730 px，左面间隔 13 px) - - >
    <div id ="mcfirstpart"> <! —主体第一部分 start(高 250 px) - - >
        <div id ="mcfcenter"> </div>
        <div id ="mcfright"> </div>
    </div> <! - - 主体第一部分 end - - >
```

```
<div id="mcsecondpart"><!--主体第二部分 start(高 440px)-->
    <div id="mcsleft">
    <div id="mcsleftfirst"></div>
    <div id="mcsleftsecond"></div>
</div>
<div id="mcsright">
    <div id="mcsrfirst"></div>
    <div id="mcsrsecond"></div>
  </div>
</div><!--主体第二部分 end-->
</div><!--页面主体区域 end-->
```

(1)页面主体 maincontent 元素样式。代码如下:

```
#main #maincontent {padding:0px;float:right;height:690px;width:730px;margin-top:0px;margin-right:0px;margin-bottom:0px;margin-left:13px;_margin-left:-3px;}
```

(2)页面主体顶行 mcfirstpart 元素内容及样式。顶行实际是一个左右两列布局,左列"新闻快报"要求左浮动,右列"图片新闻"要求右浮动,其布局代码如上所述,其样式代码如下:

```
#main #maincontent #mcfirstpart {margin:0px;padding:0px;height:250px;width:730px;border-top-style:none;border-right-style:none;border-bottom-style:none;border-left-style:none;}
```

1)左列新闻快报元素内容及样式。

①html 内容代码如下:

```
<div id="mcfcenter">
    <h2><img src="images/index_07.gif" width="41" height="13"/></h2>
    <div id="conten">
        <ul>
            <li><span class="first">[2011-10-9]</span><a href="#" class="first">武职院信息技术公司新产品通过省级科研成果鉴定…</a></li>
            <li><span>[2011-10-9]</span><a href="#">ZY-2008-04 电工电子电力拖动直流电机实验室产品认证</a></li>
            <li><span>[2011-10-4]</span><a href="#">武威市科技局孙局长来公司参观 JD 产品</a></li>
            <li><span>[2011-09-29]</span><a href="#">临泽职中蒋校长来公司参观暨项目技术合作洽谈</a></li>
            <li><span>[2011-09-10]</span><a href="#">高校网站遭攻击 武威
```

职业学院信息技术公司来支招</a></li>

<li><span>[2011-08-19]</span><a href="#">微软 Vista 家庭彩盒版降价逾 50%，欢迎购买</a></li>

<li><span>[2011-08-2]</span><a href="#">Google 发布功能强大的翻译平台辅助系统</a></li>

</ul>

</div>

</div>

②CSS 样式定义如下：

#main #maincontent #mcfirstpart #mcfcenter {text-align: left;margin: 0px;padding: 0px;float: left;height: 250px;width: 420px;border-style: none;_margin-right: -3px;}

#main #maincontent #mcfirstpart #mcfcenter h2 {background-image: url(../images/index_06.gif);background-repeat: no-repeat;background-position: 0px 0px;margin: 0px;height: 15px;width: 410px;border-style: none; text-align: right;padding-top: 15px;padding-right: 10px;padding-bottom: 0px;padding-left: 0px;}

#main #maincontent #mcfirstpart #mcfcenter #content {margin: 0px; height: 220px; width: 420px;border-style: nonetext-align: left;padding: 0px;overflow: hidden;}

#main #maincontent #mcfirstpart #mcfcenter #content ul {text-align: left;padding: 0px;list-style-position: outside;list-style-image: url(../images/index_09.gif);list-style-type: none;margin-top: 10px;margin-right: 0px;margin-bottom: 0px;margin-left: 16px;}

#main #maincontent #mcfirstpart #mcfcenter #content ul li {margin: 0px;display: list-item;height: 20px;padding-top: 8px;padding-right: 0px;padding-bottom: 0px;padding-left: 0px;border-bottom-width: 1px;border-bottom-style: dotted;border-bottom-color: #b5b5b5;}

#main #maincontent #mcfirstpart #mcfcenter #content ul li span {padding: 0px;float: right;margin-top: 0px;margin-right: 5px;margin-bottom: 0px;margin-left: 0px;color: #3673c5;}

#main #maincontent #mcfirstpart #mcfcenter #content ul li span.first {padding: 0px;float: right;margin-top: 0px; margin-right: 5px; margin-bottom: 0px; margin-left: 0px; color: #0000CC;}

#main #maincontent #mcfirstpart #mcfcenter #content ul li a,a:link,a:visited {text-align: left;display: inline;margin: 0px;padding: 0px;color: #225ba9;text-decoration: none;font-weight: normal;border-style: none;}

#main #maincontent #mcfirstpart #mcfcenter #content ul li a:hover {text-align: left;display: inline;margin: 0px;padding: 0px;color: #FF0000;text-decoration: underline;font-weight: normal;}

#main #maincontent #mcfirstpart #mcfcenter #content ul li a.first,a.first:link,a.first:visited

```
{text - align: left; display: inline; margin: 0px; padding: 0px; color: #FF0000; text - decoration: none; font - size: 14px; font - weight: normal;}
#main #maincontent #mcfirstpart #mcfcenter #content ul li a.first:hover {text - align: left; display: inline; margin: 0px; padding: 0px; color: #0000FF; text - decoration: underline; font - weight: normal;}
```

说明：新闻列表中的日期，是用一个 span 标签写在内容的前边，然后让 span 向右浮动来实现日期在页面中的右对齐。注意代码：<li> <span class = "first"> [2011 - 10 - 9] </span> <a href = "#" class = "first">武职院信息技术公司新产品通过省级科研成果鉴定… </a> </li>中 class = "first"的使用，其作用是定义头条新闻的显示效果与其余不同，突出显示。

2）右列图片新闻元素内容及样式。图片新闻的内容是利用 JavaScript 编写的脚本代码，用来实现图片幻灯片切换效果，网上这类 JavaScript 脚本程序很多，例如大家可以登录懒人图库（http://www.lanrentuku.com）网下载。应用过程中先将原脚本程序代码粘贴至需要显示效果的位置，并将其附属文件拷贝至对应目录下，然后根据自己需要修改代码参数（如宽度、高度、图片路径、链接路径、图像名称及附属文件的路径等）。

本例代码仅供参考，本例中除了如下代码外，还需调用 js 目录下的 focus1.swf 文件，才能正常显示效果。

①html 内容代码如下：

```
< div id ="mcfright">
    < h2 > < /h2 >
    < div id ="conten">
        < script type ="text/javascript">
        imgUrl1 ="images/01.jpg";
        imgtext1 ="新产品通过省级科研成果鉴定"
        imgLink1 = escape("http://www.zcool.com.cn");
        imgUrl2 ="images/02.jpg";
        imgtext2 ="科技局孙局长来参观 JD 产品"
        imgLink2 = escape("http://www.zcool.com.cn");
        imgUrl3 ="images/03.jpg";
        imgtext3 ="临泽职中蒋校长来武威"
        imgLink3 = escape("http://www.zcool.com.cn");
        imgUrl4 ="images/04.jpg";
        imgtext4 ="电子信息工程系学生实训"
```

```
            imgLink4 = escape("http://www.zcool.com.cn");
            imgUrl5 = "images/05.jpg";
            imgtext5 = "武威职业学院电工实验室交工"
            imgLink5 = escape("http://www.zcool.com.cn");
            var focus_width = 280
            var focus_height = 190
            var text_height = 20
            var swf_height = focus_height + text_height
            var pics = imgUrl1 + "|" + imgUrl2 + "|" + imgUrl3 + "|" + imgUrl4 + "|" + imgUrl5
            var links = imgLink1 + "|" + imgLink2 + "|" + imgLink3 + "|" + imgLink4 + "|" + imgLink5
            var texts = imgtext1 + "|" + imgtext2 + "|" + imgtext3 + "|" + imgtext4 + "|" + imgtext5
            document.write('< object classid = "clsid:d27cdb6e - ae6d - 11cf - 96b8 - 444553540000" codebase = "http://fpdownload.macromedia.com/pub/shockwave/cabs/flash/swflash.cab#version = 6,0,0,0" width = "' + focus_width + '" height = "' + swf_height + '">');
            document.write('< param name = "allowScriptAccess" value = "sameDomain" > < param name = "movie" value = "js/focus1.swf" > < param name = "quality" value = "high" > < param name = "bgcolor" value = "#F0F0F0" >');
            document.write('< param name = "menu" value = "false" > < param name = wmode value = "opaque" >');
            document.write('< param name = "FlashVars" value = "pics = ' + pics + '&links = ' + links + '&texts = ' + texts + '&borderwidth = ' + focus_width + '&borderheight = ' + focus_height + '&textheight = ' + text_height + '">');
            document.write('< /object >');
          < /script >
      < /div >
  < /div >
```

②CSS 样式定义如下：

```
#main #maincontent #mcfirstpart #mcfright {padding: 0px; float: right; height: 250px; width: 300px; margin - top: 0px; margin - right: 0px; margin - bottom: 0px; margin - left: 10px; border - style: none; _margin - left: -3px;}
#main #maincontent #mcfirstpart #mcfright h2 {background - image: url(../images/index_08.gif); background - repeat: no - repeat; background - position: 0px 0px; margin: 0px; padding: 0px; height: 30px; width: 300px; border - style: none;}
```

```
#main #maincontent #mcfirstpart #mcfright #content {padding: 4px; height: 210px; width: 280px;margin-top: 0px;margin-right: 10px;margin-bottom: 0px;margin-left: 0px;border: 1px solid #EFEFEF;}
```

(3)页面主体底行 mcsecondpart 元素内容及样式。按照图 4-32 主体部分布局结构图来说，底行实际也是一个左右两列布局，左列包含“行业动态”和“成功案例”两个栏目模块，右列包含“行业标准”和“企业产品”两个栏目模块，每一列中两个栏目模块是上下关系。其布局代码如前所述，底行 mcsecondpart 元素样式代码如下：

```
#main #maincontent #mcsecondpart {margin: 0px;padding: 0px;height: 440px;width: 730px;border-style: none;}
```

1)左列 mcsleft 元素内容及样式。

①html 内容代码如下：

```
<div id="mcsleft">
<div id="mcsleftfirst"></div>
<div id="mcsleftsecond"></div>
</div>
```

②CSS 样式定义如下：

```
#main #maincontent #mcsecondpart #mcsleft {text-align: left;margin: 0px;padding: 0px;float: left;height: 440px;width: 370px;border-style: none; _margin-right: -3px;}
```

2)左列第一个栏目模块(行业动态)mcsleftfirst 元素内容及样式。

①html 内容代码如下：

```
<div id="mcsleftfirst">
<h2></h2>
<div id="conten">
    <ul>
        <li><span>[2011-10-19]</span><a href="#">微软新一代搜索引擎"必应"已上线</a></li>
        <li><span>[2011-10-9]</span><a href="#">保护版权,我支持,万人签名掀起正版软件普及&hellip;</a></li>
        <li><span>[2011-09-18]</span><a href="#">微软搜索引擎"必应"首个广告</a></li>
        <li><span>[2011-09-12]</span><a href="#">用友软件旗下伟库网斥资10亿战略转型</a></li>
        <li><span>[2011-08-16]</span><a href="#">社交网络将迎来虚拟物品时代</a></li>
```

<li> <span>[2011 -07 -29] </span> <a href ="#">《仙剑奇侠传四》连邦各门店火热销售 </a> </li>

<li> <span>[2011 -07 -11] </span> <a href ="#">卡巴斯基手机安全软件8.0 新版发布 </a> </li>

</ul>

</div>

</div>

②CSS 样式定义如下：

```
#main #maincontent #mcsecondpart #mcsleft #mcsleftfirst {margin: 0px;padding: 0px;height: 235px;width: 370px;border - style: none; }

#main #maincontent #mcsecondpart #mcsleft #mcsleftfirst h2 {background - image: url(../images/index_11.gif);background - repeat: no - repeat;background - position: 0px 0px;margin: 0px;padding: 0px;height: 30px;width: 370px;border - style: none;}

#main #maincontent #mcsecondpart #mcsleft #mcsleftfirst #content {text - align: left;margin: 0px;padding: 0px;height: 205px;width: 370px;border - style: none;}

#main #maincontent #mcsecondpart #mcsleft #mcsleftfirst #content ul {text - align: left;list - style - position: outside;list - style - image: url(../images/index_09.gif);list - style - type: none;padding: 0px;margin - top: 10px;margin - right: 0px;margin - bottom: 0px;margin - left: 16px;border - style: none;}

#main #maincontent #mcsecondpart #mcsleft #mcsleftfirst #content ul li {display: list - item;margin: 0px;height: 20px;padding - top: 8px;padding - right: 0px;padding - bottom: 0px;padding - left: 0px;}

#main #maincontent #mcsecondpart #mcsleft #mcsleftfirst #content ul li span {padding: 0px;float: right;margin - top: 0px;margin - right: 5px;margin - bottom: 0px;margin - left: 0px;color: #000000; border - style: none;}

#main #maincontent #mcsecondpart #mcsleft #mcsleftfirst #content ul li a,a:link,a:visited {text - align: left;display: inline;margin: 0px; padding: 0px; color: #000000; text - decoration: none;font - weight: normal; border - style: none;}

#main #maincontent #mcsecondpart #mcsleft #mcsleftfirst #content ul li a:hover {text - align: left;display: inline;margin: 0px;padding: 0px;color: #0000FF;text - decoration: underline;}
```

3)左列第二个栏目模块(成功案例) mcsleftsecond 元素内容及样式。

由于大家刚步入 DIV + CSS 标准布局，所以成功案例栏目仍采用 DIV 嵌套的方式进行讲解，其页面布局结构如下图 4 - 33 所示。

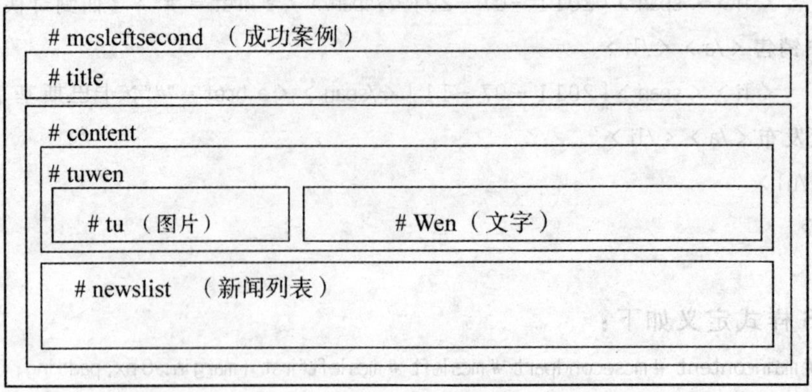

图 4-33　客户浏览器/服务器工作的过程

①html 内容代码如下：

```
<div id="mcsleftsecond">
    <div id="title"></div>
    <div id="conten">
        <div id="tuwen"><!--图文部分 start 高 90px-->
            <div id="tu"><a href="#"><img src="images/product01.jpg" border="0"/></a></div>
            <div id="wen">
    <h5><a href="#">武威职业学院新产品通过省级科研成果鉴定</a></h5>
    <h6>武威职业学院自主研发的 ZY-2008-04 电工电子电力拖动直流电机实验室设备顺利通过省科技厅和省经济委员会专家组……<span class="xiangxi">[<a href="#">详细</a>]</span></h6>
            </div>
        </div><!--图文部分 end-->
        <div class="clear"></div><!--清除浮动-->
        <div id="newslist"><!--新闻列表部分 start 高 85px-->
            <ul>
                <li><span>[2011-10-9]</span><a href="#">武威职业学院新产品通过省级科研成果鉴定</a></li>
                <li><span>[2011-10-9]</span><a href="#">武威职业学院新产品通过省级科研成果鉴定</a></li>
                <li><span>[2011-10-9]</span><a href="#">武威职业学院新产品通过省级科研成果鉴定</a></li>
                <li><span>[2011-10-9]</span><a href="#">武威职业学院新产品通过省级科研成果鉴定</a></li>
```

</ul>

</div><!--新闻列表部分 end-->

</div>

</div>

②CSS 样式定义如下：

#main #maincontent #mcsecondpart #mcsleft #mcsleftsecond {text - align: left;margin: 0 px;padding: 0 px;height: 205 px;width: 370 px;border - style: none; }

#main #maincontent #mcsecondpart #mcsleft #mcsleftsecond #title {background - image: url(../images/index_16.gif);background - repeat: no - repeat;background - position: 0 px 0 px;margin: 0 px;padding: 0 px;height: 30 px;width: 370 px; border - style: none;}

#main #maincontent #mcsecondpart #mcsleft #mcsleftsecond #content {text - align: left;margin: 0 px;padding: 0 px;height: 175 px;width: 370 px; border - style: none;}

#main #maincontent #mcsecondpart #mcsleft #mcsleftsecond #content #tuwen {margin: 0 px; height: 90 px;width: 370 px; border - style: none;padding: 0 px;}

#main #maincontent #mcsecondpart #mcsleft #mcsleftsecond #content #tuwen #tu {padding: 0 px;float: left;height: 82 px;width: 112 px;margin - top: 4 px;margin - right: 0 px;margin - bottom: 4 px;margin - left: 0 px;_margin - right: - 3 px;text - align: center; border - style: none;}

#main #maincontent #mcsecondpart #mcsleft #mcsleftsecond #content #tuwen #tu a,a:link,a:visited {text - decoration: none;margin: 0 px;padding: 0 px;border: 1 px solid #efefef;height: 80 px;width: 110 px;text - align: center;display: block;}

#main #maincontent #mcsecondpart #mcsleft #mcsleftsecond #content #tuwen #tu a:hover {text - decoration: none;margin: 0 px;padding: 0 px;border: 1 px solid #0000FF;}

#main #maincontent #mcsecondpart #mcsleft #mcsleftsecond #content #tuwen #tu img {margin: 0 px;padding: 0 px; border - style: none;height: 80 px;width: 110 px;}

#main #maincontent #mcsecondpart #mcsleft #mcsleftsecond #content #tuwen #wen {float: right;width: 250 px; border - style: none;height: 82 px;_margin - left: - 3 px;margin - top: 8 px;margin - right: 0 px;margin - bottom: 0 px;margin - left: 0 px;padding - top: 0 px;padding - right: 0 px;padding - bottom: 0 px;padding - left: 8 px;line - height: 1.5 em;}

#main #maincontent #mcsecondpart #mcsleft #mcsleftsecond #content #tuwen #wen h5 {font - size: 12 px;font - weight: bold;color: #000000;text - decoration: none;}

#main #maincontent #mcsecondpart #mcsleft #mcsleftsecond #content #tuwen #wen h5 a,a:link,a:visited {font - size: 12 px;font - weight: bold;color: #000000;text - decoration: none;margin: 0 px;padding: 0 px;text - align: left;display: inline; border - style: none;}

#main #maincontent #mcsecondpart #mcsleft #mcsleftsecond #content #tuwen #wen h5 a:hover {color: #FF0000;text - decoration: none;margin: 0 px;padding: 0 px;}

#main #maincontent #mcsecondpart #mcsleft #mcsleftsecond #content #tuwen #wen h6 {line - height: 1.5em;text - decoration: none;text - indent: 2pc;color: #0000FF;font - family: "宋体"; font - size: 12px;padding: 0px; border - style: none;margin - top: 5px;margin - right: 0px;margin - bottom: 0px;margin - left: 0px;}

#main #maincontent #mcsecondpart #mcsleft #mcsleftsecond #content #tuwen #wen span.xiangxi a,a:link,a:visited {font - weight: normal;color: #000000;text - decoration: none;margin: 0px;padding: 0px;text - align: left;display: inline;border - style: none;}

#main #maincontent #mcsecondpart #mcsleft #mcsleftsecond #content #tuwen #wen span.xiangxi a:hover {font - weight: normal; color: # FF0000; text - decoration: underline; margin: 0px; padding: 0px;}

#main #maincontent #mcsecondpart #mcsleft #mcsleftsecond #content #tuwen #wen span.xiangxi {color: #333333;text - decoration: none;margin: 0px;padding: 0px;}

#main #maincontent #mcsecondpart #mcsleft #mcsleftsecond #content #newslist {text - align: left;margin: 0px;padding: 0px;height: 85px;width: 370px;overflow: hidden; border - style: none;}

#main #maincontent #mcsecondpart #mcsleft #mcsleftsecond #content #newslist ul {text - align: left;padding: 0px; border - style: none;list - style - position: outside;list - style - image: url(../images/index_09.gif);list - style - type: none;margin - top: 0px;margin - right: 0px;margin - bottom: 0px;margin - left: 16px;}

#main #maincontent #mcsecondpart #mcsleft #mcsleftsecond #content #newslist ul li {text - align: left;display: list - item;margin: 0px; border - style: none;height: 18px;padding - top: 5px; padding - right: 0px;padding - bottom: 0px;padding - left: 0px;}

#main #maincontent #mcsecondpart #mcsleft #mcsleftsecond #content #newslist ul li span {padding: 0px;float: right;margin - top: 0px;margin - right: 5px;margin - bottom: 0px;margin - left: 0px; border - style: none;}

#main #maincontent #mcsecondpart #mcsleft #mcsleftsecond #content #newslist ul li a,a:link,a:visited {color: #000000;text - decoration: none;text - align: left;margin: 0px;padding: 0px; border - style: none;display: inline;}

#main #maincontent #mcsecondpart #mcsleft #mcsleftsecond #content #newslist ul li a:hover {color: #FF0000;text - decoration: underline;text - align: left;margin: 0px;padding: 0px; border - style: none;}

4) 右列 mcsright 元素内容及样式。

①html 内容代码如下：

```
<div id ="mcsright">
    <div id ="mcsrfirst"> </div>
    <div id ="mcsrsecond"> </div>
```

```
</div>
```

②CSS 样式定义如下：

```
#main #maincontent #mcsecondpart #mcsright {text-align: left; padding: 0px; float: right; height: 440px; width: 350px; margin-top: 0px; margin-right: 0px; margin-bottom: 0px; margin-left: 10px; border-style: none; _margin-left: -3px;}
```

5）右列第一个栏目模块（行业标准）mcsrfirst 元素内容及样式。

①html 内容代码如下：

```
<div id="mcsrfirst">
    <h2></h2>
    <div id="conten">
        <ul>
            <li><span>[2011-10-9]</span><a href="#">电力系统继电保护柜、屏通用技术条件</a></li>
            <li><span>[2011-10-9]</span><a href="#">DL/T 721-2000 配电网自动化系统远方终端</a></li>
            <li><span>[2011-10-9]</span><a href="#">变压器油中溶解气体分析和判断导则</a></li>
            <li><span>[2011-10-9]</span><a href="#">电力系统安全稳定控制技术导则</a></li>
            <li><span>[2011-10-9]</span><a href="#">电力系统用蓄电池直流电源装置运行与维护技术规程..</a></li>
            <li><span>[2011-10-9]</span><a href="#">电力用电压互感器订货技术条件</a></li>
            <li><span>[2011-10-9]</span><a href="#">户内绝缘子运行条件 电气部分</a></li>
        </ul>
    </div>
</div>
```

②CSS 样式定义如下：

```
#main #maincontent #mcsecondpart #mcsright #mcsrfirst {margin: 0px; padding: 0px; height: 235px; width: 350px; border-style: none;}

#main #maincontent #mcsecondpart #mcsright #mcsrfirst #title {background-image: url(../images/index_15.gif); background-repeat: no-repeat; background-position: 0px 0px; margin: 0px; padding: 0px; height: 30px; width: 350px; border-style: none;}

#main #maincontent #mcsecondpart #mcsright #mcsrfirst #content {padding: 0px; height: 203px;
```

width: 338px;border: 1px solid #EFEFEF;margin - top: 0px;margin - right: 10px;margin - bottom: 0px;margin - left: 0px;}

#main #maincontent #mcsecondpart #mcsright #mcsrfirst #content ul {text - align: left;padding: 0px;margin - top: 8px;margin - right: 0px;margin - bottom: 0px;margin - left: 18px; border - style: none;list - style - position: outside;list - style - image: url(../images/index_09.gif);list - style - type: none;}

#main #maincontent #mcsecondpart #mcsright #mcsrfirst #content ul li {color: #000000;text - decoration: none;text - align: left;display: list - item;margin: 0px;height: 20px;padding - top: 8px;padding - right: 0px;padding - bottom: 0px;padding - left: 0px; border - style: none;}

#main #maincontent #mcsecondpart #mcsright #mcsrfirst #content ul li span {padding: 0px;float: right;margin - top: 0px;margin - right: 5px;margin - bottom: 0px;margin - left: 0px; border - style: none;}

#main #maincontent #mcsecondpart #mcsright #mcsrfirst #content ul li a,a:link,a:visited {color: #000000;text - decoration: none;margin: 0px;padding: 0px; border - style: none;display: inline;}

#main #maincontent #mcsecondpart #mcsright #mcsrfirst #content ul li a:hover {color: #0000FF;text - decoration: underline;margin: 0px;padding: 0px; border - style: none;}

6)右列第二个栏目模块(企业产品)mcsrsecond 元素内容及样式。

①html 内容代码如下:

```
<div id = "mcsrsecond">
    <div id = "title"> </div>
    <div id = "conten">
        <div id = "chanping"> <! - - 产品 start 宽 340px 高 87px 右隔 10px - - >
            <div id = "lefttu"> <a href = "#"> <img src = "images/index_13.gif" border = "0" /> </a> </div>
            <div id = "rightwen">
                <h5> <span>名称</span>:ZY - DG - 2009 立式电工实验台</h5>
                <h5> <span>简介</span>:适用于高等院校及要求较高的中专、技校、职业学校,可完成电工学 &hellip;</h5>
                <h6> <a href = "lj.html"> <img src = "images/more.gif" border = "0" /> </a> </h6>
            </div>
        </div> <! - - 产品 end - - >
        <div id = "chanping"> <! - - 产品 start - - >
            <div id = "lefttu"> <a href = "#"> <img src = "images/index_14_2.gif" border = "0" /> </a> </div>
```

```
<div id="rightwen">
<h5><span>名称</span>:ZY-GY24 电子工艺实训室</h5>
<h5><span>简介</span>:ZY-GY24 针对职业院校电子工程专业的电子工艺实训课设计,整体实验室由两条24座流水线组成</h5>
<h6><a href="#"><img src="images/more.gif" border="0" /></a></h6>
</div>
</div><!--产品 end-->
</div>
</div>
```

②CSS 样式定义如下:

```
#main #maincontent #mcsecondpart #mcsright #mcsrsecond {text-align: left;margin: 0px;padding: 0px;height: 205px;width: 350px;border-style: none; }

#main #maincontent #mcsecondpart #mcsright #mcsrsecond #title {background-image: url(../images/index_21.gif);background-repeat: no-repeat;background-position: 0px 0px;text-align: left;margin: 0px;padding: 0px;height: 30px;width: 350px; border-style: none;}

#main #maincontent #mcsecondpart #mcsright #mcsrsecond #content {text-align: left;margin: 0px;padding: 0px;height: 175px;width: 340px; border-style: none;}

#main #maincontent #mcsecondpart #mcsright #mcsrsecond #content #chanping {text-align: left;padding: 0px;height: 87px;width: 340px;margin-top: 0px;margin-right: 10px;margin-bottom: 0px;margin-left: 0px; border-style: none;}

#main #maincontent #mcsecondpart #mcsright #mcsrsecond #content #chanping #lefttu {padding: 0px;float: left;height: 70px;width: 110px;margin-top: 8px;margin-right: 0px;margin-bottom: 7px;margin-left: 3px;_margin-right: -3px;text-align: center; border-style: none;}

#main #maincontent #mcsecondpart #mcsright #mcsrsecond #content #chanping #lefttu a,a:link, a:visited {margin: 0px; padding: 0px; border: 1px solid #EFEFEF; display: block; height: 70px; width: 110px;}

#main #maincontent #mcsecondpart #mcsright #mcsrsecond #content #chanping #lefttu a:hover {margin: 0px;padding: 0px;border: 1px solid #0000FF;display: block;height: 70px;width: 110px;}

#main #maincontent #mcsecondpart #mcsright #mcsrsecond #content #chanping #rightwen {height: 67px;width: 210px; border-style: none;margin-top: 8px;margin-right: 0px;margin-bottom: 7px;margin-left: 15px;_margin-left: -3px;float: right;line-height: 1.5em;color: #000000;text-decoration: none;padding-top: 5px;padding-right: 0px;padding-bottom: 0px;padding-left: 0px;}

#main #maincontent #mcsecondpart #mcsright #mcsrsecond #content #chanping #rightwen h5 {color: #333333;text-decoration: none;font-family:"宋体";font-size: 12px;font-weight: normal;}
```

```
#main #maincontent #mcsecondpart #mcsright #mcsrsecond #content #chanping #rightwen h5 span {font - family: "宋体";font - size: 12px;font - weight: bold;color: #000000;text - decoration: none;}
#main #maincontent #mcsecondpart #mcsright #mcsrsecond #content #chanping #rightwen h6 {text - align: left;margin: 0px;padding - top: 0px;padding - right: 0px;padding - bottom: 0px;padding - left: 40px; border - style: none;}
#main #maincontent #mcsecondpart #mcsright #mcsrsecond #content #chanping #rightwen a,a:link,a:visited {display: inline;margin: 0px;padding: 0px; border - style: none;}
```

仔细分析网页效果图，不难发现，两种企业产品版面结构完全一致，所以在本例中，两种产品共用一种样式。建议大家在今后的网页制作中，能用相同样式布局的情况下，尽量使用相同样式，这样可以减少 CSS 样式的定义次数，提高编程效率。

12. 布局页面——底部

页面底部制作比较简单，内容包含左侧相关链接和右侧版权信息。

(1) html 内容代码如下：

```
<div id ="footer">
<div id ="left"> <a href ="#">联系我们</a> / <a href ="#">网站地图</a> / <a href ="#">站长统计</a> / <a href ="#">友情链接</a> </div>
<div id ="right"> Copyright 2011 - 2012 武威职业学院信息技术公司 版权所有</div>
</div>
```

(2) CSS 样式定义如下：

```
#footer {font - family: "宋体";font - size: 12px;font - weight: normal;color: #333333;text - decoration: none;background - image: url(../images/index_25.gif);background - repeat: repeat - x;background - position: 0px 10px;text - align: left;padding: 0px;height: 80px;width: 1003px;border - style: none;background - color: #FFFFFF;margin - top: 0px;margin - right: auto;margin - bottom: 0px;margin - left: auto;}
#footer #left {font - family: "宋体";font - size: 12px;font - weight: normal;color: #333333;text - decoration: none;text - align: center; margin: 0px; height: 50px; width: 300px; border - style: none; padding - top: 30px;padding - right: 0px;padding - bottom: 0px;padding - left: 0px;float: left;_margin - right: -3px;}
#footer #left a,a:link,a:visited {font - family: "宋体";font - size: 12px;font - weight: normal;color: #0A51A3;text - decoration: none;margin: 0px;padding: 0px; border - style: none;}
#footer #left a:hover {font - family: "宋体";font - size: 12px;font - weight: normal;color: #FF0000;text - decoration: underline;margin: 0px;padding: 0px; border - style: none;}
```

```
#footer #right {font-family: "宋体";font-size: 12px;font-weight: normal;color: #666666; text-decoration: none;text-align: left;margin: 0px;height: 40px;width: 703px; border-style: none;float: right;_margin-left: -3px;padding-top: 40px;padding-right: 0px;padding-bottom: 0px;padding-left: 0px;}
```

13. 细节调整

底部完成后，最后的步骤是要做一些细节调整，比如该对齐的地方是否对齐，图片的 alt 属性是否都加上了，CSS 样式规则是否优化，在各种浏览器下是否显示一样等。

浏览器兼容问题一直是让初学者头疼的地方，其实只要掌握几个常用浏览器的特性，不需要过多的 css hack 就可以解决问题的。

常使用的 css hack 大致有：

(1) zoom = 1：用来解决自适应高度时 IE6 的兼容问题（这个属性通不过 w3c 认证）；

(2) display：inline：解决 IE6 双倍边距 bug 问题；

(3) *：在样式名和属性中间加 *，这个常用在需要垂直居中时使用；

(4) IE6 3 像素 bug：可以在布局时采用左右都浮动的办法避免这个问题；

(5) 固定高度：因为各浏览器之间解释差异，为了使显示效果尽可能一样而采用的折中办法；

(6) 其它。为了解决浏览器兼容问题，还有其它很多种方法，请上网查阅。总之 css hack 能少用尽量少用，这样便于以后维护。

Div + CSS 布局方法有多种，本任务中所讲解的方法，不一定是最好的方法，希望大家通过本例的学习能做到举一反三，掌握更多的方法。

说明：本项目任务编写的代码是没有进行优化的，需要大家自行优化代码；在 CSS 样式规则的定义过程中，合理运用选择符可以提高编程效率。例如，在定义企业产品 CSS 样式时，由于两种产品版面布局结构完全相同，所以只定义一种样式规则，同时控制两种企业产品的版面结构；在 CSS 样式规则的定义过程中，合理运用选择符同时可以提高代码执行效率，例如，在本任务中，包含选择符包含层次可以减少，只要能说明包含关系或者不影响布局效果就可以，在前面定义的样式规则，如下所述：

```
#main #maincontent #mcsecondpart #mcsright #mcsrsecond #content #chanping #rightwen a,a:link,a:visited {display: inline;margin: 0px;padding: 0px; border-style: none;}
```

选择符包含层次太深，可以减少为：

```
#chanping #rightwen a,a:link,a:visited {display: inline;margin: 0px;padding: 0px; border-style: none;}
```

因为在本任务中，#chanping 标识的 DIV 块元素在#main #maincontent #mcsecondpart #mcsright #mcsrsecond #content 之外区域没有，同时不加前面的包含选择符并不影响页面布局效果，所以完全可以省略掉前面的包含关系。

14. 网站其它页面设计与制作

至此整个网站前台主页页面制作完成了，按 < F12 > 键预览网页，整体效果如图 4－1 所示。

请大家利用所学知识设计并制作网站其它页面，来完成整个站点的制作，本书不再做详细讲解。

任务 4.5　项目检查与评价

项目评价表见表 4－1。

表 4－1　项目评价表

	内　容		评　价			
	学习目标	评价项目	优秀	良好	合格	差
职业能力	了解网页的表现、结构和内容	能理解分清网页的表现、结构、内容和行为的功能				
	运用各种 CSS 选择符	能合理应用各种选择符				
	掌握 CSS 盒模型	能运用 CSS 盒模型				
	掌握单行单列布局、二列布局、三列布局结构应用	能运用单行单列布局网页（固定、居中、自适应）				
		能运用二行布局网页（固定、居中、自适应）				
		能运用三行布局网页（固定、居中、自适应）				
职业能力	掌握 Div + CSS 布局网页技巧	能综合应用 Div + CSS 到网页项目				
	能够 CSS 代码优化	能优化 CSS 代码				
	能够编写网站策划书	根据实际完成策划书的撰写				
	方法能力					
	社会能力					
综合评价						

任务4.6　项目拓展知识

4.6.1　网页设计师应具备的素质

打开一个网站，首先展现在浏览者面前的是该网站的版面设计，如文本、图片、色彩以及整个网页的栏目设置与结构等，这些都是网页设计师的工作任务。这就要求网页设计师具备多方面的素质，包括艺术素质、综合技能素质、文化素质、与时俱进与不断创新等。网页设计师应为复合型的专业人才，所以网页设计师应有以下能力。

1. 良好的艺术鉴赏力和一定的美术功底

作为一名网页设计师，首先要具备一定的审美能力。网页设计就相当于平面设计的延伸，网页设计师可以将平面设计中的审美观点套用到这上面来，所以平面设计上的审美的观点在网页设计上非常实用。如对比、均衡、重复、比例、近似、渐变和节奏美、韵律美，以及色彩的搭配等显示出的轻快活泼的美，这些都能在网页上显示出来，反映设计师高超的审美能力。但网页设计师不能局限于平面设计的思路，在某些方面，网页设计师要比平面设计师更需要具备良好的审美能力，因为动态网页的设计是平面设计所不能达到的。

2. 熟练应用网页设计的相关软件与专业技术能力

软件尤其是绘图应用软件以及网页设计软件的不断升级，为网页设计师带来了极大的方便，所以作为一名优秀的设计师，应掌握相关应用软件的使用以及关注软件的发展，不断掌握其新功能以提高工作效率。在掌握网页设计软件的同时也应该对相关技术进行关注，例如 CSS、Html、Asp、SQL 等技术。

3. 丰富的网络经验，了解最新的网络技术与发展动态

丰富的网络经验可以帮助设计师减少很多不必要的麻烦，因为网页最终要放到互联网上，在网页制作的过程中难免遇到一些网络方面的问题。网络技术一日千里，网页设计师更要了解网络技术的发展动态，学会使用各种软件的新增功能。

4. 养成收集网页素材的好习惯

对网页设计师而言，最基本的要求是收集网页素材，如图片、优秀网页界面、脚本代码等。因为素材的收集是一个日积月累的过程，只有平时多收集，用的时候才方便；同时收集优秀网页效果图，可供参考，得到灵感或启发。希望大家养成收集网页素材的好习惯。资源收集的方法有很多,下面仅列举一二。

(1)资源搜索。在日常上网过程中,多搜集一些好的网站为以后网页设计做一些铺垫或准备。同时平时要多在搜索引擎中搜索一些关键词。例如:“优秀网站界面”“超级设计联盟”“网站界面设计”等,然后就能更进一步地搜索到一些优秀的网页素材,并得到一些优秀网页素材的网站地址。

例如,以下网址有一些好的素材与创意。

建站学网站:http://www.jzxue.com

网页教学网站:http://www.webjx.com/

站酷网:http://www.zcool.com.cn/

中国站长:http://www.zcool.com.cn/

网页制作大宝库:http://www.dabaoku.com/

网易学院:http://tech.163.com/school/

中国设计秀:http://www.cnwebshow.com/

(2)归类整理。搜索完成后,要注意对好的界面与素材以及网址进行归类与整理,归类的方法是根据搜集的素材类型创建不同的文件夹,将素材分类进行存放。遇到搜集的好界面采用“抓图法”(点击键盘上的 <PrScrn> 键,进行截屏),然后归类整理,如图 4-34 所示。

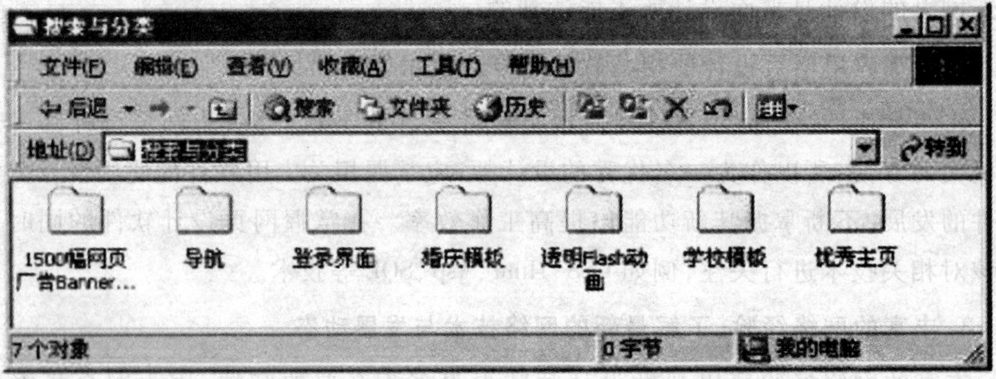

图 4-34　网页界面的分类与积累

4.6.2　项目开发策略与技巧:CSS 代码的优化

网页布局中 CSS 的代码整理与优化:

在实际项目开发过程中,由于部分代码为 Dreamweaver 自动生成,所以冗余度很高。很多代码可以缩写。

```
body,td,th{font - family:宋体;font - size:12px;color:#000000;}
```

字体可以缩写为(font:font - style font - varant font - weight font - size line - height font - family)

注意:至少还要定义 font - size 和 font - family 两个属性。

边框 border 可以缩写为(border:width style color;)。边框定义是所有的值都为 0,则可以合并成为一句话:(border:0px;)。

注意:0px 可以简化为 0,因为 0px = 0pt = 0。

整理后的代码如下:

```
Body{font:12px "宋体",sans - serif;border:0px;}
```

接下来整理 p 标签,整理前的 CSS 代码如下:

```
Body{background - color:#0585F8;margin - left:0px;margin - top:0px;margin - right:0px;margin - bottom:0px;}
```

边界 margin 属性可以按照上右下左的顺序缩写至一行,同时"上 = 下""左 = 右"时可以缩写为两个值,整理后的代码如下:

```
body{background - color:#0585F8;margin:0px;}
```

例如. logo 对象的定义,整理前的代码:

```
.logo{width:960px;height:70px;background - color:#FFFFFF;margin - top:0px;margin - right:auto;margin - bottom:0px;margin - left:auto;background - image:url(../images/index_01.gif);background - repeat:no - repeat;background - position:left;}
```

背景属性可以缩写为(background:color image repeat attachment position),可以省略其中的一个或多个属性,如果省略浏览器采用默认值,则 background - image, background - repeat 和 background - position 属性可以合并到 background 中去。边界 margin 属性可以缩写为两个值。

```
.header{width:1003px;height:70px;background - color:#FFFFFF;margin:0px auto;background - image:url(../images/index_01.gif) no - repeat left;}
```

当然 padding 也可以进行简化。

4.6.3 JavaScript 脚本代码的融合

任务提示:获取 JavaScript 脚本代码的方法、HTML 代码与 JavaScript 脚本代码的融合。

1. 关于 JavaScript

JavaScript 是一种基于对象(Object)和事件驱动(EventDriven)并具有安全性能的脚本语言。使用它的目的是与 HTML 超文本标记语言、Java 脚本语言(Java 小程序)一起实现在一个 Web 页面中链接多个对象,与 Web 客户交互作用从而可以开发客户端的应用程序等。它是通过嵌入或调入在标准的 HTML 语言中实现的,是一种能让网页更加生动活泼的程序语言,也是目前网页设计中最容易学又最方便的语言。利用 JavaScript 可以轻易地做出亲切的欢迎讯息、漂亮的数字钟、有广告效果的跑马灯及简易的选举,还可以显示浏览器停留的时间,让这些特殊效果提高网页的可观性。

2. 获取 JavaScript 脚本代码的方法

(1)编写 JavaScript 脚本代码。大家可以根据自己的需要,编写 JavaScript 程序代码,实现某种效果和功能,但前提是需要掌握 JavaScript 脚本语言。JavaScript 脚本语言相关知识,请大家查阅其它书籍,本书不作详细介绍。

(2)网上下载 JavaScript 脚本程序。现在网上 JavaScript 脚本程序很多,几乎各种效果和功能都有,大家可以登录到一些脚本网站,如脚本之家(http://www.jb51.net),查看效果并下载。或者在搜索引擎中输入 JavaScript 具体效果或功能关键词,搜索并下载,如在百度搜索引擎中输入"时间特效"关键词,可以找到许多关于时间特效的脚本程序。

3. HTML 代码与 JavaScript 脚本代码的融合

要让 html 能运行 JS,就要先导入 JS,将 JavaScript 脚本嵌入到 HTML 文档中,有 4 种标准方法:

1)代码包含于 <script> 和 </script> 标记对,然后嵌入到 HTML 文档中;

2)通过 <script> 标记的 src 属性链接外部的 JavaScript 脚本文件;

3)通过 JavaScript 伪 URL 地址引入;

4)通过 HTML 文档事件处理程序引入。

下面分别介绍 JavaScript 脚本的几种标准引入方法:

(1)通过 <script> 与 </script> 标记对引入在源程序。

注意:所谓标记对,就是必须成对出现的标记,否则其间的脚本代码不能被浏览器解释执行。

来看看下面的代码:

```
<script language="javascript1.2" type="text/javascript">
document.write("Hello World!"); </script>
```

首先,<script> 和 </script> 标记对将 JavaScript 脚本代码封装,同时告诉浏览器其间的代码为 JavaScript 脚本代码,然后调用 document 文档对象的 write()方法写字符串到 HTML 文档中。浏览器载入嵌有 JavaScript 脚本的 HTML 文档时,能自动识别 JavaScript 脚本代码起始标记 <script> 和结束标记 </script>,并将其间的代码按照解释 JavaScript 脚本代码的方法加以解释,然后将解释结果返回 HTML 文档并在浏览器窗口显示。

<script>标记的几个属性：

- language 属性：用于指定封装代码的脚本语言及版本，有的浏览器还支持 perl、VBScript 等，所有脚本浏览器都支持 JavaScript(当然，非常老的版本除外)，同时 language 属性默认值也为 JavaScript；
- type 属性：指定<script>和</script>标记对之间插入的脚本代码类型；
- src 属性：用于将外部的脚本文件内容嵌入到当前文档中，一般在较新版本的浏览器中使用，使用 JavaScript 脚本编写的外部脚本文件必须使用.js 为扩展名，同时在<script>和</script>标记对中不包含任何内容，如下：

```
<script language="JavaScript1.2" type="text/javascript" src="Sample.js"> </script>
```

注意：W3C HTML 标准中不推荐使用 language 语法，要标记所使用的脚本类型，应设置<script>的 type 属性为对应脚本的 MIME 类型(JavaScript 的 MIME 类型为"text/javascript")。但在该属性中可设定所使用脚本的版本，有利于根据浏览器支持的脚本版本来编写有针对性的脚本代码。

(2)通过<script>标记的 src 属性引入改写源程序。编写网页的代码并保存为 test.html：

```
<!DOCTYPEHTMLPUBLIC"-//W3C//DTDHTML4.0//EN""http://www.w3.org/TR/REC-html140/strict.dtd">
<html><head>
<meta http-equiv=content-type content="text/html; charset=gb2312">
<title>SamplePage! </title></head>
<body><script language="javascript1.2" type="text/javascript" src="1.js"></script>
</body></html>
```

同时在文本编辑器中编辑如下代码并将其保存为 1.js：

```
document.write("Hello World!");
```

将 test.html 和 1.js 文件放置于同一目录，双击运行 test.html，可见通过外部引入 JavaScript 脚本文件的方式，能实现同样的功能。同时具有如下优点：

1)将脚本程序同现有页面的逻辑结构及浏览器结果分离。通过外部脚本，可以轻易实现多个页面共用完成同一功能的脚本文件，以便通过更新一个脚本文件内容达到批量更新的目的；

2)浏览器可以实现对目标脚本文件的高速缓存，避免额外的由于引用同样功能的脚本代码而导致下载时间的增加。

与 C 语言使用外部头文件(.h 文件等)相似，引入 JavaScript 脚本代码时使用外部脚本文件的方式符合结构化编程思想,但也有不利的一面,主要表现在如下几点:不是所有支持 JavaScript 脚本的浏览器都支持外部脚本,如 Netscape2 和 InterneTExplorer3 及以下版本都不支持外部脚本。外部脚本文件功能过于复杂或其他原因导致的加载时间过长有可能导致页面事件得不到处理或者得不到正确的处理,程序员必须谨慎使用并确保脚本加载完成后其中的函数才被页面事件调用,否则浏览器报错。综上所述,引入外部 JavaScript 脚本文件的方法是效果与风险并存,开发者应权衡优缺点以决定是将脚本代码嵌入到目标 HTML 文档中还是通过引用外部脚本文件的方式来实现相同的功能。

注意:一般来讲,将实现通用功能的 JavaScript 脚本代码作为外部脚本文件引用,而实现特有功能的 JavaScript 代码则直接嵌入到 HTML 文档中的 <head> 与 </head> 标记对之间提前载入以及时、正确响应页面事件。

(3)通过 JavaScript 伪 URL 引入。在多数支持 JavaScript 脚本的浏览器中,可以通过 JavaScript 伪 URL 地址调用语句来引入 JavaScript 脚本代码。伪 URL 地址的一般格式如下:

```
JavaScript:alert("Hello World!")
```

一般以"javascript:"开始,后面紧跟要执行的操作。下面的代码演示如何使用伪 URL 地址来引入 JavaScript 代码。

```
//源程序
<! DOCTYPEHTMLPUBLIC" -//W3C//DTDHTML4.0//EN""http://www.w3.org/TR/REC - html140/strict.dtd"> <html> <head>
<meta http - equiv = content - type content = "text/html;charset = gb2312">
<title> SamplePage! </title> </head> <body> <br> <center>
<p> 伪 URL 地址引入 JavaScript 脚本代码实例: </p>
<form name = "MyForm">
<input type = text name = "MyText" value = "鼠标点击" onclick = "javascript:alert('鼠标已点击文本框! ')"> </form> </center>
</body> </html>
```

鼠标点击文本框,弹出警示框如图 4 - 35 所示。

伪 URL 地址可用于文档中任何地方,并触发任意数量的 JavaScript 函数或对象固有的方法。由于这种方式代码短小精悍,同时效果颇佳,在表单数据合法性验证譬如某个字段是否符合日期格式等方面应用非常广泛。

(4)通过 HTML 文档事件处理程序引入在开发 Web 应用程序的过程中。开发者可以给 HTML 文档中设定不同的事件处理器,通常是设置某 HTML 元素的属性来引用一个脚本(可以是一个简单的动作或者函数),属性一般以 on 开头,如鼠标移动 onmousemove( )等。下面的程序演示如何使用 JavaScript 脚本对按钮单击事件进行响应。

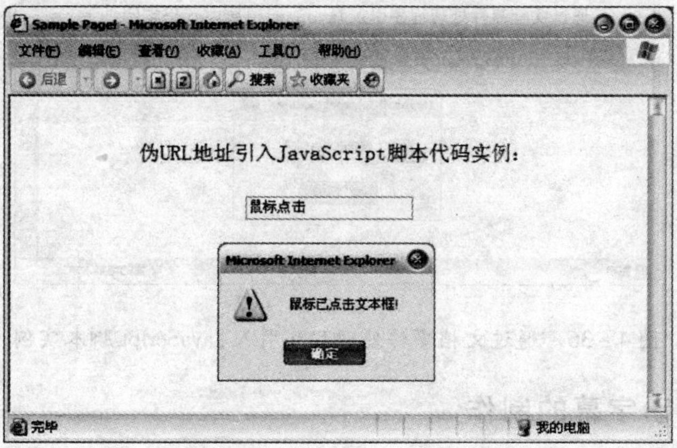

图 4 - 35　伪 URL 地址引入 JavaScript 脚本代码实例

```
//源程序
<! DOCTYPEHTMLPUBLIC" - //W3C//DTDHTML4.0//EN""http://www.w3.org/TR/REC - html140/strict.
dtd">
<html>
<head>
<meta http - equiv = content - type content = "text/html;charset = gb2312">
<title> SamplePage! </title>
<script language = "javascript" type = "text/javascript">
functionClickMe()
{alert("鼠标已单击按钮");}
</script>
</head>
<body>
<br>
<center>
<p>通过文档事件处理程序引入 JavaScript 脚本代码实例:
</p> <form name = "MyForm">
<input type = button name = "MyButton" value = "鼠标单击" onclick = "ClickMe()"> </form>
</center> </body> </html>
```

程序运行后,在原始页面单击"鼠标单击"按钮,出现如图 4 - 36 所示的警告框。

图 4-36　通过文档事件处理程序引入 JavaScript 脚本实例

4.6.4　滚动字幕的制作

1. 案例制作

在网页中插入文字"欢迎来到网页制作课堂,祝你在这里学得开心!",并设置字体:楷体_GB2312;字号:24;颜色:#FFCC33。

选中文字,单击文档工具栏上的"拆分"按钮,切换到拆分视图。在拆分视图中,可以查看编辑网页代码。在 HTML 文件中,可以通过一对标记来设置显示效果。在紧贴相应文字前后的位置插入标签 <marquee>字幕文字</marquee>,做出滚动字幕效果,此时需在开始标记中加入属性参数,各参数间用空格隔开。设置 behavior = "alternate",behavior 表示字幕滚动方式,alternate 表示来回交替运动,字幕的完整标记为 <marquee behavior = "alternare">。

单击"在浏览器中预览/调试"按钮,保存并预览网页,完成滚动字幕的制作。

2. 相关知识

在网页中可以用 marquee 标记插入字幕,该标签不是 HTML3.2 的一部分,而且只支持 Microsoft IE3 以后内核,所以如果使用非 IE 内核浏览器(如:Netscape)可能无法看到一些很有意思的效果。

Marquee 标记是个容器标签,它的基本语法为 <marquee>…</marquee>,与大多数 HTML 语法元素一样,它也是成双出现的,被修饰对象就放在开始标记和结束标记之间。

该标记支持的属性共有 11 项,下面分别解释属性的含义和参数的选择。

(1) align:设定 <marquee> 标签内容的对齐方式。

- absbottom:绝对底部对齐(与 g、p 等字母的最下端对齐)。
- absmiddle:绝对中央对齐。

- baseline：底线对齐。
- bottom：底部对齐（默认）。
- left：左对齐。
- middle：中间对齐。
- right：右对齐。
- texttop：顶线对齐。
- top：顶部对齐。

（2）behavior：设定滚动方式。

- alternate：表示在两端之间来回滚动。
- scroll：表示由一端滚动到另一端，会重复。
- slide：表示由一端滚动到另一端，不会重复。

（3）bgcolor：设定字幕的背景颜色，背景颜色可用 RGB、16 进制值的格式颜色名称来设定。

（4）direction：设定活动字幕的滚动方向。

- up：表示向上滚动。
- down：表示向下滚动。
- left：表示向左滚动。
- right：表示向右滚动。

（5）height：设定活动字幕的高度。

（6）width：设定活动字幕的宽度。

（7）hspace：设定活动字幕所在的位置距离父容器水平边框的距离。

（8）vspace：设定活动字幕所在的位置距离父容器垂直边框的距离。

（9）loop：设定滚动的次数，当 loop = -1 时表示一直滚动下去，默认等于 -1。

（10）scrollamount：设定活动字幕的滚动速度，单位为 pixels 像素。

（11）scrolldelay：设定活动字幕滚动两次之间的延迟时间，单位为 millisecond 毫秒，该值设定过大会有一步一停顿的效果。

以下是一个设置了所有参数的例子。

```
< marquee align = "left" bahavior = "scroll" bgcolor = "#FF0000" direction = "up" height = "300"
width = "200" hspace = "50" vspace = "20" loop = " - 1 " scrollamount = "10" scolldelay = "100" on-
MouseOut = "this.start( )" onMouseOver = "this.stop( )">
此字幕设置了所有 11 个参数
< /marquee >
```

任务4.7　使用模版和库完善静态网站

任务提示：通常在一个网站中会有大量风格基本相似的页面，如果逐页创建、修改，既费时、费力，而且效率不高，整个站点中的网页又很难做到统一的外观以及结构。此时可以借助 Dreamweaver 提供的模板和库功能将具有相同版面结构的页面制作成模板，再通过模板来创建其它网页页面。

4.7.1　模板技术的应用

模板是用来产生固定特征和共同格式的文档基础，利用 Dreavweaver 的模板功能可以创建具有相同页面布局的一系列文件，同时模板最大的好处还在于后期维护方便，它可以快速改变整个站点的布局和外观。

将文档保存为模板时，Dreamweaver 会自动锁定文档的大部分区域，模板是由可编辑区域和不可编辑区域两部分组成。不可编辑区域包含了在所有页面中的共有元素，即构成页面的基本框架，而可编辑区域是为添加相应的内容而设置的。在后期维护中通过改变模板的不可编辑区域，即构成页面的框架部分，可以快速地更新整个站点所有使用了模板的页面。

1. 模板的创建方法

创建模板一般有以下 3 种方法：

第一，修改现存的 HTML 文档，使之适合自己需要。

第二，使用新建对话框创建模板。

第三，在“资源”面板中新建模板。

创建模板时 Dreamweaver 自动把模板存储在站点的本地根下的“Templates”文件夹中，如果此文件夹不存在，当存储一个新模板时 Dreamweaver 将自动生成此文件夹。

模板的创建一般是将做好的主页面另存为模板，经过调整网页的布局，添加“可编辑区域”即可，具体步骤如下所述。

（1）使用 Dreamweaver 打开“情境四：武威职业学院信息技术公司网站”文件夹中 index. html 网页。

（2）执行“文件”→“另存为模板”命令，将出现“另存为模板”对话框，“另存为”选项设置为“gsjj”（公司简介页面），单击保存，如图 4－37 所示。

（3）弹出“要更新链接吗？”对话框，单击“是”，即可完成模板的创建。

（4）在“文件”面板中打开“Templates”文件夹下的 gsjj. dwt 模板文件，如图 4－38 所示。

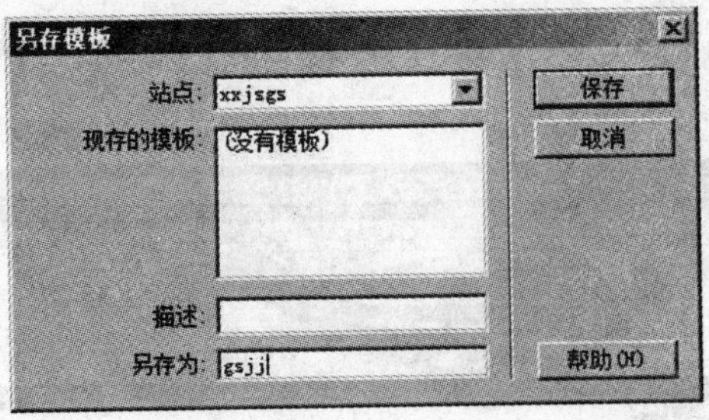

图 4-37 “另存为模板”对话框

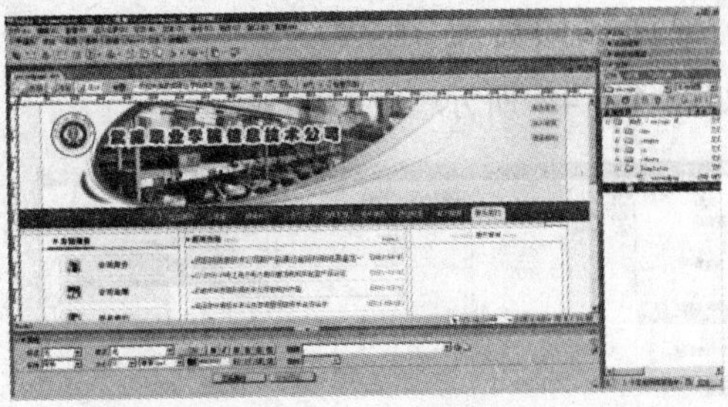

图 4-38 打开的模板文件窗口

(5)删除网页主体部分的内容,如图 4-39 所示。

2. **设置可编辑区域**

可编辑区域是基于模板的文档中的未锁定区域,是模板用户可以编辑的部分,用户可以将模板的任何区域定义为可编辑的区域。

在 Dreamweaver 中选择图 4-39 右侧空白区域,执行“插入记录”→“模板对象”→“可编辑区域”命令,弹出“新建可编辑区域”对话框,如图 4-40 所示。在对话框的“名称”文本框中输入可编辑区域的名称,单击“确定”按钮,保存模板。

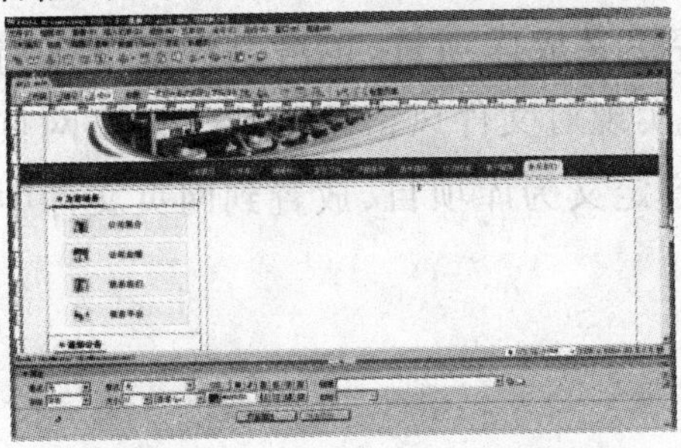

图 4-39 公司简介模板页

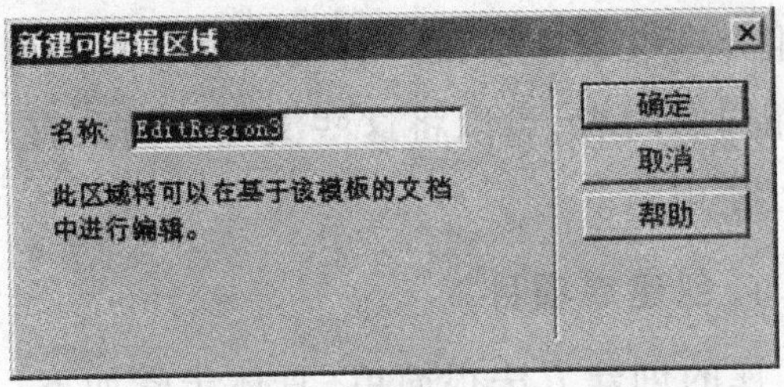

图 4-40 新建可编辑区域对话框

3. **应用模板创建新网页**

在模板创建之后,就可以快速、高效地设计风格一致的网页。应用模板的形式也有很多,也可以对新建的网页创建模板,或者在新建的网页中应用模板。具体的介绍三种方法。

方法一:创建一个新网页,然后将其保存到网站文件夹中,执行“修改”→“模板”→“应用模板到页”命令。

方法二:打开要应用模板的文档,在“资源”面板中单击“模板”图标,找到要应用的模板。将模板从面板拖到“文档”窗口中,或者选中模板,单击“应用”按钮。

方法三:选择“文件”→“新建”命令,弹出“新建文档”对话框,选择“模板”标签,在“模板用于”列表框中选择所在的站点,在“站点”列表框中选择合适的模板,如图 4-41 所示。单击“创建”按钮,完成新文档的创建。

根据页面需要，在可编辑区域添加或编辑数据，添加“公司简介”内容后的效果如图 4－42 所示。

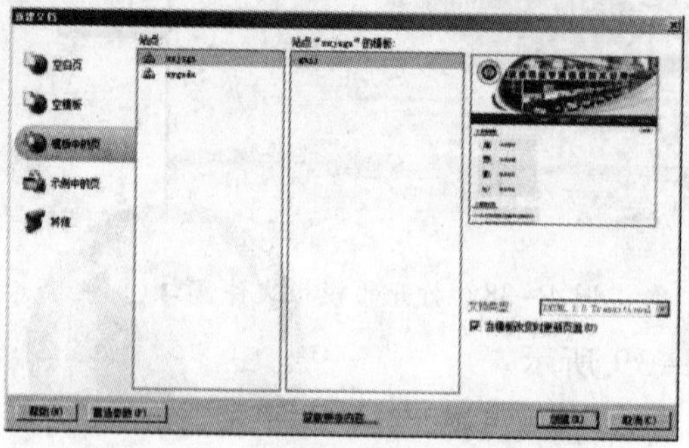

图 4－41　公司简介模板页

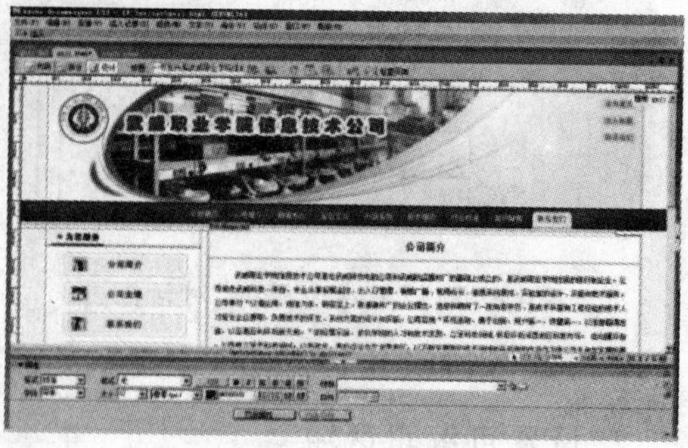

图 4－42　新建可编辑区域对话框

4.7.2　库的应用

库是一种用来存储要在整个网站上经常重复使用或更新的页面元素（如图像、文本和其它对象）的方法，这些页面元素称为库项目。

在 Dreamweaver 中可以将单独的文档内容定义成库项目，也可以将多个文档内容组合定义成库项目。利用库项目同样可以实现对文件风格的维护。很多网页带有相同的内容，可以将这些文档中的共有内容定义为库项目，放置到网页文件中就可以使用了。

1. 创建库项目

库的创建方法很简单，具体步骤如下：

（1）选择“窗口”菜单中的“资源”命令，打开资源面板，在资源面板左侧单击“库”按钮，打开库资源面板，如图 4－43 所示。

（2）在库资源面板单击“新建库项目”按钮，将库文件改名为 header，如图4－44

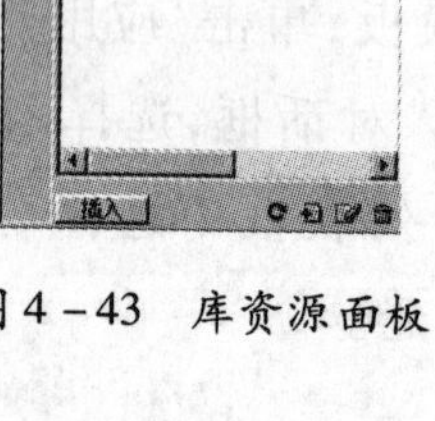

图 4－43　库资源面板

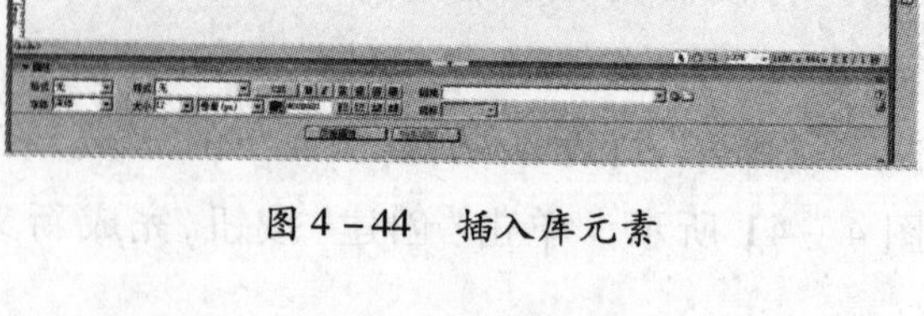

图 4－44　插入库元素

所示，双击打开库文件进行编辑。此时在文件面板查看站点资源，发现新增个 Library 文件夹，用来存放库文件。

(3) 与普通文档编辑窗口操作方法相同，在其中加入所需内容。例如，将“情境四：武威职业学院信息技术公司网站”文件夹中 index.html 网页中头部和导航内容代码复制粘贴到库文件中，执行“文件”→“保存”命令即可。

2. 编辑和应用库项目

调出“资源”面板，从库列表中选择要进行编辑的库项目，然后单击面板底部的“编辑”按钮，或者直接双击库项目名称，系统会自动打开一个用于编辑该库项目的窗口。

如果要将库项目应用到网页中，具体步骤如下所述。

(1) 打开网页文档，将光标置于要插入库元素的位置。

(2) 打开资源面板，单击“库”标签。

(3) 选择库元素名称，单击“插入”按钮，或者直接将库元素拖到网页中所需要的位置。如图 4 - 44 所示中显示了当前插入元素为库元素。在将其添加到页面时，实际内容以及项目的引用就会被插入到文档。

3. 脱离库元素控制

如果希望将一个库元素应用到网页中，成为一个独立的网页内容，不再受库元素的控制，可以按照下面的方法来完成。

(1) 选中网页中的库元素。

(2) 单击属性面板中的“从源文件中分离”按钮，弹出警告对话框。

(3) 单击“确定”按钮即可。

模板是为了保持页面统一，而库文件不仅能够保持相同的一小部分内容，更主要的是可以满足经常修改的需要，而且它比模板更加灵活，可以放置在页面的任意位置，而不一定在同一位置。每个库项目都在站点本地根文件的“Library”文件夹中保存为一个单独的文件，文件可扩展名为 .lbi。

任务4.8　应用行为增强网页动态效果

任务提示：什么是行为、行为面板的使用、关于事件、应用行为及更改行为。

1. 行为

Dreamweaver 行为允许访问者与网页进行交互，从而以多种方式更改网页，或引起某些任务的执行。

行为是事件和由该事件触发的动作的组合。在标签组合面板下的“行为”面板中，通过指定一个动作，然后指定触发该动作的事件，可将行为添加到页面中。由于行为代码是客户端 JavaScript 代码，运行于浏览器中，而不是服务器上，因此它不占用服务器资源。

事件是在浏览器上生成的。例如，当访问者将鼠标指针移动到某个链接上时，浏览器为该链接生成一个 onMouseOver 事件；然后浏览器查看该事件是否调用 JavaScript 代码（这些代码是在被查看的网页中指定的）。不同的网页元素定义的事件不同。例如，在大多数浏览器中，onMouseOver 和 onClick 是与链接关联的事件，而 onLoad 是与图像和文档的 body 部分关联的事件。

动作是由预先编写的 JavaScript 代码组成的，这些代码执行特定的任务。例如，打开浏览器窗口、显示或隐藏层、播放声音或停止 Shockwave 影片等。Dreamweaver8 提供的动作是由 Dreamweaver 工程师精心编写的，以提供最大的跨浏览器兼容性。

将行为附加到网页元素上之后，只要对该元素发生了所指定的事件，浏览器就会调用与该事件关联的动作。例如，如果将弹出消息的动作附加到某个链接上，并指定它将由 onMouseOver 事件触发，那么浏览者在浏览器中用鼠标指针指向该链接时，将在对话框中弹出指定的消息。值得注意的是用来触发给定动作的事件随浏览器的不同而有所不同。单个事件可以触发多个不同的动作，并且可以指定这些动作发生的顺序。

DreamweaverCS3 提供大约二十多个行为动作，在 Macromedia Exchange Web 站点以及第三方开发人员站点上可以找到更多的动作。

2. 使用“行为”面板

打开“行为”面板，执行“窗口”→“行为”命令。附加到当前所选网页元素的行为显示在行为列表中（面板的主区域），多个行为以事件的字母顺序排列。如果同一个事件有多个动作，则将以在列表上出现的顺序执行这些动作。如果行为列表中没有显示任何行为，则表明当前所选的网页元素没有附加行为。

3. 关于事件

每个浏览器都提供一组事件，这些事件可以与“行为”面板的“动作”弹出式菜单中列出的动作相关联。当 Web 页的访问者与网页进行交互时（例如单击某个图像），浏览器生成事件，这些事件可用于调用动作。但是在没有用户交互时，也可以生成事件，如设置网页每 10 秒钟自动重新载入。常用事件有：onClick、onDblClick、onMouseDown、onMouseUp、onMouseOver、onMouseMove、onMouseOut、onLoad、onMove 等。

4. 应用行为

行为可以附加到整个文档(即附加到 body 标签),也可以附加到链接、图像、表单元素或多种其他 HTML 元素中。可以根据选择的目标浏览器类型来确定给定的元素支持哪些事件。但是不能将行为附加到纯文本。在为一个事件指定多个动作时,动作以行为列表中列出的顺序发生。

为网页元素附加行为的方法如下:

(1)在网页上选择一个元素,如一个图像或一个链接。

若要将行为附加到整页,请在文档窗口底部左侧的标签选择器中单击 body 标签。

(2)执行"窗口"→"行为"命令,打开"行为"面板。

(3)单击动作按钮,从"动作"弹出式菜单中选择一个动作。

不能选择菜单中灰色显示的动作。事件灰色显示的原因可能是当前的网页文件中不存在所需的对象。例如,如果文档不包含 Shockwave 或 Flash 影片,则"控制 Shockwave 或 Flash"动作将显示灰色,也可能是所选的对象无可用事件,此时所有动作都显示灰色,还有可能是选择的目标浏览器类型版本太低,可以在显示事件列表中选择较高版本的浏览器获得更多可用的动作。

(4)选择某个动作后,将出现一个对话框,显示该动作的相关参数和说明。为该动作输入参数,然后单击"确定"按钮。

(5)对该动作,选择合适的触发事件即可。

5. 关于行为和文本

在 Dreamweaver 中,不能将行为附加到纯文本。但是,可以将行为附加到链接。因此,若要将行为附加到文本,最简单的方法就是向文本添加一个空链接,然后将行为附加到该链接上。这样做时,该文本将被显示为链接。

若要将某个行为附加到所选的文本,操作方法如下:

(1)选中需要添加行为的文本,为文本设置空链接,即在属性面板的"链接"域中输入"#"。

(2)执行"窗口"→"行为"命令,打开"行为"面板。

(3)从动作弹出式菜单中选择一个动作,在打开的对话框中设置该动作的参数,然后选择一个触发该动作的事件。

6. 更改行为

在应用行为之后,仍可以更改触发动作的事件、添加或删除动作以及更改动作的参数。

若要更改行为，操作方法如下：

(1)选择一个附加有行为的对象。

(2)执行"窗口"→"行为"命令，打开"行为面板"。

(3)在以下选项中选择：

若要编辑动作的参数，在行为列表中双击该行为，在弹出的对话框中更改参数后，单击"确定"按钮。

若要更改给定事件的多个动作的顺序，选择某个动作后，单击增加或降低事件值按钮。

若要删除某个行为，选中该行为后，单击删除按钮或按 Delete 键。

习题

一、基础简答题

1. 什么是 CSS 盒模型？

2. 简述单列布局、二列布局和三列布局结构的应用。

3. 什么是行为、事件和动作？

4. 什么是模板？它有什么作用？

二、项目实战题：陇上江南旅游网站制作

利用 WEB 标准布局技术，设计并制作一个旅游专题网站，介绍我省（甘肃省）天水和陇南两地的旅游景点景区和人文景观等。

设计要求：

1. 撰写网站策划书并完成网站页面的制作。

2. 网站整体风格一致，网页版面效果美观大方，色彩搭配合理。

3. 运用 JavaScript 特效代码或广告源码，增强网页显示效果。

4. 运用网站模板设计并制作网站内页。

5. 尝试运用行为增强网页动态效果。

6. 3～4 人组成一个学习团队，完成项目任务。

7. 检查项目完成情况并制定考核要求。

学习情境五　图形图像专题学习网站主页设计

任务5.1　项目展示与项目目标

5.1.1　项目效果图展示

项目完成的最终效果如图 5－1 所示。

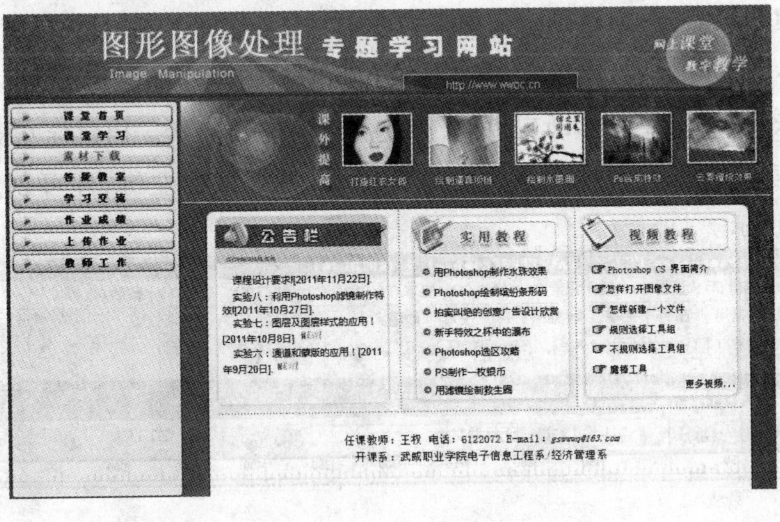

图 5－1　网站主页预览效果

5.1.2　项目目标

- 掌握在网页中创建框架的方法
- 掌握为框架命名并导入框架源文件的方法
- 掌握框架集文件的保存方法
- 掌握编辑框架内容的方法

任务5.2 项目资讯

图形图像专题学习网站是一个包含课堂学习、素材下载、答疑教室、学习交流、作业成绩、上传作业、教师工作等模块的一个功能型学习网站。对于这种偏重于功能的网站，通常会采用框架结构。

框架是一个较早出现的HTML对象，框架的作用就是把浏览器窗口划分为若干个区域，每个区域可以分别显示不同的网页。使用框架可以非常方便地完成导航工作，而且各个框架之间不存在干扰问题，所以在模板出现以前框架技术一直普遍应用于页面的导航，它可以使网站导航比较清晰。

使用框架建设网站的最大特点是使网站的风格能够保持统一。一个网站的众多网页最好都有相同的地方，可以把这个相同的部分单独制作成一个页面，作为框架结构的各个子框架的内容给整个站点公用。

框架实际上由两部分组成，即框架集与框架。由于框架集在文档中仅定义了框架的结构、数量、尺寸及装入框架的页面文件，因此，框架集并不显示在浏览器中，它只是存储了一些框架如何显示的信息。

1.关键知识点一：创建预定义框架

新建一个空白文档，执行“查看”→“可视化助理”→“框架边框”命令，在文档窗口中显示边框，将光标移动到边框，会变成双向箭头形状。用鼠标左键拖动文档窗口中的框架边框，将其拖动到所需的位置上，释放鼠标左键，即可创建框架集，如图5－2所示。

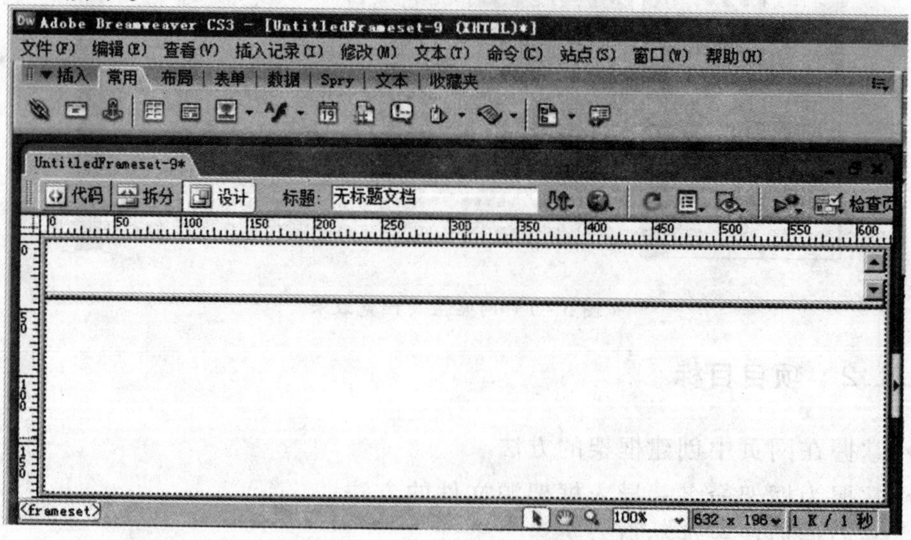

图5－2 创建框架集

2. 关键知识点二:创建自定义框架

创建自定义框架的方法是:执行“文件”→“新建”命令,在弹出的“新建文档”对话框中选择“示例页”→“框架集”选项,在“示例页”列表中根据需要进行选择,单击“创建”按钮,即可创建框架集。

3. 关键知识点三:框架的多种选择方法

选择框架有以下两种方法。

(1)执行“窗口”→“框架”命令。在打开的“框架”面板中单击需要选择的框架,则框架集的边界会被虚线包围。

(2)按住 <Alt> 键,再单击文档窗口中需要选择的框架,即可选中框架。

4. 关键知识点四:框架集的多种选择方法

框架集有以下两种选择方法。

(1)将光标移到整个边框上,按住 <Alt> 键,当光标指针变为水平方向箭头或垂直方向双向箭头时,单击边框即可选中整个框架集。

(2)单击“框架”面板中最外边的边框,当其显示为黑边时,即可选中框架集。

5. 关键知识点五:框架集的保存

若想保存框架页面,可以直接将插入点放置在该框架,执行“文件”→“框架另存为”命令,在弹出的“另存为”对话框的“文件名”中输入框架的名称,单击“保存”按钮即可保存框架。

若想保存框架集,可以选中框架集,执行“文件”→“框架集另存为”命令,在弹出的“另存为”对话框中输入框架集的名称,单击“保存”,即可保存框架集。

6. 关键知识点六:设置框架的属性

选中框架后,其“属性”面板如图 5-3 所示,在其中可以设置框架名称、源文件和边框等。

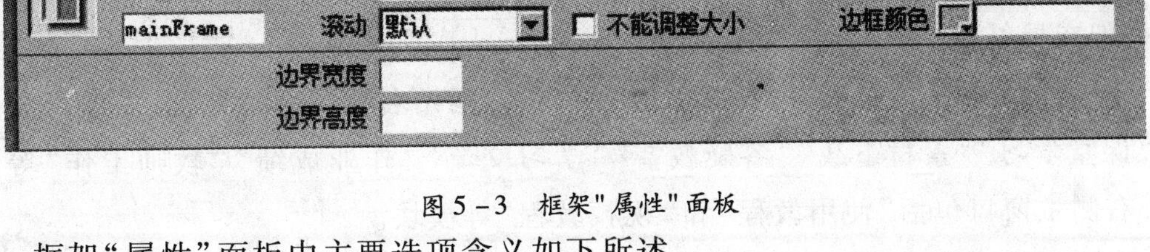

图 5-3 框架"属性"面板

框架“属性”面板中主要选项含义如下所述。

“框架名称”：描述框架的名称。

“源文件”：确定框架的源文档，可以在文本框中直接输入路径，也可以单击“浏览文件” 按钮，在弹出的“选择 HTML 文件”对话框中进行选择。

“滚动”：设置当框架中的显示内容没有显示不完全时是否出现滚动条。

“不能调整大小”：限定框架的尺寸，防止用户拖动框架边框。

“边框”：控制当前框架边框，包括“是”“否”和“默认”3 个选项。

“边框颜色”：设置与当前边框相邻的所有框架的边框颜色。

“边界宽度”：以像素为单位设置框架边框和内容之间的左右边距。

“边界高度”：以像素为单位设置框架边框和内容之间的上下边距。

7. 关键知识点七：设置框架集的属性

选中框架集后，其“属性”面板如图 5－4 所示，在其中可以设置框架集的相关属性。框架集“属性”面板中主要选项含义如下所述。

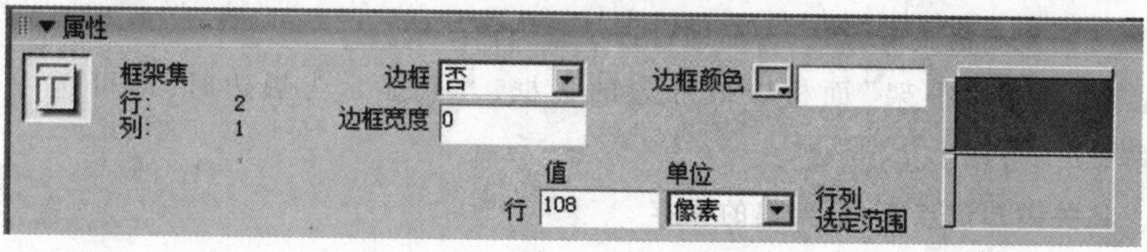

图 5－4　框架集属性面板

“边框”：设置是否有边框，包括“是”“否”和“默认”3 个选项。

“边框宽度”：以像素为单位设置整个框架集的边框宽度。

“边框颜色”：设置整个框架集的边框颜色。

“行”和“列”：显示的行或列由框架集的结构而定。

“单位”：行、列尺寸的单位包括“像素”“百分比”和“相对”3 个选项。

任务 5.3　项目计划与决策

通常功能型网站多采用框架结构。根据分析，图形图像专题学习网站属于一个偏重软件功能的系统，网站设计采用框架结构，具体采用“上方固定，左侧嵌套”的框架布局结构。

网页布局在上方框架存放网站的页眉，包括网站名称与网站地址，左侧部分包括“课堂学习”“素材下载”“答疑教室”“学习交流”“作业成绩”“教师工作”等模块，右侧主窗口包括“使用教程”和“视频教程”等模块。

框架布局设计草图如图 5－5 所示。

上方框架	图形图像学习网站页眉与网址
左框架 课堂学习 素材下载 答疑教室 学习交流 上传作业 作业成绩 教师工作	主框架 公告栏 课外提高 实用教程 视频教程 网站页脚与版权信息

图 5－5 图形图像专题学习网站布局设计草图

任务5.4 项目实施

网站框架布局的具体方法如下所述。

(1)根据图 5－5 所示的草图，假设这个主页是上下结构，下方又分为左右结构，上方框架显示网站页眉信息，左方框架显示导航页面，右侧框架显示主内容。

提供的 3 个网页效果以及最终实现的效果如图 5－6 所示。

(a) 顶部框架页面　(b) 左侧框架页面

(c) 主框架页面　(d) 套用框架集后的页面

图 5－6 框架使用演示效果

(2)执行“文件”→“新建”命令，在弹出的“新建文档”对话框中选择“实例页”→“框架集”选项，在“实例页”列表中根据需要选择“上方固定，左侧嵌套”的框架集如图 5-7 所示。

(3)创建完成后，执行“文件”→“框架集另存为”命令，保存框架在所提供的站点根目录中，命名为“index. htm”，标题为“图形图像处理专题学习网站!”，执行“窗口”→“框架”命令，显示框架面板，如图 5-8 所示。

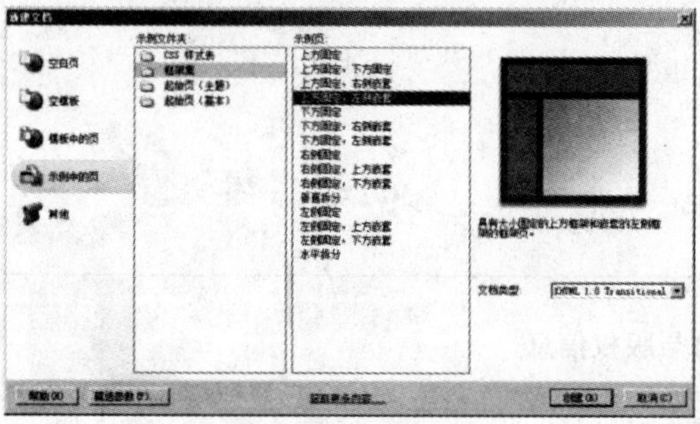

图 5-7　创建“上方固定，左侧嵌套”框架集

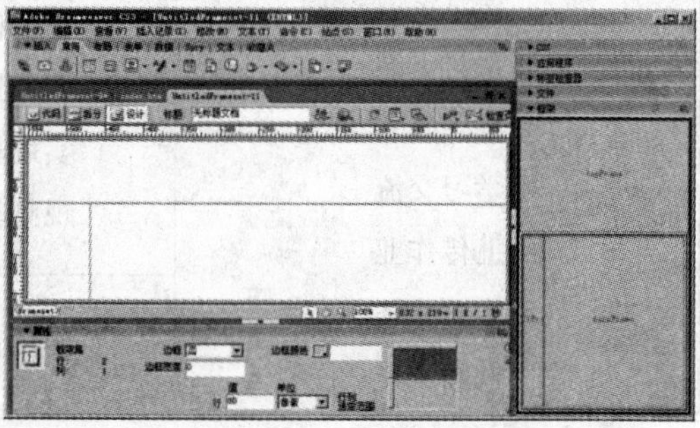

图 5-8　框架面板

(4)单击“框架”面板中的上侧框架(topframe)，在属性中单击“浏览文件”按钮，在弹出的“选择 HTML 文件”对话框中选择已经做好的网页“top. htm”，完成上方框架的制作。

(5)单击框架面板的左侧框架(leftframe)，在属性面板中“源文件”后单击“浏览文件”按钮，在弹出的“选择 HTML 文件”对话框中选择已经做好的网页“left. htm”，单击框架面板的右侧框架(mainframe)，在属性面板中“源文件”后单击“浏览文件”按钮，在弹出的“选择 HTML 文件”对话框中选择已经做好的网页“right. htm”。

(6)用鼠标调整框架集中间的边框使其显示效果协调一致，然后再次保存此框架网页，此时选中框架集，单击“代码”视图，代码如下所述。

```
<!DOCTYPE HTML PUBLIC "-//W3C//DTD HTML 4.01 Frameset//EN" "http://www.w3.org/TR/html4/frameset.dtd">
<html>
<head>
<meta http-equiv="Content-Type" content="text/html; charset=gb2312">
<title>图形图像处理专题学习网站</title>
</head>
<frameset rows="108,*" cols="*" frameborder="NO" border="0" framespacing="0">
    <frame src="top.htm" name="topFrame" scrolling="NO" noresize >
    <frameset rows="*" cols="220,*" framespacing="0" frameborder="NO" border="0">
```

```
        <frame src="left.htm" name="leftFrame" scrolling="NO" noresize>
        <frame src="right.htm" name="mainFrame">
    </frameset> </frameset>
<noframes> <body>
</body> </noframes>
</html>
```

此时框架集布局完成，网页预览的效果图如图 5－1 所示。

任务5.5　项目检查与评价

项目评价表见表 5－1。

表 5－1　项目评价表

	内　容		评　价			
	学习目标	评价项目	优秀	良好	合格	差
职业能力	了解框架的概念能够把握何时使用框架布局	能掌握框架的使用场合				
	掌握在网页中创建框架的的方法	能在网页中创建框架				
	掌握框架集文件的保存方法	能保存框架集文件				
	掌握框架集属性与框架属性的设置方法	能设置框架集属性与框架的属性				
	掌握编辑框架的方法	能编辑框架				
	掌握框架的综合使用	能使用框架制作网站或项目				
	方法能力					
	社会能力					
综合评价						

任务5.6　强化拓展实训

5.6.1　框架中超链接的使用

在框架中创建链接的具体方法如下所述。

(1) 使用 Dreamweaver 打开网页 default. htm 文件，鼠标选择 left. htm 中的“素材下载”图片，在属性面板中选择“矩形热点工具”，利用工具在“素材下载”图片上绘制热点。单击“链接”文本框右边的“浏览文件”按钮,在弹出的“选择文件”对话框中选择 scxz. htm 文件,如图 5 - 9 所示。

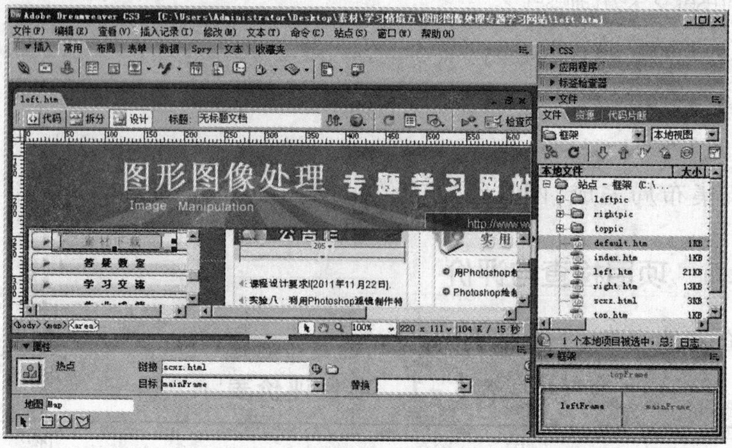

图 5 - 9　图片热点矩形区域

2. 单击“确定”后,在“属性”栏中的“目标”下拉列表框中选择“mainframe”选项,如图 5 - 9 所示。通常设置“目标”下拉列表框中的 topFrame、leftFrame、mainFrame 分别表示相应的网页 scxz. htm 链接后显示的区域,选择_parent 可以返回到父窗口中。

保存后按 <F12> 键预览,单击“素材下载”超链接后的效果如图 5 - 10 所示。

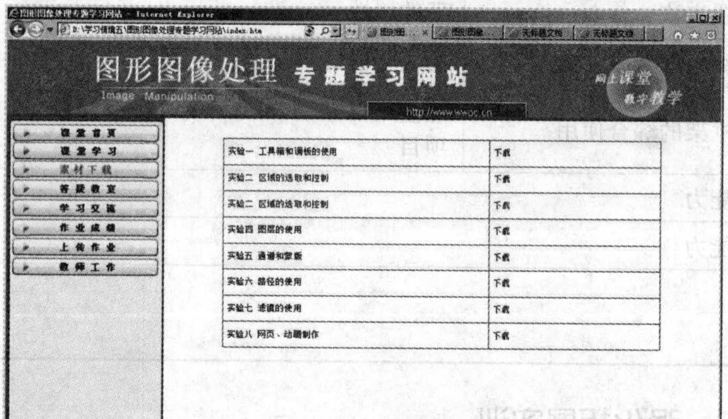

图 5 - 10　“素材下载”链接打开的页面效果

5.6.2　建立锚点链接

超链接可以使用户在整个 Intenrent 上方便地建立链接,如果用户编写了一个很长的 HTML 文件,从头到尾地读很浪费时间,要解决这个问题,可以在文件的不同部位做记号(锚点),通过记号建立链接,使用户方便在上下文之间跳转。

1. 建立锚点 <a name =“”>… </a>

<a name =“”>… </a>标记用来在 HTML 文档中创建一个锚点(即做一个记号),属性 name 是不可缺少的,它的值即为锚点名。

例如:<a name =“锚点名”>此处创建了一个锚点</a>

2. 通过锚点链接 <a href =“#锚点名”>… </a>

创建锚点链接是为了在 HTML 文档中实现页内跳转,以便能够找到同一文档中标有锚点的地方。要跳转到锚点所在地,需编写如下代码:

<a href =“#锚点名”>点此处将使浏览器跳到“锚点名”处</a>

【操作实例】建立锚点链接

目标:在长文件中实现如图 5 - 11 所示的页内跳转效果。

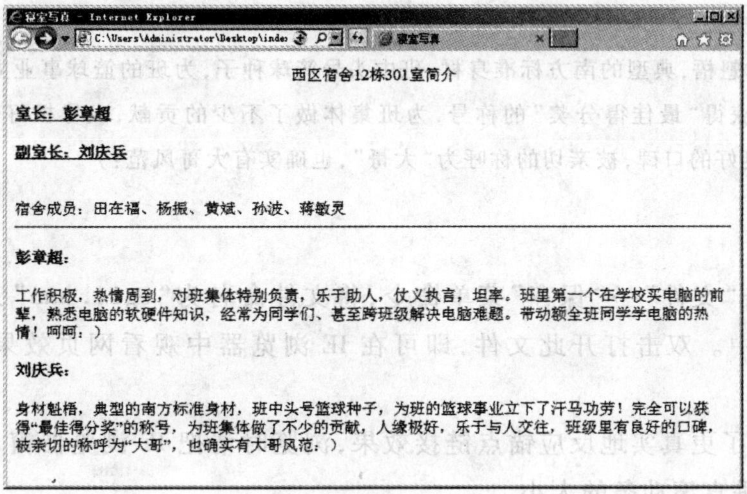

图 5 - 11 锚点链接效果

操作过程:

(1)打开“记事本”软件,输入如下语句。

```
<! DOCTYPE html PUBLIC " -//W3C//DTD XHTML 1.0 Transitional//EN" "http://www.w3.org/TR/xhtml1/DTD/xhtml1 -transitional.dtd">
<html xmlns ="http://www.w3.org/1999/xhtml">
<head>
<meta http -equiv ="Content -Type" content ="text/html; charset =utf -8"/>
<title>寝室写真</title>
</head>
<body>
```

```
<p align="center">西区宿舍 12 栋 301 室简介</p>
<a href=#1>
<h4>室长:彭章超</h4></a>
<a href=#2>
<h4>副室长:刘庆兵</h4></a>
<br>宿舍成员:田在福、杨振、黄斌、孙波、蒋敏灵
<hr>
<p><a name=1 id="1"></a>
<h4>彭章超:</h4>
<p>工作积极,热情周到,对班集体特别负责,乐于助人,仗义执言,坦率。班里第一个在学校买电脑的前辈,熟悉电脑的软硬件知识,经常为同学们、甚至跨班级解决电脑难题。带动额全班同学学电脑的热情!呵呵:)
<p><a name=2 id="2"></a>
<h4>刘庆兵:</h4>
<p>身材魁梧,典型的南方标准身材,班中头号篮球种子,为班的篮球事业立下了汗马功劳!完全可以获得“最佳得分奖”的称号,为班集体做了不少的贡献,人缘极好,乐于与人交往,班级里有良好的口碑,被亲切的称呼为“大哥”,也确实有大哥风范:)
</body>
</html>
```

(2)单击“文件”→“保存”菜单命令,将文件命名为“eg11.htm”并存储到自己的文件夹中。双击打开此文件,即可在 IE 浏览器中观看网页效果,如图 5-11 所示。

提示:为了更真实地反应锚点链接效果,浏览时请把 IE 浏览器窗口缩小到仅出现一小半垂直滚动条的大小。

习题

一、基础简答题

1. 什么是框架布局?

2. 简述图片超链接和图像热点超链接的异同。

二、项目实战题

利用框架网页布局技术,设计并制作一个以“可爱的家乡”为主题的网站,展现作者所在家乡的风土人情,改革开放新面貌。

设计要求:至少包括 8 个以上的网页,内容健康向上,设计有创新。

学习情境六　陇上江南旅游网站建设

任务6.1　项目展示与项目目标

6.1.1　项目效果图展示

项目完成的最终效果如图 6－1 所示。

图 6－1　网站主页预览效果

6.1.2 项目目标

- 掌握搜索和下载 CMS 系统的能力
- 掌握静态与动态代码的整合方法
- 掌握栏目设置与内容添加的方法与技巧
- 掌握动态代码的调试与调用的方法

任务6.2 项目资讯

1. 项目背景

天水是中国古代文化重要的发祥地，享有“羲皇故里”的殊荣，是海内外龙的传人寻根问祖的圣地，也是甘肃省少有的山青水秀的地方。由麦积山石窟和小陇山植物园、仙人崖、石门与曲溪等景点组成的麦积山风景名胜区，是国务院公布的第一批风景名胜区，区内重峦叠翠、山环水绕，兼具江南水乡的秀美和北国山川的雄奇。境内人文景观与自然美景交相辉映，是理想的旅游胜地，。

陇南气候温和，风光秀美，有全国三大天池之一的阴平天池；西北最大的溶洞武都万象洞；国家级重点保护、甘肃唯一具有北亚热带生物群落和自然景观的白水江自然保护区，被赞誉为“甘肃的西双版纳”；分布于全区各县的大河坝、三滩、红土河、梅园沟、云屏山等自然景点，被人们称作“陇上小九寨沟”。

本学习情境以我省（甘肃省）陇南和天水两地的旅游资源为依托，制作一个旅游动态网站——陇上江南旅游网，主要以介绍旅游景区、景点和旅游线路为主，包含人文、历史、地理、经济、民族等旅游相关信息，让广大旅游爱好者可以通过本站了解我省陇南和天水地区的旅游信息。

2. 网站动态化技术

动态网站从功能上可以分成前台静态模块和后台动态模块。前面制作的效果图与网页编辑以及动画制作可以简单理解为静态模块，而后台模块主要采用两种方式进行解决。

方式一：下载免费的网站管理平台（CMS 内容管理系统），然后与前台后台整合，称之为代码融合，从而完成动态网站系统。

方式二：所有功能完全自主开发，根据客户的要求定制，逐一实现功能。

以上两种方式各有利弊，方式一适用于网页设计的初学者，能够满足大多数通用网站，使用方法简单，但是不能随心所欲的实现通用以外的其他功能。方式二完全自主开发，对初学者要求较高，要求能够编写程序，能够随心所欲实现各种功能，属于网站开发的高级阶段。

陇上江南旅游网站通过前台与后台的代码融合方式来实现。

任务6.3　项目计划与决策

陇上江南旅游动态网站主要利用“学习情境四 任务4.9项目实战题”中制作的陇上江南旅游网作为静态网页的模型，在此基础上通过与CMS网站内容管理系统融合，制作一个旅游动态网站。

陇上江南旅游动态网站具体实现过程如下所述：

(1)下载网站内容管理系统CMS。

(2)网站静态页面与CMS的整合。

(3)网站服务器IIS的安装与配置。

(4)栏目的设置。

(5)网站内容的添加。

(6)网站前台页面调用后台程序代码。

(7)调试与完善。

任务6.4　项目实施

1. 下载网站内容管理系统CMS

搜索网站内容管理系统CMS可以打开百度网站，然后搜索“网站管理平台”或“ASPCMS下载”即可以得到很多能够使用的网站管理平台。本项以下载“凹丫丫网站管理平台”为例，具体操作方法方法如下所述。

在IE浏览器地址栏中输入凹丫丫网的网址：http://www.oyaya.cn/news5/，在“热门新闻“栏目(如图6-2所示)中点击“凹丫丫新闻发布系统4.7acc版”进入子页，子页如图6-3所示。

图6-2　“ASP免费新闻发布系统”界面

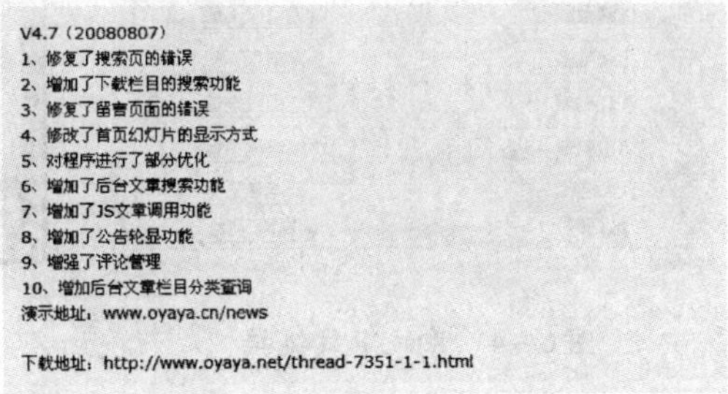

图6-3　“ASP免费新闻发布系统”下载页面

在如图 6－3 所示的页面中，凹丫丫网对“凹丫丫新闻发布系统 4.7ACC 版”更新声明如下：

(1)更新发表留言验证码显示错误。

(2)增加了评论批量删除。

(3)增加了查看文章所有评论。

(4)修复了文章管理分页问题。

(5)修改了远程获取图片的大小为 200KB。

(6)修复文章内容页双击滚屏。

V4.7(20080807)更新声明如下：

(1)修复了搜索页的错误。

(2)增加了下载栏目的搜索功能。

(3)修复了留言页面的错误。

(4)修改了首页幻灯片的显示方式。

(5)对程序进行了部分优化。

(6)增加了后台文章搜索功能。

(7)增加了 JS 文章调用功能。

(8)增加了公告轮显功能。

(9)增强了评论管理。

(10)增加后台文章栏目分类查询。

在图 6－3 所示的页面中单击“下载地址：http://www.oyaya.net/thread－7351－1－1.html”下载“凹丫丫 ASP 免费新闻发布系统”程序，进入到下载页面，如图 6－4所示，单击“迅雷电信下载”下载“”凹丫丫新闻发布系统 4.7ACC 版。

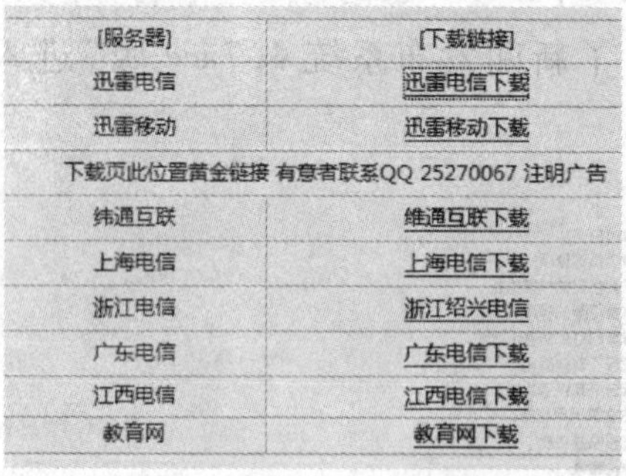

[服务器]	[下载链接]
迅雷电信	迅雷电信下载
迅雷移动	迅雷移动下载
下载页此位置黄金链接 有意者联系QQ 25270067 注明广告	
纬通互联	纬通互联下载
上海电信	上海电信下载
浙江电信	浙江绍兴电信
广东电信	广东电信下载
江西电信	江西电信下载
教育网	教育网下载

图 6－4　系统下载链接

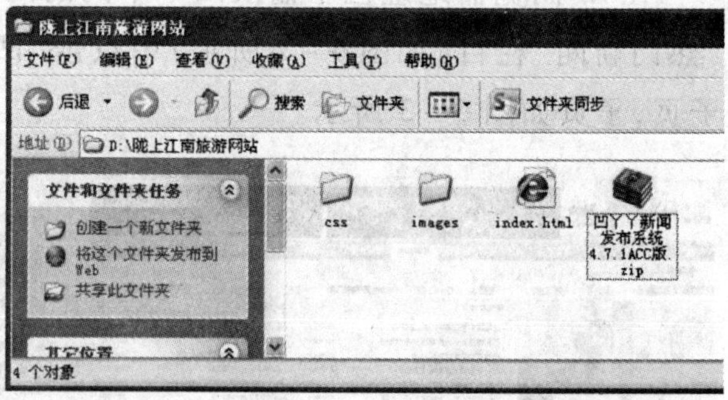

图 6－5　系统与网页合并

2. 网站管理平台与静态页面的整合

下载后的系统是一个压缩包，不能够直接使用，所以必须进行解压。具体步骤如下：

(1)首先创建文件夹"陇上江南旅游网站",然后将前面做好的静态页面 index.html 和 images、css 文件夹拷贝到"陇上江南旅游网站"文件夹中,将下载的凹丫丫网站管理系统"凹丫丫新闻发布系统 4.7.1ACC 版.zip"也拷贝至"陇上江南旅游网站"文件夹中,如图 6-5 所示。

(2)将"陇上江南旅游网站"文件夹中的"凹丫丫免费 ASP 新闻系统 4.7ACC 版"压缩包进行解压缩至"陇上江南旅游网站",拷贝"凹丫丫免费 ASP 新闻系统 4.7ACC版"文件夹中除 images 文件夹以外的所有内容至站点根目录下,同时删除"凹丫丫免费 ASP 新闻系统4.7ACC版"压缩文件和解压缩后的文件,如图 6-6 所示。

图 6-6 解压后与网页的整合

3. IIS 的安装与配置

要使用凹丫丫 ASP 免费新闻发布系统创建动态网页,首先要从硬件和软件方面配置好运行环境。在硬件方面,必须安装网卡;在软件方面,必须安装 TCP/IP 协议、服务器软件以及浏览器软件。

在 Windows 平台上安装 IIS 作为服务器软件;在 Windows XP 平台上安装 IIS5.0 作为服务器软件。现在介绍如何在 Windows XP 中安装 IIS5.0。安装与配置 IIS 步骤如下:

(1)将带有 IIS 的 WindowsXP 系统光盘放入光驱,也可以直接从网上下载 IIS 组件。

(2)执行"开始" →"设置"→"控制面板"命令。

(3)在"控制面板"窗口中,点击"添加或删除程序"按钮。

(4)在如图 6-7 所示的"添加/删除程序"窗口中,点击"添加/删除 Windows 组件"按钮。

(5)在如图 6-8 所示的"Windows 组件向导"对话框中,选择"Internet 信息服务(IIS)"组件,然后单击"下一步"按钮,直到安装完成为止。

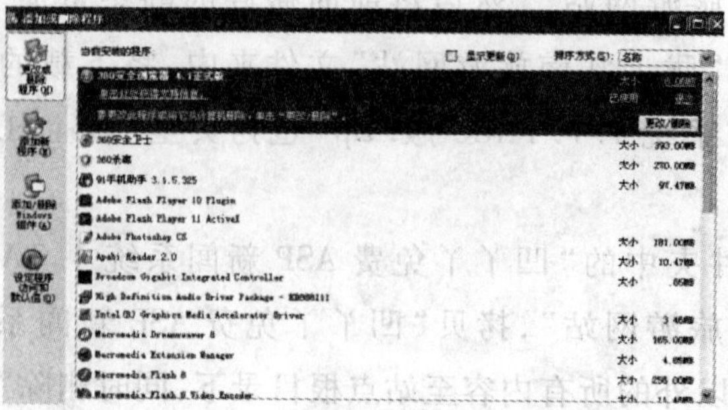

图 6-7 “添加/删除程序”窗口

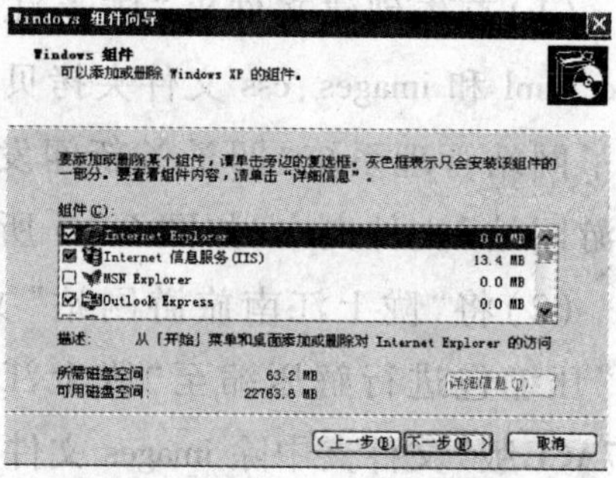

图 6-8 “Windows 组件向导”对话框

（6）打开“控制面板”中的“管理工具”，双击“Internet 信息服务管理器”，在“Internet 信息服务管理器”中右击默认网站，然后从快捷菜单中选择“新建”子菜单，再选择“虚拟目录”选项，如图 6-9 所示。

（7）单击“下一步”按钮，输入站点说明，如图 6-10 所示，输入站点别名 lsjz。

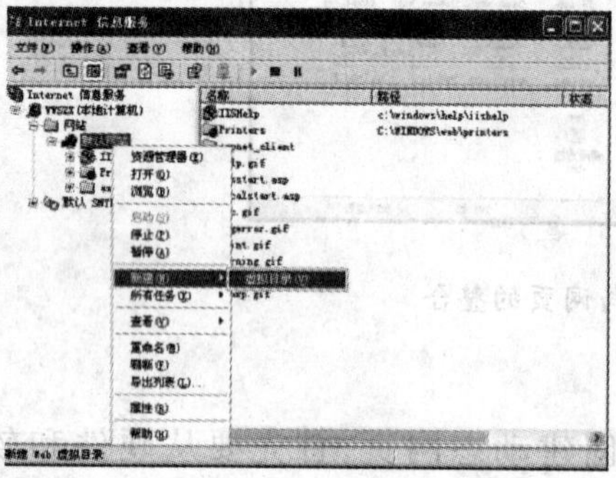

图 6-9 创建“虚拟目录”

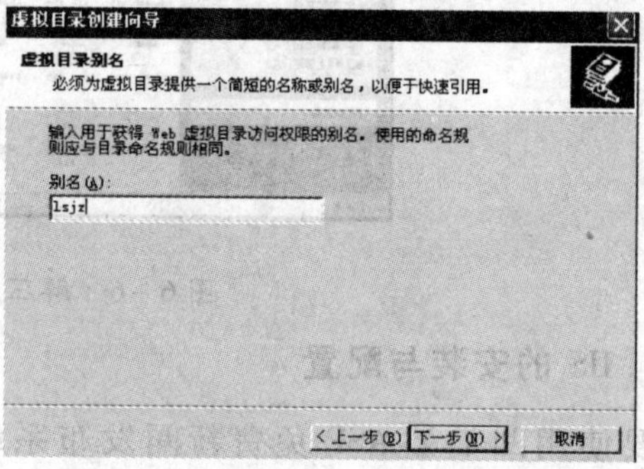

图 6-10 虚拟目录别名

（8）单击“下一步”按钮，输入主目录的路径，如图 6-11 所示。

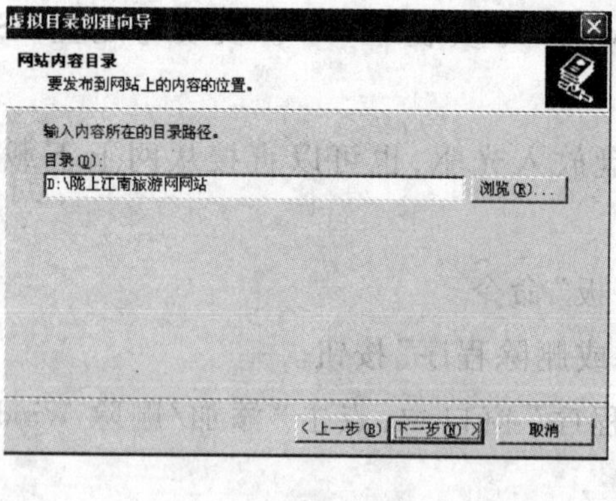

图 6-11 虚拟目录路径

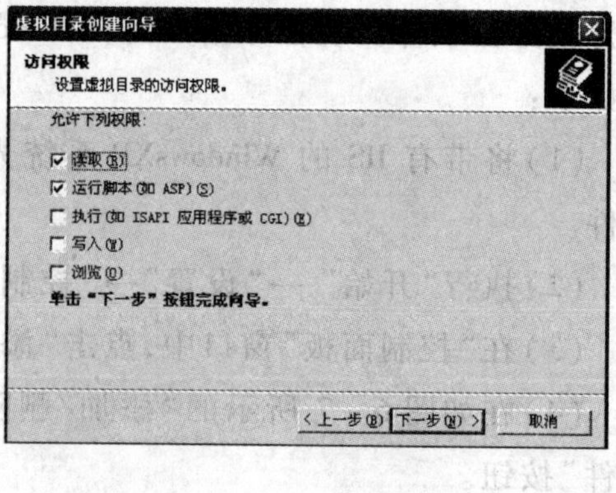

图 6-12 虚拟目录权限

(9)单击“下一步”按钮,设置站点的访问权限,如图 6-12 所示。

(10)单击“下一步”按钮,然后单击“完成”按钮。

4. 程序调试

现在开始调试程序,具体步骤如下:

(1)打开 Internet 信息服务管理器,鼠标选中刚刚创建的虚拟目录“lsjz”,如图 6-13所示,打开右窗口的“admin”文件夹,选中“admin/index. asp”文件,然后用鼠标右键执行“浏览”命令,或在浏览器地址栏中输入测试网址 http://localhost/lsjz/admin/index. asp,预览效果如图 6-14 所示。

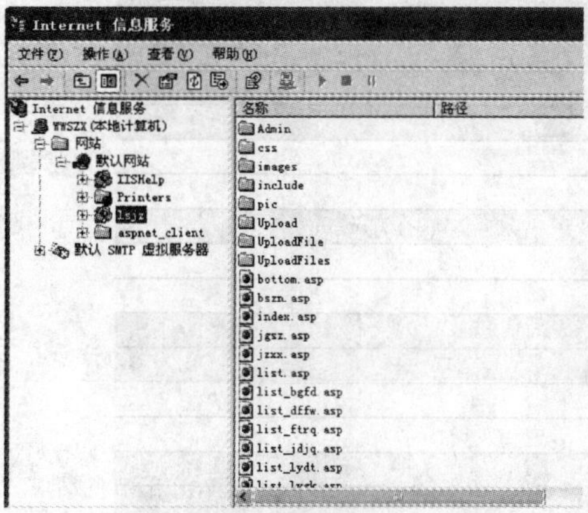

图 6-13 虚拟目录窗口

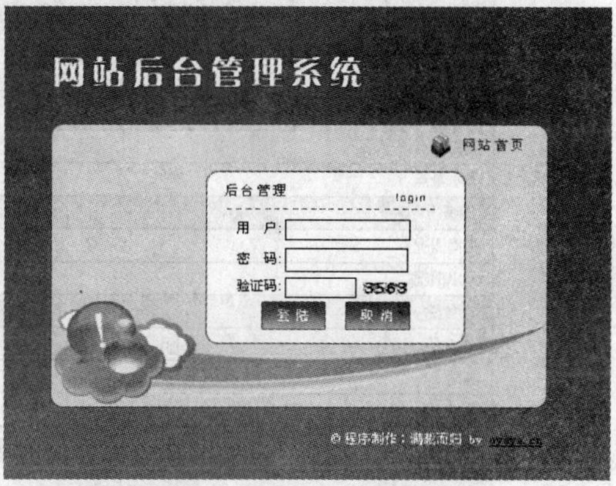

图 6-14 “浏览”命令执行后的效果

(2)在图 6-14 中输入用户名“oyaya”和密码“www. oyaya. net”,输入验证码后,点击“登录”按钮即可进入系统,后台系统的主界面如图 6-15 所示。

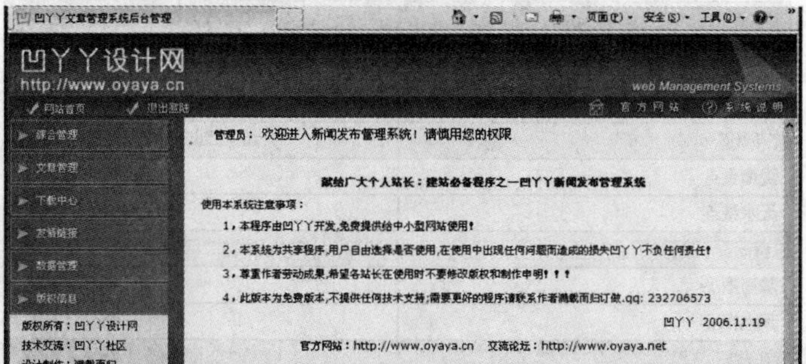

图 6-15 后台主界面

(3)单击图 6 – 15 中左侧菜单中的“文章管理”，展开折叠菜单，单击“文章分类”查看系统原有栏目，然后删除原有栏目。

(4)单击“文章管理”折叠菜单下的“添加”，如图 6 – 16 所示。依次添加“旅游动态”“风土人情”“景点景区”“旅游概况”“旅游线路”“宾馆饭店”“地方风味”等一级栏目；在“景点景区”栏目右侧单击“添加二级分类”，为其添加“天水景点”和“陇南景点”二级子栏目，用同样的方法分别为“旅游概况”“宾馆饭店”和“地方风味”三个栏目添加子栏目。网站栏目添加完成后，单击左侧“文章分类”查看系统栏目，如图 6 – 17 所示。

栏目名称	
旅游动态 (1)	
风土人情 (2)	
景点景区 (3)	
陇南景点	
天水景点	
旅游概况 (4)	
陇南概况	
天水概况	
旅游线路 (5)	
宾馆饭店 (6)	
陇南	
天水	
留言板 (7)	
地方风味 (8)	
陇南小吃	
天水小吃	

图 6 – 16　栏目添加主界面

添加新闻一级分类

栏目名称	操作选项
旅游动态 (1)	添加二级分类 | 修改 | 删除
风土人情 (2)	添加二级分类 | 修改 | 删除
景点景区 (3)	添加二级分类 | 修改 | 删除
陇南景点	修改 | 删除
天水景点	修改 | 删除
旅游概况 (4)	添加二级分类 | 修改 | 删除
陇南概况	修改 | 删除
天水概况	修改 | 删除
旅游线路 (5)	添加二级分类 | 修改 | 删除
宾馆饭店 (6)	添加二级分类 | 修改 | 删除
陇南	修改 | 删除
天水	修改 | 删除
地方风味 (8)	添加二级分类 | 修改 | 删除
陇南小吃	修改 | 删除
天水小吃	修改 | 删除

图 6 – 17　添加栏目后的效果

(5)现在添加一条"景点景区"的网站信息。具体方法是:单击"文章管理"折叠菜单下的"添加文章",然后在右侧添加新闻页窗口中,添加新闻标题"伏羲庙",新闻类别(栏目)选择"景点景区"和"天水景点",新闻内容中插入图片(单击编辑器中的插入图片按钮)"伏羲庙.jpg",在图片下方输入文本:"伏羲庙,全国重点文物保护单位。位于天水市区西关伏羲路,始建于明代成化年间,后经九次重修,形成规模宏大的古建筑群,是目前全国保存最完整的明代祭祀伏羲的庙宇,被誉为"华夏第一庙",吸引了无数海内外游客前来寻根祭祖、旅游观光。每年农历正月十六,民间在这里举行隆重的祭祀活动;公历七月,甘肃省人民政府举办规模盛大的公祭活动,一年一度的伏羲文化旅游节,已成为中国最具发展潜力的十大节庆活动之一。公祭仪式已被列为中国首批非物质文化遗产。",如图6-18所示,单击"提交"按钮,系统会提示保存成功。

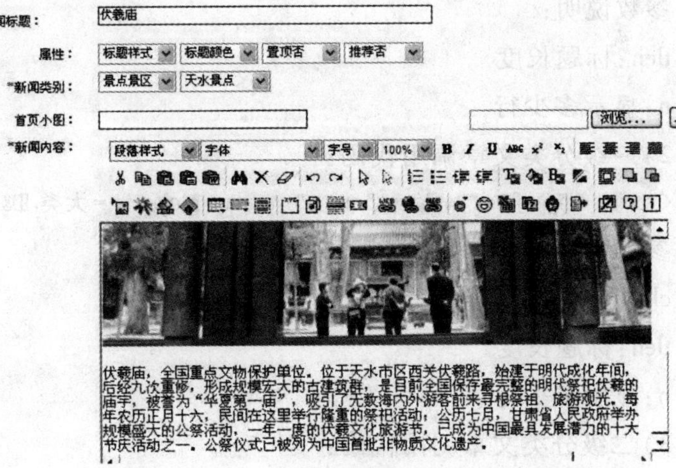

图6-18 添加新闻内容

(6)采用同样的方法添加网站的内容。

(7)单击"文章管理"折叠菜单下的"管理",查看、修改或删除已添加网站内容,如图6-19所示。

	新闻标题	发布者	发布日期	推荐	操作
	[地方风味]【陇南】粽子	admin	2010-10-11	否	修改 删除
	[地方风味]【陇南】油面茶	admin	2010-10-11	否	修改 删除
	[地方风味]【陇南】银杏	admin	2010-10-11	否	修改 删除
	[地方风味]【陇南】洋芋搅团	admin	2010-10-11	否	修改 删除
	[地方风味]【陇南】洋芋饼	admin	2010-10-11	否	修改 删除
	[地方风味]【陇南】羊肉泡馍	admin	2010-10-11	否	修改 删除
	[地方风味]【陇南】汤圆	admin	2010-10-11	否	修改 删除
	[地方风味]【陇南】面皮	admin	2010-10-11	否	修改 删除
	[地方风味]【陇南】凉粉	admin	2010-10-11	否	修改 删除
	[地方风味]【陇南】猴头菇	admin	2010-10-11	否	修改 删除
	[地方风味]【陇南】黑木耳	admin	2010-10-11	否	修改 删除
	[地方风味]【陇南】橄榄油	admin	2010-10-11	否	修改 删除
	[地方风味]【陇南】豆花子	admin	2010-10-11	否	修改 删除

图6-19 "管理"页面窗口

5. 前台静态页面与后台功能的融合

大家通过添加网站栏目和网站内容，掌握了网站后台功能的操作。对于静态网站的动态化来说，这才完成了第一步，下面我们将自己的静态网页转化为动态网页，具体实现方法有两种。

(1)调用网站内容管理系统 CMS 的 JS 代码。在具体操作之前，先向大家介绍 JS 调用代码。

1)最新文章调用代码：

```
<script language="javascript" src="oyaya.asp? n=8&tlen=16"></script>
```

参数说明：

tlen：标题长度

n：显示多少行

2)一级分类文章调用代码：

```
<script language="javascript" src="oyaya.asp? classid=大类 ID&n=8&tlen=16"></script>
```

参数说明：

classid：一级分类 ID

tlen：标题长度

n：显示多少行

3)二级分类文章调用代码：

```
<script language="javascript" src="oyaya.asp? classid=大类 ID&boardname=小类名称&n=8&tlen=16"></script>
```

参数说明：

classid：一级分类 ID

boardname：二级类别名称

tlen：标题长度

n：显示多少行

具体步骤如下所述：

①将网页 index. html 重命名为 index. asp。

②使用 Dreamweaver 打开主页 index. asp，进入代码编辑视图，将“旅游动态”栏目新闻内容部分用“JS 一级分类文章调用代码”替换，修改 JS 代码参数(如下所述)即可。

```
<script language="javascript" src="oyaya.asp? classid=1&n=6&tlen=20"></script>
```

浏览页面查看效果。用同样的方法来完成其他栏目。

(2)调用网站内容管理系统 CMS 的 ASP 源代码。下载后的网站内容管理系统是一个完整的系统，包括主页、栏目页及内容页，并且各级页面都能正常运行，依照系统功能源代码，将其复制粘贴到自己网页中，并稍加修改。具体步骤如下所述。

1）将网页 index. html 重命名为 index. asp。

2）使用 Dreamweaver 打开主页 index. asp 和系统自带的 default. asp，进入代码编辑视图，对照 default. asp 页面，把以“<%　%>”为定界符的代码和类似于<!--#include file = "URL"-->的代码复制粘贴到 index. asp 页面对应位置。

①连接网站数据库。将 default. asp 前两行代码：

```
<!--#include file="include/conn.asp"-->
<!--#include file="include/config.asp"-->
```

复制到 index. asp 代码开头位置，用来实现前台网页和网站数据库的连接。

②读取网站内容。将“旅游动态”栏目内容的所有<li></li>部分用如下代码替换，实现“旅游动态”栏目通过读取网站数据库表中的信息动态显示栏目内容，完成后的代码如下所述。

```
<%
Dim rs
set rs = server.createobject("adodb.recordset")
sql = "select top 6 id,title,oColor,oStyle,top,hits,intime,infotime,firstimagename from NEWS where BigClassName = '旅游动态' and ifshow = 1 order by id desc"
rs.open sql,conn,1,1
if not rs.eof then
do while not rs.eof
%>
<li><span <% if rs("infotime") = date() then% >class = "i_news1"<% else% >class = "i_news" <% end if% >>[<% =rs("infotime")% >]</span> <% if rs("firstimagename")<>"" then response.write "<font color = #FF0000>[图]</font>" end if % ><a href = "sanji.asp? id = <% = rs("id")% >&class = 旅游动态" title = "<% =rs("title")% >" class = "<% =rs("oColor")% >"><font class = "<% =rs("oStyle")% >"><% = left(rs("title"),30)% ></font><% if len(rs("title"))>30 then % >…<% end if % ></a></li>
<%
rs.movenext
loop
else
response.write "<li>尚无收录</li>"
end if
rs.close
%>
```

只需修改此段代码中的 dim 关键字定义的变量名称，保证前后为同一名称、BigClassName 后的栏目名称和其它部分参数（标题字符的长度数、是否显示日期、链接地址等），用同样的方法，将此段代码应用于其它栏目内容的调用。

③关闭网站数据库

将如下代码：

```
<%
conn.close
set conn=nothing
%>
```

复制粘贴到 index. asp 网页的 </body>之前，关闭前台页面和网站数据库的连接。

本书利用方法二实现“陇上江南旅游网站”的动态化，完成后的效果如图 6－1 所示。主页部分栏目参考代码如下：

“旅游景点”代码：

```
<ul>
<%
Dim rsnn
set rsnn=server.createobject("adodb.recordset")
sql="select top 7 id,title,oColor,oStyle,tuijian,intime,firstimagename,infotime from news where bigclassname='景点景区' and smallclassname='陇南景点' order by id desc"
rsnn.open sql,conn,1,1
if not rsnn.eof then
do while not rsnn.eof
%>
<li><a href="sanji_tu.asp? id=<% =rsnn("id")% >" title="<% =rsnn("title")% >" target="_blank"><% =left(rsnn("title"),12)% ></a></li>
<%
rsnn.movenext
loop
else
response.write "<li>尚无收录</li>"
end if
rsnn.close
%>
</ul>
```

“旅游线路”代码：

```
<ul>
<%
Dim rst
set rst = server.createobject("adodb.recordset")
sql = "select top 8 id,title,oColor,oStyle,top,hits,intime,infotime,firstimagename from NEWS where BigClassName = '旅游线路' and ifshow = 1 order by id desc"
rst.open sql,conn,1,1
if not rst.eof then
do while not rst.eof
%>
<li><% if rst("firstimagename")<>"" then response.write "<font color = #FF0000>[图]</font>" end if %><a href = "sanji.asp? id = <% = rst("id")%>&class = 旅游线路" title = "<% = rst("title")%>" class = "<% = rst("oColor")%>"><font class = "<% = rst("oStyle")%>"><% = left(rst("title"),28)%></font><% if len(rst("title"))>28 then %>…<% end if %></a></li>
<%
rst.movenext
loop
else
response.write "<li>尚无收录</li>"
end if
rst.close
%>
</ul>
```

“风土人情”代码:

```
<ul>
<%
Dim rsf
set rsf = server.createobject("adodb.recordset")
sql = "select top 8 id,title,oColor,oStyle,top,hits,intime,infotime,firstimagename from NEWS where BigClassName = '风土人情' and ifshow = 1 order by id desc"
rsf.open sql,conn,1,1
if not rsf.eof then
do while not rsf.eof
%>
<li><% if rsf("firstimagename")<>"" then response.write "<font color = #FF0000>[图]</
```

```
font>"end if % > <a href="sanji.asp? id=<% =rsf("id")% >&class=风土人情"title="<% =rsf("
title")% >" class="<% =rsf("oColor")% >"> <font class="<% =rsf("oStyle")% >"> <% =left
(rsf("title"),26)% > </font> <% if len(rsf("title"))>26 then % >…<% end if % > </a> </li>
    <%
   rsf.movenext
   loop
   else
   response.write "<li>尚无收录</li>"
   end if
   rsf.close
   % >
    </ul>
```

任务6.5 项目检查与评价

项目评价表见表6-1。

表6-1 项目评价表

	内容		评价			
	学习目标	评价项目	优秀	良好	合格	差
职业能力	掌握搜索网站CMS系统的能力	能搜索到并下载网站CMS系统				
	掌握静态网页与动态代码的融合	能将下载后的CMS系统融合				
	掌握栏目设置和内容添加的方法	能进行栏目设置和内容的添加				
	掌握动态代码的调试与调用	能进行动态代码的调试与调用				
	方法能力					
	社会能力					
综合评价						

任务6.6 强化拓展实训:网站动画的设计

Flash动画主要由简洁的矢量图形组成,通过这些图形的变化和运动,产生了动画效果。Flash是一门非常系统而且功能强大的应用软件,在课外大家可以深入学习Flash技术,在此主要学习Flash Swish软件的使用方法。

Flash Swish软件主要用来制作一些常用的文本动画,使用十分方便,对于普通的图像淡入、淡出、变换等都非常容易实现。

1. Swish 软件界面

安装了 Swish 软件(可以从网上下载绿色版本)后,执行“开始”→“程序”→“SwishMax”命令启动 Swish 软件,出现如图 6－20 所示的窗口,即为 SwishMax 的工作界面。

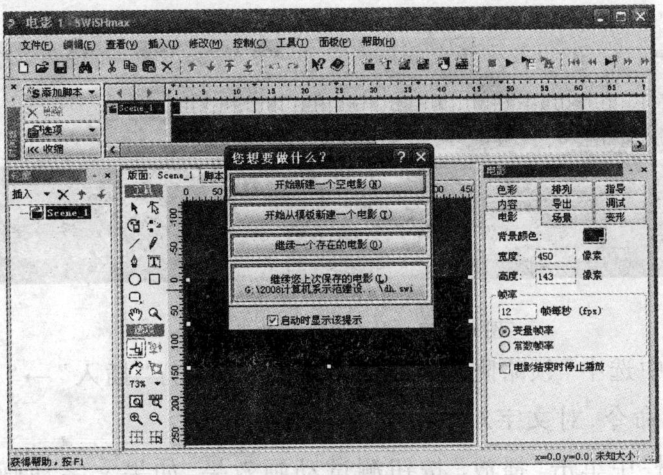

图 6－20　SWiSHmax 的工作界面

2. 操作过程

(1)点击“开始新建一个空电影”按钮,在场景中创建一个电影,在属性中输入动画的宽为 940 像素,高为 153 像素,具体参数如图 6－21 所示,在网站文件下创建“flash”文件夹并保存动画文件。

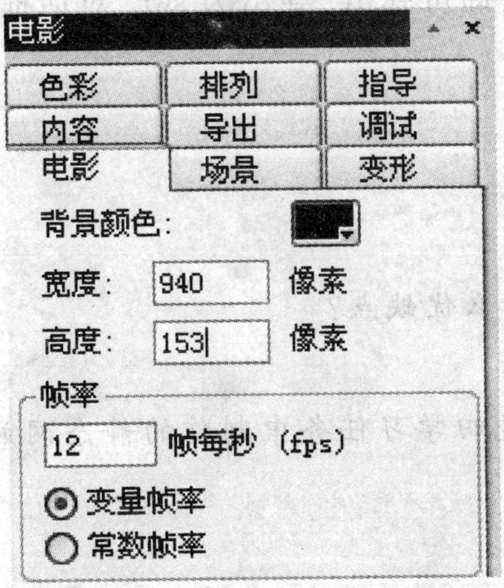

图 6－21　动画的参数设置界面图

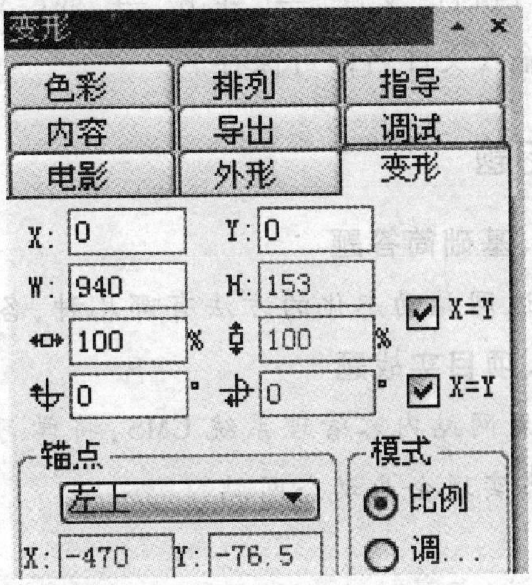

图 6－22　动画的参数设置界面

（2）执行“插入”→“图像”命令，在“打开”对话框中选择“index_09. gif”后点击“打开”按钮，图片就插入到场景中了，设置电影的变形属性标签，将锚点设置为“左上”，具体设置如图 6 – 22 所示。

（3）点击工具栏中的“文本工具”按钮（执行“插入”→“文本”命令），然后在文本输入区中输入“领略陇南美景”和“体验风土人情”等文本，调整文字的字体、大小、颜色及位置，如图 6 – 23 所示。

图 6 – 23　执行“添加效果”命令

（4）在场景中选中“领略陇南美景”文字对象，执行“插入”→“效果”→“核心效果”→“变形”命令，对文字对象添加变形动画效果。

（5）在控制栏中单击“播放”按钮测试动画效果，如果文字动画变化速度过快或过慢，可以用鼠标左键拖动时间线上的帧的位置，控制动画变化速度，帧的数目越大，动画变化速度越慢。

（6）当然大家可以给文本制作淡出的效果，用鼠标在“时间线”调板上需要开始淡出的位置单击鼠标右键，执行“渐近”→“淡出”命令，添加对象淡出效果。

（7）采用同样的方法为“体验风土人情”文本对象制作动画效果。

（8）执行“文件”→“导出”→“swf”命令，即可弹出“导出为 swf”对话框，选择路径，输入文件名即可保存。

习题

一、基础简答题

简述网站动态化的方法有哪几种，各有什么优缺点？

二、项目实战题

利用网站内容管理系统 CMS，将学习情境四学习任务中制作的静态网站动态化，最终实现企业动态网站。

学习情境七　网站留言板的制作

任务7.1　项目展示与项目目标

7.1.1　项目效果图展示

项目完成的最终效果如图 7－1 所示。

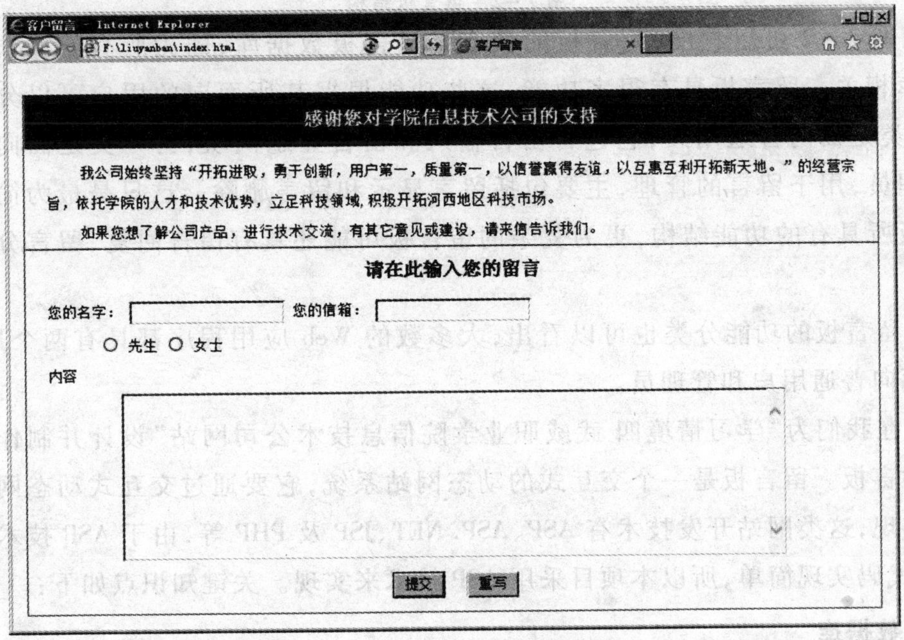

图 7－1　网站主页预览效果

7.1.2　项目目标

- 了解 ASP 动态网站服务器技术
- 掌握表单网页的制作

- 掌握掌握留言板网页的制作方法

任务7.2 项目资讯

留言板是一个功能简单,但非常实用的 Web 应用程序。很多公司都通过它让用户留下对公司的建议、批评和赞美。留言板虽然简单,但是正所谓“麻雀虽小、五脏俱全”,留言板同样具有一个 Web 应用具有的各种特征。下面我们就先来看一下留言板的典型结构,如图 7-2 所示。

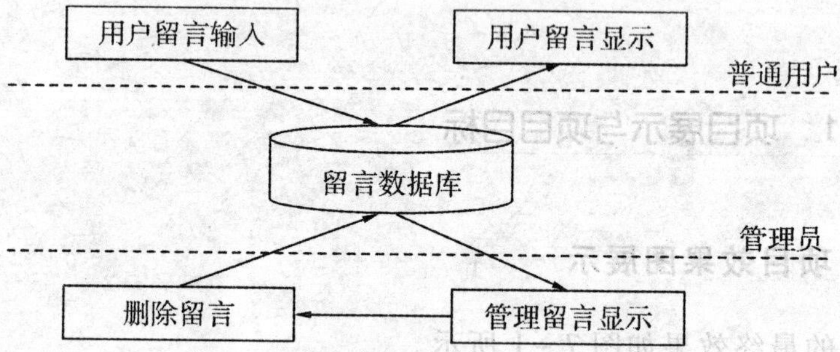

图 7-2 留言板结构

从图 7-2 可以看出,留言板的核心是留言板数据库,因为所有的操作都和数据库相关。留言板具有很多功能,这些功能根据其所面向的用户可以分为两类,一类是面向普通用户,它包含留言输入和留言显示两块;另一类是面向留言板管理员,用于留言的管理,主要包括留言显示和留言删除。这只是最为简单的留言板所具有的功能结构,更为复杂的留言板可能还具有留言回复、留言分类等功能。

从留言板的功能分类也可以看出,大多数的 Web 应用程序都具有两个层面,分别面向普通用户和管理员。

现在我们为“学习情境四 武威职业学院信息技术公司网站”设计并制作一个网站留言板。留言板是一个交互式的动态网站系统,它要通过交互式动态网页技术来实现,这类网站开发技术有 ASP、ASP. NET、JSP 及 PHP 等,由于 ASP 技术易于使用,代码实现简单,所以本项目采用 ASP 技术来实现。关键知识点如下:

1. 数据库

要在动态页面中实现信息的查询、添加、修改和删除,必须先建立一个信息库,通常也称为一张二维信息表,这种包含数据的信息表的文件被称为数据库。

Access、MySQL、SQLServer 及 Oracle 等是平时经常用到的数据库。选择合适的数据库,取决于各方面的应用需求,如安全、性能、升级与维护等。目前很多小型的动态网站系统都以 Access 为数据支持,因为它适用于数据存储较少,数据通信不是很复杂的网站。

2. SQL 语言简介

SQL(Structure Query Language)语言，即结构化查询语言，是操作数据库的标准关系数据库语言。在 ASP 中，无论是访问数据库还是操作数据库，都要使用到 SQL 语言。SQL 语言是一门比较复杂的语言，要想很好的掌握这门技术还要努力学好数据库的课程，本项目主要介绍在 ASP 中常用的语句：Select 语句(查询数据库)、Insert 语句(添加记录)、Delete(删除记录)、Update(更新记录)。

(1) Select 语句。Select 语句用来取得满足特定条件的记录集，也就是说可以从数据库中查询有关记录，它的语法是：

```
Select[Top(数值)]字段列表 From 表[Where 条件][orderby 字段][Groupby 字段]
```

说明：中括号内的内容表示可以省略，最简单的格式：Select 字段列表 From 表。

1) Top(数值)：表示只取前几条记录。如取前 10 条，为 Top(10)。

2) 字段列表：就是查询的表的字段，可以是表中的一个或几个字段，多个字段中间用逗号分开。

3) 表：就是要查询的数据表。如果要从多个表中查询，多个表名的中间用逗号隔开。

4) 条件：查询时要求满足的条件。

5) Order By：按字段排序，ASC 表示升序排列，DESC 表示降序排列。

6) Group By：表示按字段分组。

以数据库 bjtxl. mdb 的数据表 login 为例，举一些常见的例子说明 Selecet 语句。

1) 查询数据库的数据表中全部数据。

```
Select * From login
```

2) 查询指定字段的记录。可以在 Select 后面指定多个字段，每个字段之间使用逗号隔开，例如：

```
Select username,userpass From login
```

3) 根据条件查询记录。比如要查询姓名为“王刚”的同学的密码：

```
Select userpass From login wherename ='王刚'
```

如果有多个条件必须用条件连接符 and、or 和 between and 等，And 表增与，Or 表示或，Between and 表示介于等。

注意：在用到常数时，要对字符加上引号，对日期加上#。所有标点都要在英文状态下输入。

4) 按关键字查询记录。有时候查询条件不是精确的，是模糊查询，比如要查询所有登录表中姓“李”的记录：

```
Select * From login where username like '李% '
```

说明:"%"可代表任意字符。

(2)Insert 语句。在 ASP 程序中,经常要向数据库中插入数据,例如向数据表 login 中增加一个登录信息时,就需要将新成员的数据插入表 login 中。此时就可以用 Insert 语句来实现这个功能。

Insert 的语法:

```
Insert Into 表(字段 1,字段 2,…)Values(字段 1 的值,字段 2 的值,…)
```

说明:

1)利用上述语句可以给表中添加记录的全部或部分字段赋值。Values 括号中的字段值的顺序必须与表括号中的字段一一对应。各个字段之间,字段值之间用逗号分开。

2)若某字段的类型为文本型或备注型,则相应的字段值两边要加引号;若为日期/时间型,则相应的字段两边要加#(引号也可以);若为布尔型,则相应的字段值为 True 或 Flase;若为自动编号类型,则不需要给相应的字段赋值,因为 Access 会自动加 1 或随机产生。

3)Insert 语句的要求很简单,具体地使用方法可参考专门的书籍。如果在 Access 数据库中没进行特别的设置,那么一般来说,有值的字段就出现在 Insert 语句中,没值的字段就不要出现在 Insert 语句中。

以建立的数据库 bjtxl. mdb 中的数据表 login 为例,举一些常见的例子说明 Insert 语句。

①只插入 username 字段。

```
Insert Into login(username) values('张飞')
```

②在 login 表中插入一条完整记录。

```
Insert Into login(username,userpass) values('张飞','999999')
```

(3)Delete 语句。在 SQL 语言中,可以用 Delete 语句删除数据表中无用的记录。

```
Delete From 表[Where 条件]
```

说明:

1)"Where 条件"与 Select 中的用法一样,符合条件都会被删除。

2)若省略"Where 条件",将删除所有的记录。

以建立的数据库 bjtxl. mdb 中的数据表 login 为例,举一些例子说明 Delete 语句。

①删除 xm 为"王刚"的成员信息。

```
Delete From login where username ='王刚'
```

②删除表中所有的记录。

```
Delete From login
```

(4) Update 语句。在 SQL 语言中，Update 语句用来实现更新数据的功能。它的语法是:

```
Update 表 Set 字段1 =字段值1,字段2 =字段值2,…[where 条件]
```

说明:

1) Update 语句可以用来更新表中全部或部分的记录。其中的“Where 条件”与 Select 中的用法一样，符合条件的记录都被更新。

2)若省略“Where 条件”，将更新表中的所有记录。以建立的数据库 bjtxl. mdb 中的数据表 login 为例，举一些常见的例子说明 Update 语句。

①修改 xm 为“王刚”的密码。

```
Update login Set userpass ='889989' where usernaem ='王刚'
```

②将所有姓“王”的“密码”修改为“000000”。

```
Update login Set userpass ='000000'where username like '王%'
```

3. 连接数据库

使用 ADO 对象连接数据库的简单步骤为:

第一，创建数据库连接对象;

第二，使用连接对象，打开具体数据库文件;

第三，对数据库文件具体操作(如添加、删除、修改、查询);

第四，关闭数据库。

流程图如图 7－3 所示。

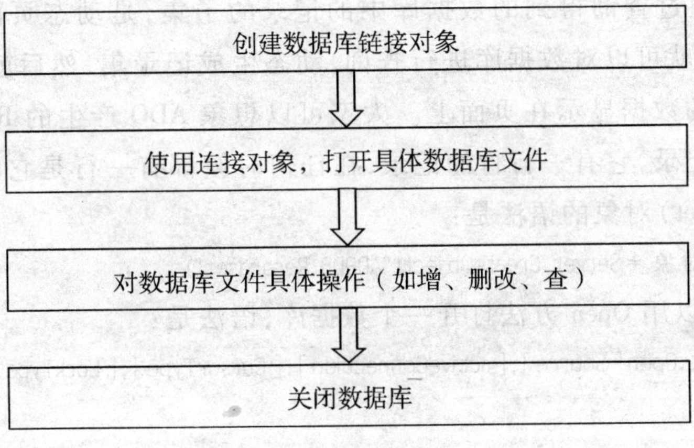

图 7－3　ADO 对数据库操作的步骤

要在Web应用程序中使用数据库，首先建立与数据库的连接。具体代码如下所述。

```
<%
Dim conn,strsql
Set conn = Server.CreateObject("ADODB.Connection")
strsql = "provider = microsoft.jet.oledb.4.0; datasource = "&Server.MapPath ("database/bjtxl.mdb")
conn.Open strsql
%>
```

说明：

（1）第一句声明了数据连接和连接字符串两个变量。

（2）第二句将conn参数设定为由Server执行的CreateObject的操作，并产生ADODB中的Connection对象。

（3）设定数据库的连接方式与数据库的地址（database目录下的bjtxl.mdb）。

（4）执行Connection对象的Open操作，也就是打开数据库。

很多动态网页要连接数据库，就必须用连接数据库的语句。为了方便，可以将连接数据库的语句单独写成一个连接数据库的文件：conn.asp，然后在其他文件中用以下语句调用：

```
<!--#includefile = conn.asp-->
```

4. 绑定数据库

创建好ADO数据库连接后，在Dreamweaver中还需要使用ADO的另一个对象：记录集（Recordset）进行数据库的绑定。

记录集是通过查询得到的数据库中的记录的子集，是动态页面的数据来源。定义记录集后，就可以对数据库进行查询，动态生成记录集，然后就可以利用ASP语句将记录集的数据显示在页面上。大家可以想象ADO产生的Recordset是一个像电子表格的记录，它有一行行的记录，在任何时候都有一行是它的当前行，建立记录集（Recordset）对象的语法是：

```
SetRecordset 对象 = Server.CreateObject("ADODB.Recordset")
```

然后，就可以用Open方法打开一个数据库，语法是：

```
Recordset 对象.Open[Source],[activeConnection],[CursorType],[LockType],[Options]
```

说明：

（1）Source是数据库查询信息。

（2）ActiveConnection是Connection对象名或包含数据库连接信息的字符串。

(3) CursorType 是指针类型(游标类型)。它有四个参数:0 表示向前指针,只能利用 MoveNext 或 GetRows 向前移动检索数据,是默认值;1 表示键盘指针,在记录集中可以向前或向后移动,当某客户做了修改后(除了添加新纪录),其它客户都可以立即显示;2 表示动态指针,在记录集中可以向前或向后移动,所有修改都会立即在其它客户端显示;3 表示静态指针,在记录集中可以向前或向后移动,所有修改都会立即在其它客户端显示。

(4) LockType 是锁定信息。它有四个参数值:1 表示只读,不允许修改记录集,是默认值;2 表示只能同时被一个客户修改,修改时锁定,修改完后释放;3 表示可以同时被多个客户修改;4 表示数据库修改,但其它用户必须将记录集设置为动态处理才能对数据进行增、删、改的操作。

(5) Options 是数据库查询类型。

大部分情况下可以省略后面 3 个参数。如果要省略中间的参数,则必须用逗号给中间的参数留出位置,即每个参数必须有相应的位置。

建立 Recordset 对象的方法有很多种,其中最常用的一种:

```
<%
Set rs = Server.CreateObject("ADODB.Recordset")
sql = "select *  from login"
rs.Open sql,conn
%>
```

以上语句首先声明一个 Recordset 记录集合 rs,然后 rs 进行数据绑定并获取数据。

5. 表单

表单是为实现网页交互性功能而设计的一种基本界面,可以通过表单处理程序获取浏览者的反馈信息。

一个完整的表单可以分为两部分:一是描述表单的 HTML 源代码,它将出现在用户浏览器上,用户可通过它输入信息;二是用于处理用户在表单域中输入信息的服务器应用程序客户端脚本,它存放在服务器上。

在前面的学习主要讲了 Dreamweaver 的静态设计,并没有详细讲解表单技术,那么在本项目让大家认识一下表单技术。

一个表单中可以包含多个表单对象,通过 DreamweaverCS3 的表单面板可以在网页中添加这些表单对象。设计者可以通过选择“插入记录”→“表单”命令来插入表单对象,或者通过“插入”栏的“表单”面板来插入表单对象,如图 7 - 4 所示。

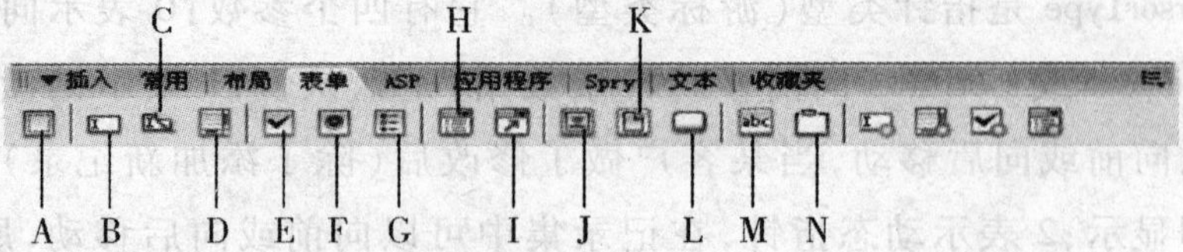

图 7-4　表单元素列表

A 为表单；B 为文本框；C 为隐藏域；D 为文本区域；E 为复选框；F 为单选按钮；G 为单选按钮组；H 为列表/菜单；I 为跳转菜单；J 为图像域；K 为文件域；L 为按钮；M 为标签；N 为字段集。

具体的使用方法：在页面中先插入表单容器，然后在表单容器中添加表单元素。

6. 动态网页中的参数传递

在 asp 开发的过程中通常主要采用两种参数传递的方式，一类是表单元素参数传递，一类是 URL 地址中的参数传递。

(1) URL 地址中的参数传递。URL 方式是实现 Web 间数据传递最基本的方法，操作简单，很方便地实现不同 Web 页面间的数据传递，但其安全性比较差。将要传递的数据附加在网页地址（URL）后面进行传递。如：http://localhost/testweb.asp? username = liming，其中"？"后面所跟着的字符串便是传递的数据，" = "前的是变量名，" = "后面是数值，可以使用 request 对象来获取传递的数据，如：request ("username") 或者 request. QueryString ("username")。这种方法在传递数据过程中其数据内容在 URL 栏中是显示的，用户能看到提交的内容。新建 HTML 文档 url. html，添加 THML 代码如下：

```
<a href ="urltest.asp? username = 王刚 &mail = wanggang@163.com"> URL 地址中的参数传递测试 </a>
```

浏览效果如图 7-5 所示。

图 7-5　url 参数传递测试

创建网页 urltest. asp 网页在 < body > 标签中输入以下代码：

```
<%
username = Request.QueryString("username")
mail = Request.QueryString("mail")
%>
<% =username% >
<% =mail% >
```

测试点击“URL 地址中的参数传递测试”超级链接，效果如图 7－6 所示。

图 7－6　参数传递后的效果

（2）表单元素参数传递。表单提交数据的方式有两种，分别是 POST 和 GET。以 POST 方式提交时，表单中的数据放在 HTTP 包的内容中进行发送，这时就需要用 Request 对象的 Form 集合来获取。当以 GET 方式提交时，表单中的数据放在 HTTP 包的包头中进行发送，就需要用 Request 对象的另一种集合 QueryString 来进行获取。

7. **Session 的应用**

Session 主要解决在同一个网站中各个页面之间的数据共享的问题，如图 7－7 所示。

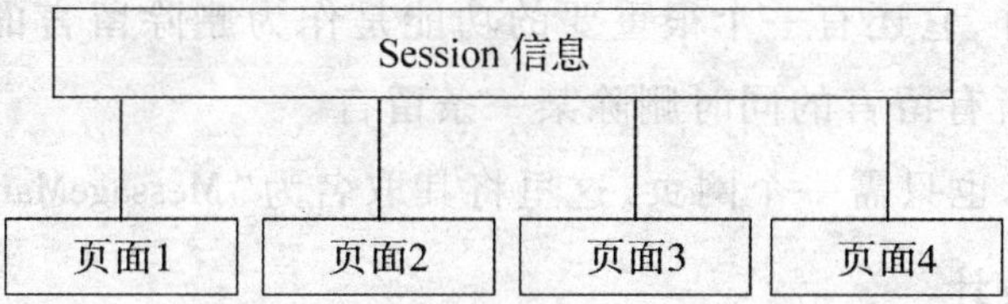

图 7－7　Session 的原理

例如数据的写入代码为：

```
session("username") = rs("username")
```

Sesson 的读取代码为：

```
username = session("username")
```

任务7.3　项目计划与决策

1. 留言数据库的设计

本项目选择 Microsoft Access 数据库,并取名为"message. mdb"。在 message. mbd 数据库中创建表 msg,至少需要建立六个内容字段:用户名、邮箱、性别、留言内容、留言日期和一个用于索引的功能字段:留言编号。

2. 用户留言输入设计

留言板的第一个功能当然就是能让用户输入留言。留言的输入通常需要经历两个步骤,首先是用户输入留言并将其提交到 WWW 服务器上,然后再是 WWW 服务器通过 ASP 将这个留言存入留言数据库。

整个功能可以放在一个网页中实现,也可以根据步骤分为两个网页进行实现。这里采用后一种,两个网页分别为:

Index. html:HTML 网页,用于输入留言;

MessageInput. asp:ASP 网页,用于将留言存入数据库。

3. 用户留言显示设计

用户留言显示是从数据库中取出所有留言并使用 HTML 将留言格式化显示出来。在显示时通常要求将最新的留言显示在最前面。另外,如果留言很多,还可能需要分页显示。这个功能很简单,只需要建立一个网页,这里将其取名为"MessageDisplay. asp"。

4. 管理留言显示设计

管理留言的显示和用户留言的显示其实很类似,首先也是显示所有的留言。除了显示留言之外,它还有一个很重要的功能是作为删除留言的入口,也就是说,管理员能在浏览所有留言的同时删除某一条留言。

管理留言显示也只需一个网页,这里将其取名为"MessageManage. asp"。

5. 删除留言设计

不同的留言是通过索引字段留言编号来进行区分的,所以在删除留言的时候首先需要获取欲删除留言的编号,然后再从数据库中删除相应的留言。这个编号通常是作为 URL 的参数从管理留言显示页上传递过来的。

删除留言也只需一个网页,这里将其取名为"Messagedelete. asp"。

任务7.4 项目实施

1.建立留言板数据库

在设计完成之后，首先要做的就是建立留言板数据库。根据前面的设计，需要建立名为“message.mdb”的留言板数据库和名为“msg”的留言表。具体操作步骤如下：

(1)执行“开始”→“MicrosoftOffice”→“MicrosoftOfficeAccess2003”命令，启动Access2003软件。

(2)执行“文件”→“新建”→“空数据库”命令，如图7－8所示，选择保存位置，命名为message.mdb(默认文件扩展名为mdb)，保存空数据库，到项目文件夹下的“database”文件夹中，单击“创建”按钮，出现如图7－9所示的对话框。

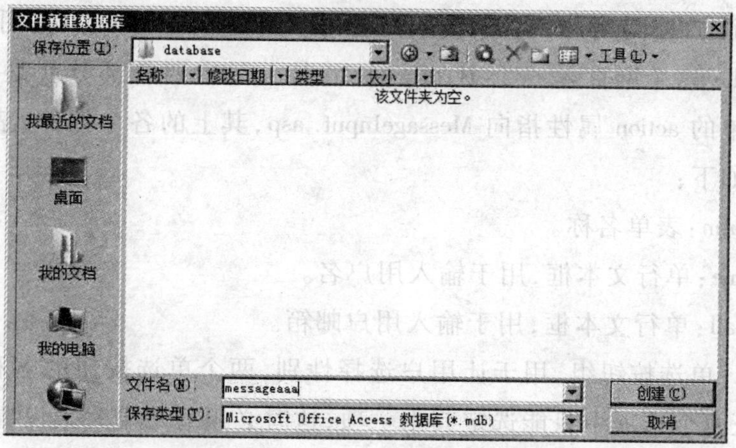

图7－8 “新建文件数据库”对话框

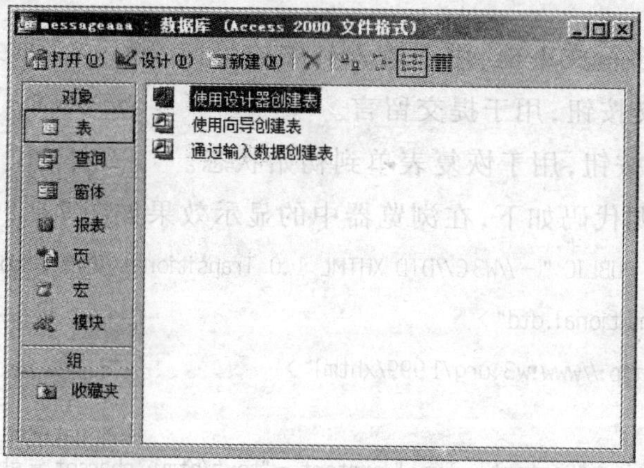

图7－9 login数据库窗口

(3)双击“使用设计器创建表”选项，创建新表，保存并命名为 msg，如图 7－10 所示。

Msg

字段名称	数据类型	说明
MsgID	自动编号	
UserName	文本	
UserEmail	文本	
UserSex	文本	
MsgContent	备注	
MsgTime	日期/时间	

字段属性

图 7－10 MSG 表的结构

2. 实现用户留言的输入

根据前面的设计，用户留言的输入需要两个网页，第一个网页是用于输入留言的 Index. html。这个网页是一个 HTML 网页，其上最主要的部分就是一个留言表单。这个表单的 action 属性指向 MessageInput. asp，其上的各个控件(表单元素)可以简单罗列如下：

- MsgForm：表单名称。
- txtName：单行文本框，用于输入用户名。
- txtEmail：单行文本框，用于输入用户邮箱。
- txtSex：单选按钮组，用于让用户选择性别，两个单选按钮的名称均为 txtSex 时，才能保证两个选项中只能选定其中一项，这时必须对每个元素设置不同的选定值加以区分，第一项先生的选定值设置为“先生”，第二项女士的选定值设置为“女士”。
- txtContent：多行文本框，用于输入具体的留言内容。
- Submit：提交按钮，用于提交留言。
- Reset：重置按钮，用于恢复表单到初始状态。

Index. html 的源代码如下，在浏览器中的显示效果如图 7－1 所示。

```
<! DOCTYPE html PUBLIC "-//W3C//DTD XHTML 1.0 Transitional//EN" "http://www.w3.org/TR/xhtml1/DTD/xhtml1-transitional.dtd">
<html xmlns="http://www.w3.org/1999/xhtml">
<head>
<meta http-equiv="Content-Type" content="text/html; charset=gb2312" />
<title>客户留言</title>
```

```
< link href ="CSS/css.css" rel ="stylesheet" type ="text/css" / >
< /head >
< body >
< div id ="container" >
< table width ="800" border ="0" align ="center" cellpadding ="0" cellspacing ="0" >
  < tr >
    < td height ="50" align ="center" bgcolor ="#990000" class ="toptitle" >感谢您对学院
信息技术公司的支持 < /td >
  < /tr >
  < tr >
    < td height ="30" align ="center" class ="toptext" > < p >我公司始终坚持“开拓进
取,勇于创新,用户第一,质量第一,以信誉赢得友谊,以互惠互利开拓新天地。”的经营宗旨,
依托学院的人才和技术优势,立足科技领域,积极开拓河西地区科技市场。< /p > < p >如果您
想了解公司产品,进行技术交流,有其它意见或建设,请来信告诉我们。< /p >
    < /td >
  < /tr >
< /table >
  < table width ="800" border ="0" align ="center" cellpadding ="0" cellspacing ="0" >
    < form id ="MsgForm" name ="MsgForm" method ="post" action ="MessageInput.asp" >
    < tr >
      < td height ="45" align ="center" > < span class ="STYLE1" >请在此输入您的留言
< /span > < /td >
    < /tr >
    < tr >
      < td height ="30" class ="leftfg" >
      您的名字:< input name ="txtName" type ="text" id ="txtName" / >
      您的信箱:< input name ="txtEmail" type ="text" id ="txtEmail" / > < /td >
    < /tr >
    < tr >
      < td height ="30" class ="leftfg" >
      < input name ="txtSex" type ="radio" value ="先生" / >先生
      < input name ="txtSex" type ="radio" value ="女士" / >女士
      < /td >
    < /tr >
    < tr >
```

```
        <td height="30" class="leftfg">内容</td>
      </tr>
      <tr>
        <td height="150" align="center" valign="top">
        <textarea name="txtContent" cols="90" rows="10" id="txtContent"></textarea>
        </td>
      </tr>
      <tr>
        <td height="50" align="center">
        <input type="submit" name="Submit" value="提交" />   
        <input type="reset" name="Reset" value="重写" id="Reset" />
        </td>
      </tr>
      </form>
    </table>
  </div>
  </body>
  </html>
```

第二个网页是 MessageInput. asp，它首先从表单提交的信息中获得相应的数据，然后使用 ADO 组件将留言添加进留言数据库。这个 ASP 网页的代码如下：

```
<%
'定义变量
dim name,email,sex,content
'使用 request.form 取得表单数据
name = request.Form("txtName")
email = request.Form("txtEmail")
sex = request.Form("txtSex")
content = request.Form("txtContent")
'如果用户名或留言为空，而不存入数据库，重定向到留言输入网页
If name = "" or content = "" then
response.Redirect"index.html"
end if
'链接数据
dim conn
Set  conn = Server.CreateObject("ADODB.Connection")
```

```
conn.Open  "Provider = Microsoft.Jet.OLEDB.4.0;Data Source = "&server.mapPath("database/message.mdb")
'添加留言的 SQL 语句,并使用 Connection 链接对象执行 SQL 语句
dim sql
sql = "insert into msg(UserName,UserEmail,UserSex,MsgContent) values('"&name&"','"&email&"','"&sex&"','"&content&"')"
conn.execute sql
'如果发生错误,输出错误信息,否则重定向到留言显示网页
If Err.Number < > 0 then
response.write "对不起,留言失败!"
response.write"< a href = index.html >请点击这里返回留言网页! </a >"
else
response.write "< script language = 'javascript' >" & chr(13)
response.write "alert('信息提交成功!');" & chr(13)
response.write "window.document.location.href = 'MessageDisplay.asp';"&chr(13)
response.write "< /script >" & chr(13)
end if
Rs.close
set rs = nothing
conn.close
set conn = nothing
% >
```

这段代码很简单,它主要的编写思路如下:首先使用 Request. form 获取表单数据,然后对所获得的数据进行一定的检测并根据检测结果执行相应的操作,比如这里测试用户名和留言内容是否为空,只要其中一项为空就跳回留言输入网页,如果不为空则接着往下执行。接着是用 ADO 的 Connection 对象建立到数据库的连接并使用其 Execute 方法执行添加语句,将留言加入留言表 MSG。为了保证数据库操作的正确性,还启动了错误处理功能,如果操作失败,则输出失败信息,如果没问题,则弹出提示框,按确定按钮后跳到留言显示网页,最后关闭数据库链接。

3. 实现用户留言显示

留言显示非常简单,从数据库中取出所有的留言记录,然后用一个循环语句输出所有留言即可。在浏览器中执行的结果如图 7 - 11 所示。

MessageDisplay. asp 的代码如下:

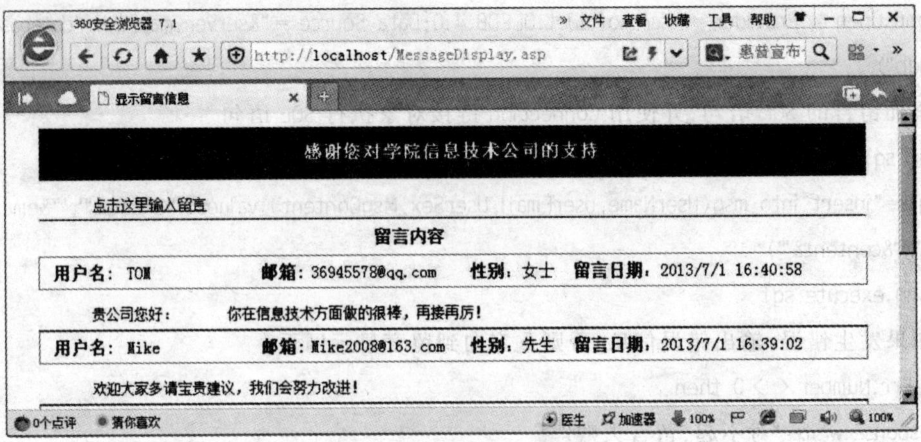

图 7－11 留言显示效果

```
<html xmlns="http://www.w3.org/1999/xhtml">
<head>
<meta http-equiv="Content-Type" content="text/html; charset=gb2312" />
<title>显示留言信息</title>
<link href="CSS/css.css" rel="stylesheet" type="text/css" />
</head>
<body>
<table width="800" border="0" align="center" cellpadding="0" cellspacing="0">
  <tr>
    <td height="50" align="center" bgcolor="#990000" class="toptitle">感谢您对学院信息技术公司的支持</td>
  </tr>
  <tr>
    <td height="10" align="center" class="toptext"> <p> <a href="index.html">点击这里输入留言</a> </p> </td>
  </tr>
</table>
<table width="800" height="35" border="0" align="center" cellpadding="0" cellspacing="0">
  <tr>
    <td width="720" align="center"> <span class="STYLE2">留言内容</span> </td>
    <td width="80" valign="bottom"> <a href="index.html"> </a> </td>
  </tr>
</table>
```

```
<%
dim conn
Set  conn = Server.CreateObject("ADODB.Connection")
conn.Open  "Provider = Microsoft.Jet.OLEDB.4.0;Data Source = "&server.mapPath("database/message.mdb")
'根据 MsgID 降序排列记录集中记录
dim sql,rs
sql = "select • from msg order by MsgID desc"
set rs = conn.execute(sql)  '隐式生成记录集指针
If rs.eof then
    response.write"目前还没有留言!"
else
do while not rs.eof
%>
<table width = "800" border = "0" align = "center" cellpadding = "0" cellspacing = "0" >
  <tr>
    <td height = "30" class = "bk">
<table width = "800" height = "30" border = "0" cellpadding = "0" cellspacing = "0">
        <tr>
        <td width = "86" align = "center"> <strong>用户名</strong>:</td>
        <td width = "125"> <%  = rs("UserName")%  > </td>
        <td width = "54" align = "center"> <strong>邮箱</strong>:</td>
        <td width = "153"> <%  = rs("UserEmail")%  > </td>
    <td width = "100"> <strong>性别</strong>: <%  = rs("UserSex")%  > </td>
        <td width = "282"> <strong>留言日期</strong>: <%  = rs("MsgTime")%  > </td>
       </tr>
    </table>
  </td>
   </tr>
   <tr>
    <td height = "40" valign = "top" class = "toptext"> <%  = rs("MsgContent")%  > </td>
   </tr>
  </table>
  <% rs.movenext
```

```
loop
end if
Rs.close
set rs = nothing
Conn.close
set conn = nothing
% >
< /body >
< /html >
```

4. 实现管理留言显示

管理留言显示网页 MessageManage.asp 的代码和用户留言显示网页 MessageDisplay.asp 的代码是非常相似的,不同的是需要为每一条留言设立一个超链接,这个超链接指向删除网页 Messagedelete.asp,并且传递参数为这个留言的留言编号。其在浏览器中的显示效果如图 7-12 所示。

图 7-12 管理留言显示

MessageManage.asp 的代码如下:

```
< html xmlns = "http://www.w3.org/1999/xhtml" >
< head >
< meta http - equiv = "Content - Type" content = "text/html; charset = gb2312" / >
< title > 管理留言显示页面 < /title >
< link href = "CSS/css.css" rel = "stylesheet" type = "text/css" / >
< /head >
< body >
< table width = "800" border = "0" align = "center" cellpadding = "0" cellspacing = "0" >
```

```
    <tr>
      <td height="50" align="center" bgcolor="#990000" class="toptitle">感谢您对学院
信息技术公司的支持</td>
    </tr>
    <tr>
      <td height="10" align="center" class="toptext"> <p> <a href="index.html">点
击这里输入留言</a></p></td>
    </tr>
  </table>
  <table width="800" height="35" border="0" align="center" cellpadding="0" cellspacing
="0">
    <tr>
      <td width="720" align="center"> <span class="STYLE2">管理留言内容</span>
</td>
      <td width="80" valign="bottom"> <a href="index.html"> </a> </td>
    </tr>
  </table>
  <%
  dim conn
  Set  conn=Server.CreateObject("ADODB.Connection")
  conn.Open  "Provider=Microsoft.Jet.OLEDB.4.0;Data Source="&server.mapPath("database/mes-
sage.mdb")
  '根据 MsgID 降序排列记录集中记录
  dim sql,rs
  sql="select from msg order by MsgID desc"
  set rs=conn.execute(sql)  '隐式生成记录集指针
  If rs.eof then
    response.write"目前还没有留言!"
  else
  do while not rs.eof
  %>
  <table width="800" border="0" align="center" cellpadding="0" cellspacing="0" >
    <tr>
      <td height="30" class="bk">
  <table width="800" height="30" border="0" cellpadding="0" cellspacing="0">
```

```
<tr>
<td width="73" align="center"><strong>用户名</strong>:</td>
<td width="97"><% =rs("UserName")% ></td>
<td width="52" align="center"><strong>邮箱</strong>:</td>
<td width="125"><% =rs("UserEmail")% ></td>
<td width="127"><strong>性别</strong>:<% =rs("UserSex")% ></td>
<td width="244"><strong>留言日期</strong>:<% =rs("MsgTime")% ></td>
<td width="82"><a href="Messagedelete.asp? ID=<% =rs("MsgID")% >">
删除</a></td>
</tr>
</table>
</td>
</tr>
<tr>
<td height="40" valign="top" class="toptext"><% =rs("MsgContent")% ></td>
</tr></table>
<% rs.movenext
loop
end if
Rs.close
set rs=nothing
Conn.close
set conn=nothing
% >
</body></html>
```

5. 删除留言

当在管理留言显示网页上点击某条留言上的“删除”超链接后，便进入留言删除网页 Messagedelete. asp。因为管理留言显示网页将欲删除留言的编号作为 URL 参数放在删除网页的 URL 上，所以首先通过 Request. QueryString 获得欲删除留言的编号，然后再使用 ADO 链接数据库删除相应的记录即可。Messagedelete. asp 的代码如下：

```
<%
dim conn
Set  conn=Server.CreateObject("ADODB.Connection")
conn.Open  "Provider=Microsoft.Jet.OLEDB.4.0;Data Source="&server.mapPath("database/mes-
```

```
sage.mdb")
    dim sql,sid
    sid = request.QueryString("ID")
    sql = "delete from msg where MsgID = "&sid
    conn.execute sql
    If Err.Number < > 0 then
    response.write "对不起,留言删除失败!"
    response.write"< a href = MessageDisplay.asp > 请点击这里返回留言网页! < /a > "
    else
    response.write "< script language = 'javascript' > " & chr(13)
    response.write "alert('信息删除成功! ');" & chr(13)
    response.write "window.document.location.href = 'MessageManage.asp';"&chr(13)
    response.write "< /script > " & chr(13)
    end if
    conn.close
    set conn = nothing
    % >
```

在该项目的制作过程中,通过 CSS 外部样式表,控制整个网页界面的显示效果,其 CSS 外部样式表文件代码如下:

```
body {font - family: "宋体";font - size: 14 px;margin - top: 30 px;margin - right: 0 px;margin - bottom: 0 px;margin - left: 0 px;}
.bk {border: 1 px solid #999999;border - collapse:collapse}
.toptitle {font - family: "微软雅黑";font - size: 18 px;font - weight: bold;color: #FFFFFF;text - decoration: none;}
#container .toptext p {margin: 0 px;padding: 0 px;}
.leftfg {padding - left: 20 px;}
.btline {border - bottom - width: 1 px;border - bottom - style: solid;border - bottom - color: #990000;}
.toptext {font - family: "宋体";font - size: 14 px;font - weight: normal;line - height: 2 em;text - align: left;text - indent: 2 pc;padding - right: 20 px;padding - left: 20 px;padding - top: 10 px;border - bottom - width: 1 px;border - bottom - style: solid;border - bottom - color: #990000;}
#container {border: 1 px solid #666666;width: 800 px;margin - right: auto;margin - left: auto;}
.STYLE1 {font - size: 18 px;color: #000000;font - weight: bold;}
.STYLE2 {font - size: 16 px;color: #000000;font - weight: bold;}
```

这样一个简单的留言板就实现完毕了,通过这个项目可以看出 Web 应用程序看似复杂，但是经过合理设计，实现起来还是比较简单的。在这个项目的基础上，还可以进行更多的扩展，比如添加留言回复功能、添加用户身份鉴别以确保只有管理员才能删除留言等。

任务7.5　项目检查与评价

项目评价表见表 7 - 1。

表 7 - 1　项目评价表

内容			评价			
	学习目标	评价项目	优秀	良好	合格	差
职业能力	掌握数据库的基本理论	能建立基本的数据库和表				
	掌握 SQL 语句	能书写添加、删除、修改和查询的 SQL 语句				
职业能力	掌握连接数据库的方法	能熟练连接数据库				
	掌握绑定数据库的方法	掌握数据库绑定的基本理论				
	掌握表单元素的使用	能合理设计表单元素				
	认识动态网页中的参数传递	能熟练使用动态网页进行参数传递				
综合评价	方法能力					
	社会能力					

任务7.6　强化拓展实训：动态网站数据信息的修改

在这里，我们仍利用前面所讲的留言板，假设一个用户输入留言内容并提交后，发现有需要修改之处，前面任务中并不允许用户修改留言，本任务通过留言的修改给大家介绍动态网站中信息修改的方法。

实现留言的修改功能，需要两个网页，一个是留言修改网页，并取名为“MessageModify. asp”，另一个是修改后的留言提交网页，并取名为“MessageModify_OK. asp”。

修改留言的实现方法结合了删除留言和添加留言两方面。用户欲想修改留言，需要为每一条留言设立一个修改功能的超链接，这个超链接指向修改网页

MessageModify. asp，并且传递参数为这个留言的留言编号。进入到 MessageModify. asp 修改网页后，用户需要看到原有留言信息并能够编辑留言信息才能进行修改，所以 MessageModify. asp 不是一个简单的留言显示网页，而是要具有表单功能，将原来的留言信息显示在对应的表单元素中，这与添加留言的界面很相似，并且在修改留言后单击修改按钮，将修改后的留言信息保存到留言数据库留言修改前的位置，覆盖以前留言信息。

为了实现方便，我们在管理留言显示页面 MessageManage. asp 每条留言后面增加一个"修改"功能的超链接。当在管理留言显示网页上点击某条留言上的"修改"超链接后，便进入留言修改网页 MessageModify. asp。同样，管理留言显示网页将欲修改留言的编号作为 URL 参数放在修改网页的 URL 上，所以首先通过 Request. QueryString 获得欲修改留言的编号，然后再使用 ADO 链接数据库并修改相应的记录即可。

在管理留言显示网页每条留言"删除"超链接后，添加"修改"超链接，运行后的界面效果如图 7－13 所示，代码如下：

```
< a href ="MessageModify.asp? TID = < %  =rs("MsgID")% > "> 修改 < /a >
```

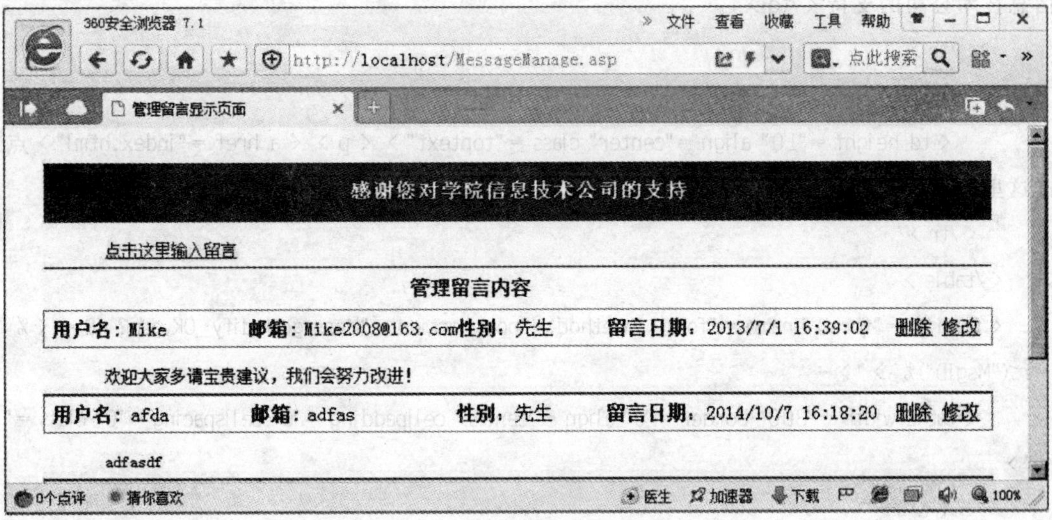

图 7－13　修改留言管理界面

MessageModify. asp 的代码如下，运行后的效果如图 7－14 所示。

```
< html xmlns ="http://www.w3.org/1999/xhtml">
< head >
< meta http - equiv ="Content - Type" content ="text/html; charset = gb2312" / >
< title > 修改留言内容 < /title >
```

```
<link href="CSS/css.css" rel="stylesheet" type="text/css"/>
</head>
<body>
<%
dim conn
Set  conn=Server.CreateObject("ADODB.Connection")
conn.Open  "Provider=Microsoft.Jet.OLEDB.4.0;Data Source="&server.mapPath("database/message.mdb")
dim sid,sql
sid=request.QueryString("TID")
sql="select from msg where MsgID="&sid
set rs=conn.execute(sql)
%>
<table width="800" border="0" align="center" cellpadding="0" cellspacing="0">
  <tr>
    <td height="50" align="center" bgcolor="#990000" class="toptitle">感谢您对学院信息技术公司的支持</td>
  </tr>
  <tr>
    <td height="10" align="center" class="toptext"><p><a href="index.html">点击这里输入留言</a></p></td>
  </tr>
</table>
<form id="form1" name="form1" method="post" action="MessageModify_OK.asp? ID=<%=rs("MsgID")%>">
<table width="800" border="0" align="center" cellpadding="0" cellspacing="0" class="bk">
    <tr>
      <td height="45" align="center" class="bk"><span class="STYLE1">修改留言</span></td>
    </tr>
    <tr>
      <td height="50">您的名字:<input name="txtName" type="text" id="txtName" value="<%=rs("UserName")%>"/>
        您的信箱:input name="txtEmail" type="text" id="txtEmail" value="<%=rs("
```

```
UserEmail")% >"/>
        </td>
      </tr>
      <tr>
        <td height="50"> 
      <% if rs("UserSex")="先生" then% >
          <input name="txtSex" type="radio" value="先生" checked="checked" /> 先生
        <input name="txtSex" type="radio" value="女士" /> 女士
    <% else % >
    <input name="txtSex" type="radio" value="先生" /> 先生
        <input name="txtSex" type="radio" value="女士" checked="checked" /> 女士
    <% end if% >
      </td>
      </tr>
      <tr>
        <td height="30">内容</td>
      </tr>
      <tr>
        <td height="150" align="center" valign="top"><textarea name="txtContent"
cols="100" rows="10" id="txtContent"><% =rs("MsgContent")% ></textarea></td>
      </tr>
      <tr>
        <td height="50" align="center"><input type="submit" name="Submit" value="修
改"/>
         
        <input type="reset" name="Submit2" value="重写"/></td>
      </tr>
    </table>
  </form>
  <%
  rs.close
  set rs=nothing
  conn.close
  set conn=nothing
  % >
```

```
</body>
</html>
```

MessageModify_OK.asp 网页的代码如下:

```
<%
dim conn
Set  conn=Server.CreateObject("ADODB.Connection")
conn.Open  "Provider=Microsoft.Jet.OLEDB.4.0;Data Source="&server.mapPath("database/message.mdb")
dim name,email,sex,content,sid
name=request.Form("txtName")
email=request.Form("txtEmail")
sex=request.Form("txtSex")
content=request.Form("txtContent")
sid=request.QueryString("ID")
```

如果用户名或留言为空,而不存入数据库,需返回管理留言显示网页

```
If name="" or content="" then
response.Redirect"MessageManage.asp"
end if
dim sql
sql="update msg set UserName='"&name&"',UserEmail='"&email&"',UserSex='"&sex&"',MsgContent='"&content&"' where MsgID="&sid
conn.execute sql
If Err.Number<>0 then
response.write "对不起,留言修改失败!"
response.write"<a href=MessageManage.asp>请点击这里返回管理留言显示网页! </a>"
else
response.write"<script language='javascript'>" & chr(13)
response.write "alert('信息修改成功! ');" & chr(13)
response.write "window.document.location.href='MessageDisplay.asp';"&chr(13)
response.write "</script>" & chr(13)
end if
conn.close
set conn=nothing
%>
```

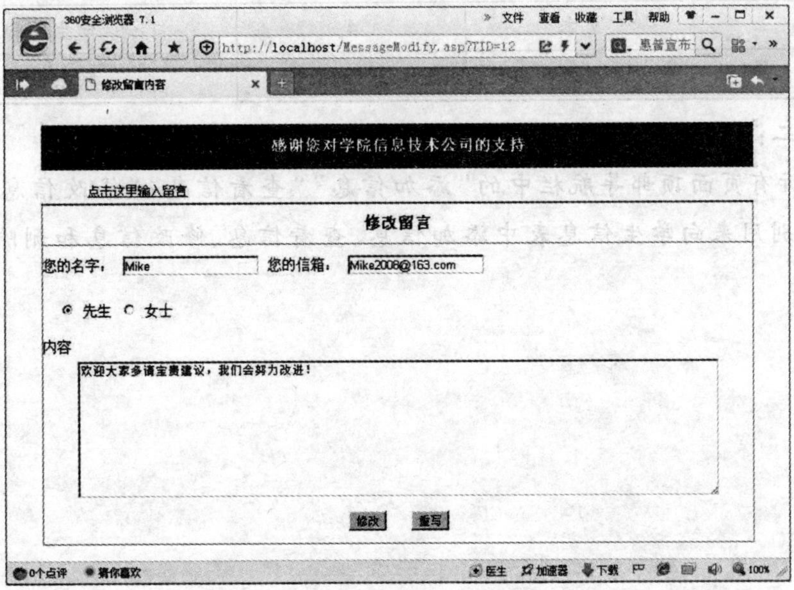

图 7－14　留言修改编辑界面

习题

一、基础简答题

1. 简述表单的功能及使用方法。

2. SQL 语言有哪几种常用操作？对应的 SQL 语句分别是什么？

3. 如何实现动态网页中的参数传递？

二、项目实战题

设计一个“学生信息管理”系统，通过网页往数据库中添加学生信息、查看学生信息、删除指定的学生信息和修改学生信息。

操作一：

在站点根目录的 Data 文件夹下创建学生信息数据库，数据库名为：StudentDB.mdb，然后创建数据表，用来存储学生信息，表名为：student，表结构如下图 7－15 所示。

字段名称	数据类型	字段大小	说　明
no	自动编号	长整型	学生信息数目编号
mame	文本	4	学生姓名
sex	文本	4	学生性别

续表

字段名称	数据类型	字段大小	说　明

age	文本	4	学生年龄
tel	文本	13	联系电话

操作二：

网站所有页面顶部导航栏中的“添加信息”“查看信息”“修改信息”和“删除信息”，分别用来向学生信息表中添加信息、查看信息、修改信息和删除指定的学生信息。

附　　录

附录 A　HTML 标记参考

1. 注释

标　记	属　性	功　　能
<! --... -->		创建注释,也可用于隐含浏览器不支持的 Script 程序

2. 结构

标　记	属　性	功　　能
<HTML>… </HTML>		插入全部 HTML 文档内容
	VERSION	常量
<HEAD>… </HEAD>		插入 HTML 文档头标部分
PROFILE		标记的命令词典
<BODY>… </BODY>		插入 HTML 文档正文部分
	ONLOAD	文档被加载
	ONUNLOAD	移除所有文档
	BACKGROUND	界面背景图像(链接 URL)
	BGCOLOR	界面背景颜色
	TEXT	文本文字颜色
	LINK	未被访问过的文本链接颜色
	VLINK	已访问过的文本链接颜色
	ALINK	文本链接被点击时的颜色
<BASE>		设置基准 URL,用以扩展相对 URL,在头标部分使用
	HREF	基准 URL
<LINK>		表达与其他文档的关系信息
	CHARSET	所链接资源的字符编码

续表

标　记	属　性	功　　能
	HREFLANG	语言代码
	TYPE	咨询内容形式
	MEDIA	在哪些媒介上显示
	TARGET	在哪一个框架中显示
	HREF	链接资源的 URL
	REL	正向链接类型
	REV	反向链接类型
<META>		用以声明关于文档的一些属性，在头标部分使用
	SCHEME	选择内容的表单
	NAME	如果 Meta 的数据以“关键字/属性值对”形式使用，NAME 定义属性值
	CONTENT	如果 Meta 的数据以“关键字/属性值对”形式使用，CONTENT 定义属性值
	HTTP－EQUIV	用以替代 NAME 属性，HTTP 服务器使用该属性收集 HTTP 消息头消息

3. 头标和标题

标　记	属　性	功　　能
<H1>…</H1>		第一级头标
<H2>…</H2>		第二级头标
<H3>…</H3>		第三级头标
<H4>…</H4>		第四级头标
<H5>…</H5>		第五级头标
<H6>…</H6>		第六级头标
	ALIGN	标题文本等的对齐方式，以上标记均有该属性
<TITLE>…</TITLE>		设置 HTML 文档标题，在头标部分使用

4. 段落和区域

标　记	属　性	功　　能
<P>…</P>	定义段落	
	ALIGN	段落文本对齐方式，取值为 left、center 或 right
<DIV>…</DIV>	定义文档内容块	

续表

标记	属性	功能
	ALIGN	内容块对齐方式,取值为 left、center 或 right
<SPAN>…</SPAN>		定义段落内的内容块
<HR>		水平分界尺
	SIZE	分界尺高度
	WIDTH	分界尺宽度
	ALIGN	水平线的对齐位置
	NOSHADE	水平线是否有阴影
 		强行中断当前文本行
	CLEAR	控制文字的排列

5. 链接

标记	属性	功能
<A>…</A>		锚
	HREF	指定 Web 资源地址,定义"源"锚与 HREF 属性指定的"目的"锚之间的链接
	NAME	锚名,在当前文档中必须惟一,用作另一链接的"目的"锚
	REL	HREF 属性指定的锚与当前文档的关系
	REV	当前文档与 HREF 属性指定锚的反向链接关系
	TARGET	定义链接文档显示的表单
	ACCESSKEY	访问键
	TABINDEX	定义移动顺序中的序号
	CHARSET	所链接资源的字符编码
	COORDS	与客户端图像映射一起使用
	ONBLUR	元素失去焦点
	ONFOCUS	元素获得焦点
	SHAPE	与客户端图像映射一起使用
	TYPE	咨询内容形式
	HREFLANG	语言代码

6. 字符格式

标记	属性	功能
<EM>…</EM>		强调(通常用斜体)
<STRONG>…</STRONG>		着重强调(通常用黑体)
<CODE>…</CODE>		代码
<KBD>…</KBD>		用户输入
<VAR>…</VAR>		变量
<SAMP>…</SAMP>		程序的示例输出
<DFN>…</DFN>		术语定义
<CITE>…</CITE>		引用
<ABBR>…</ABBR>		缩写
<ACRONYM>…</ACRONYM>		字头缩写
<BLOCKQUOTE>…</BLOCKQUOTE>		长引用
<Q>…</Q>		短内联引用
<B>…</B>		黑体
<I>…</I>		斜体
<BIG>…</BIG>		"大"字体
<SMALL>…</SMALL>		"小"字体
<TT>…</TT>		等宽字体(电传打字机字体)
<STRIKE>…</STRIKE>		给文本加删除线
<U>…</U>		给文本加下划线
_…		下标
[…]		上标
<PRE>…</PRE>		预格式文本

7. 字体

标记	属性	功能
<FONT>…</FONT>		改变字体
	SIZE	字体尺寸
	COLOR	文字颜色
	FACE	字体名称
<BASEFONT>		基准字体
	SIZE	字体尺寸
	COLOR	文字颜色
	FACE	用逗号分隔的一组字体名称列表

8. 列表

标 记	属 性	功 能
<OL>…</OL>		有序列表
	TYPE	列表标记的数字类型，取值为1、a、A、i或I
	START	第一个列表项的起始值
	COMPACT	交互减少的空间
	<UL>…</UL>	无序列表
	COMPACT	交互减少的空间
	TYPE	列表项加重符号式样，取值为disc、square或circle
<MENU>…</MENU>		菜单列表
	COMPACT	交互减少的空间
<DIR>…</DIR>		目录列表
	COMPACT	交互减少的空间
<LI>…</LI>		列表项
	COMPACT	交互减少的空间
	TYPE	列表项加重符号式样或数字类型
	VALUE	设定当前列表项的值
<DL>…</DL>		定义列表
<DT>…</DT>		定义术语，作为定义列表的一部分
<DD>…</DD>		定义术语的相关定义，作为定义列表的一部分

9. 图像、声音和嵌入对象

标 记	属 性	功 能
<IMG>		在网页中嵌入图像
	NAME	Script所指定的图片的名称
	SRC	图像的URL
	ALT	图像的替换文本
	WIDTH	图像宽度，以像素表示。如果宽度不是实际宽度，图像按比例进行缩放
	HEIGHT	图像高度，以像素表示。如果高度不是实际高度，图像按比例进行缩放
	ALIGN	指定图像的水平或垂直对齐方式
	VSPACE	垂直方向空白间隔
	HSPACE	水平方向空白间隔

续表

标　记	属　性	功　　能
	BORDER	图像周围边框宽度
	ISMAP	指定该图像用于服务器端图像映射
	USEMAP	指定客户端图像映射名称
<SCRIPT>…</SCRIPT>		插入脚本语句
	CHARSET	所链接资源的字符编码
	DEFER	浏览器可能推迟执行 Script 程序
	LANGUAGE	预定义 Script 所使用的语言名称
	SRC	外部脚本的 URL
	TYPE	指定脚本语言
<NOSCRIPT></NOSCRIPT>		不支持脚本的浏览器使用的替换内容
<OBJECT></OBJECT>		在界面中嵌入一般对象
	ALIGN	水平或垂直对齐方式
	HSPACE	水平分隔空间
	VSPACE	垂直分隔空间
	NAME	作为表单的一部分提交
	STANDBY	在加载对象过程中显示的信息
	USEMAP	使用客户端图像映射
	WIDTH	覆盖宽度
	HEIGHT	覆盖高度
	BORDER	链接的边框宽度
	CODETYPE	代码的内容形式
	ARCHIVE	用空格分隔的一组 URL 列表
	DECLEARE	声明不示例标注
	CODEBASE	基准 URL
	DATA	对象数据的引用
	TYPE	数据内容类型
	CLASSID	用以标记一个类号
	TABINDEX	定义移动顺序中的序号
<APPLET></APPLET>		在页面中嵌入 Java 小应用程序
	ALIGN	水平或垂直对齐方式
	ALT	简短描述语句
	ARCHIVE	用空格分隔的一组 URL 列表

续表

标记	属性	功能
	CODE	类文件名称
	CODEBASE	applet 的基准 URL
	HSPACE	水平分隔空间
	VSPACE	垂直分隔空间
	NAME	允许 applet 能够彼此找到
	OBJECT	系列化的 applet 文件
	WIDTH	applet 程序显示区域的初始宽度,以像素为单位
	HEIGHT	applet 程序显示区域的初始高度,以像素为单位
<PARAM>		定义一对属性名称/属性值,通常在标记 <APPLET>和 <OBJECT>中使用
	NAME	属性名称
	TYPE	valuetype = ref 时的数据类型
<MAP>… </MAP>		客户端图像映射
	NAME	usemap 的参考
<AREA>		客户端图像映射区域
	ACCESS KEY	快捷键字符
	ALT	简短描述语句
	ONBLUR	元素失去焦点
	ONFOCUS	元素获得焦点
	TABINDEX	遍历顺序的位置
	TARGET	在哪一个框架中显示
	SHAPE	映射区域形状,取值为 default、rect、circle 和 poly
	COORDS	映射区域坐标
	HREF	指定与该映射区域相连的 URL
	NOHREF	指定该映射区域没有相应链接

10. 表单

标记	属性	功能
<FORM>… </FORM>		交互式表单
	ACCEPT - CHARSET	可以被支持的字符解码列表
	ACCEPT	文件上传 MIME 格式的列表
	ACTION	处理本表单信息的服务器端程序地址

续表

标记	属性	功能
	ONRESET	表单被重置
	ONSUBMIT	提交表单
	METHOD	表单提交方式,取值为 GET 或 POST
	ENCTYPE	表单数据编码方式,通常为/x - www - form - urlencoded
	NAME	表单名称
	TARGET	显示结果的表单
< INPUT >		输入表单控件
	ALT	简短描述语句
	ISMAP	使用服务器端图像映射
	ONBLUR	元素失去焦点
	ONCHANGE	元素的值改变
	ONFOCUS	元素获得焦点
	ONSELECT	选择一些文字
	SRC	表单区域的图片
	USEMAP	使用客户端图像映射
	TYPE	控件类型,允许的取值为:text、password、checkbox、radio、submit、reset、file、hidden、image、button
	NAME	控件名称
	VALUE	控件初始值
	SIZE	控件初始宽度
	MAXLENGTH	文本框的最大允许输入字符数
	CHECKED	设定复选框或单选框被选中
	READONLY	设置控件为只读
	DISABLED	设置控件被禁止
	ACCESSKEY	访问键
	TABINDEX	定义移动顺序中的序号
< TEXTAREA > </TEXTAREA >		多行文本域
	ACCESSKEY	访问键
	DISABLED	不可用的项目
	NAME	独一无二的标记

续表

标　记	属　性	功　　能
	ONBLUR	元素失去焦点
	ONCHANGE	元素的值改变
	ONFOCUS	元素获得焦点
	ONSELECT	选择一些文字
	READONLY	多行输入框只读属性
	TABINDEX	遍历顺序的位置
	ROW	可见文本行数
	COLS	可见宽度,以平均字符宽度为单位
<SELECT> </SELECT>		菜单类控件
	DISABLED	不可用的项目
	NAME	表单区域名称
	ONBLUR	元素失去焦点
	ONCHANGE	元素的值改变
	ONFOCUS	元素获得焦点
	TABINDEX	遍历顺序的位置
	SIZE	指定滚动式列表框的可见行数
	MULTIPLE	允许多重选择
<OPTION> </OPTION>		菜单类控件中的可选项,在标记<SELECT>中使用
	DISABLED	不可用的项目
	LABEL	用于分层目录结构的菜单
	SELECTED	选项是否被事先选中
	VALUE	控件初始值
<LABEL>… </LABEL>		控件标签
	ACCESSKEY	快捷键字符
	FOR	匹配表单区域 ID 值
	ONBLUR	元素失去焦点
	ONFOCUS	元素获得焦点
<BUTTON> </BUTTON>		按钮
	ACCESSKEY	快捷键字符
	DISABLED	不可用的项目
	NAME	独一无二的标记
	ONBLUR	元素失去焦点
	ONFOCUS	元素获得焦点

续表

标　记	属　性	功　　能
	TABINDEX	遍历顺序的位置
	TYPE	按钮类型,取值为 submit、reset 或 button
	VALUE	控件初始值
< FIELDSET > </FIELDSET >		表单控件组
<LEGEND > </LEGEND >		表单控件组的标题,在标记 < FIELDSET > 中使用
	ALIGN	标题显示的位置,取值为 left、center 或 right

11. 表格

标　记	属　性	功　　能
< TABLE >… </TABLE >		表格
	ALIGN	相对于窗口而言的表格对齐位置
	BGCOLOR	表格的背景颜色
	WIDTH	表格宽度
	BORDER	表格边框宽度,以像素为单位
	FRAME	表格外边框样式,允许的取值为:void、above、below、hsides、lhs、rhs、vsides、box、border
	BULES	表格内部分隔线样式,允许的取值为:none、groups、rows、cols、all
	CELLSPACING	表格单元之间的空白间隔
	CELLPADDING	表格单元中内容的周边空间大小
<CAPTION > </CAPTION >		表格标题
	ALIGN	相对表格而言的对齐方式
< TR >… </TR >		表行
	ALIGN	相对表格而言的对齐方式
	BGCOLOR	表格行的背景颜色
	CHAR	对齐字符
	CHAROFF	字符对齐的偏移
	VALIGN	单元格内的垂直对齐方式
< TD >… </TD >		表格单元
	ALIGN	相对表格而言的对齐方式
	ABBR	标题单元格的缩写形式

续表

标　记	属　性	功　　能
	AXSI	用逗号分隔的一组相关标题列表
	BGCOLOR	表格行的背景颜色
	CHAR	对齐字符
	CHAROFF	字符对齐的偏移
	COLSPAN	表格单元占据的列数
	ROWSPAN	表格单元占据的行数
	HEADERS	标题单元格的一组 ID 列表
	HEIGHT	单元格高度
	WIDTH	单元格宽度
	NOWRAP	单词是否换行
	SCOPE	标题单元格所覆盖的范围
	VALIGN	单元格内的垂直对齐方式
<TH>…</TH>		表头单元属性同<TD>
<THEAD></THEAD>		表格的题头部分
	ALIGN	相对表格而言的对齐方式
	CHAR	对齐字符
	CHAROFF	字符对齐的偏移
	VALIGN	单元格内的垂直对齐方式
<TFOOT>…</TFOOT>	属性同<THEAD>	表格的脚注部分
<TBODY></TBODY>	属性同<THEAD>	表格的正文部分
<COL>		表列
	ALIGN	相对表格而言的对齐方式
	CHAR	对齐字符
	CHAROFF	字符对齐的偏移
	SPAN	标记<COL>的属性影响的列数
	VALIGN	单元格内的垂直对齐方式
<COLGROUP></COLGROUP>	属性同<THEAD>	表格列组

12. 框架

标　记	属　性	功　　能
<FRAMESET></FRAMESET>		描述框架的布局
	COLS	垂直方向框架的布局

续表

标　记	属　性	功　能
	ROWS	水平方向框架的布局
	ONLOAD	所有框架都被加载
	UNONLOAD	删除所有的框架
<FRAM>		框架
	LONGDESC	通向长文字的链接(作用于 title)
	NAME	框架的名称
	SRC	框架中显示的初始文档地址
	FRAMEBORDER	是否显示框架的边框,取值为 1,表示显示边框;取值为 0,则表示隐藏边框
	MARGINWIDTH	框架的左右边距,以像素为单位
	MARGINHEIGHT	框架的上下边距,以像素为单位
	NORESIZE	框架的大小固定
	SCROLLING	指定框架中滚动条显示方式,取值为 yes、no 或 auto
<NOFRAMES> </NOFRAMES>		不支持框架的浏览器使用的替换内容
<IFRAME> </IFRAME>		同<FRAM>,但不能改变其大小内联框架

13. 样式表单

标　记	属　性	功　能
<STYLE>…</STYLE>		嵌入式样式表单,一般在标头部分使用
TYPE		样式表单语言
MEDIA		为何种媒体所设计

附录 B　CSS 常用属性参考

1. 字体属性

属性名称	属性含义	属性值
font－family	设定字体名称	Arial，Tahoma，Courier 等
font－style	字体是否斜体	normal，italic，oblique。normal 是缺省值，italic，oblique 都是斜体显示
font－variant	是否用小体大写	normal 和 small－caps，normal 是缺省值。small－caps 表示小的大写字体
font－weight	字体的粗细	常用值是 normal 和 bold，normal 是缺省值
font－size	设置字体的大小	字体大小的设置可以有多种方式，最常用的就是 pt 和 px（pixel）
font	各种字体属性的综合写法	综合以上字体属性值，在书写时各属性值间用空格分隔

2. 颜色和背景属性

属性名称	属性含义	属性值
Color	定义前景色	颜色
Background－color	定义背景色	颜色
Background－image	定义背景图案	路径
Background－repeat	重复方式	Repeat－x、repeat－y、no－repeat，缺省状态下，图片既横向重复，又竖向重复
Background－attachment	设置滚动	Scroll（缺省值）、Fixed
Background－position	初始位置	Percentage、length、top、left
background	背景相关属性的综合写法	包括 background－color，background－image，background－repeat，backgroundattachment，background－position。

3. 文本属性

属性名称	属性含义	属性值
Word－spacing	单词之间的间距	normal（缺省值）length（长度，可以用绝对单位（cm，mm，in，pt，pc）或者相对单位（em，ex，px））
Letter－spacing	字符之间的距离	normal（缺省值）length（长度，可以用绝对单位（cm，mm，in，pt，pc）或者相对单位（em，ex，px））
Text－decoration	设定文本划线的属性	none（无，缺省值）underline（下划线）overline（上划线）line－through（当中划线）
Border － top －width	顶端边框宽度	同上
Border － right －width	右侧边框宽度	同上
Border － bottom －width	底端边框宽度同上	
Border － left －width	左侧边框宽度	同上
Border－color	上下左右边框的颜色	颜色
Border－style	设置边框样式	none（没有边框，无论边框宽度设为多大）dotted（点线式边框）dashed（破折线式边框）solid（直线式边框）double（双线式边框）groove（槽线式边框）ridge（脊线式边框）inset（内嵌效果的边框）outset（突起效果的边框）
Border－top	一次定义顶端	Border－top－width | color 等
Border－right	一次定义右侧	同上
Border－bottom	一次定义底端	同上
Border－left	一次定义左侧	同上
Width	定义宽度属性	Length | percentage | auto
Height	定义高度属性	Length（值）| auto（自动）
Float	文字环绕	Left（左对齐）right（右对齐）none（无）
Clear	哪一边环绕	Left（左对齐）right（右对齐）none（无）both（两者）
Border	边框属性的一个快捷的综合写法	包含 border－width，border－style 和 border－color

4. 分级属性

属性名称	属性含义	属性值
Display	定义是否显示	Block、inline、list - item、none
White - space	怎样处理空白	Normal、pre、nowrap
List - style - type	设定列表项标记的类型	disc（缺省值,黑圆点）circle（空心圆点）square（小黑方块）decimal（数字排序）lower - roman（小写罗马字排序）upper - roman（大写罗马字排序）lower - alpha（小写字母排序）upper - alpha（大写字母排序）none（无列表项标记）
List - style - image	加图案	<url> | none

参考文献

[1] 刘涛.小型网站建设技术[M].北京:中国铁道出版社,2006.

[2] 张洪斌,季春光,刘万辉.基于工作过程的网页设计与制作教程[M].北京:机械工业出版社,2012.

[3] 郝军启,刘治国.DreamweaverCS3 网页设计与网站建设标准教程[M].北京:清华大学出版社,2008.

[4] 张少卓.网页配色[M].北京:科学出版社,2008.

[5] 高艳萍.动态网页设计项目课堂实训[M].北京:海洋出版社,2007.